权威·前沿·原创

皮书系列为®

“十二五”“十三五”“十四五”时期国家重点出版物出版专项规划项目

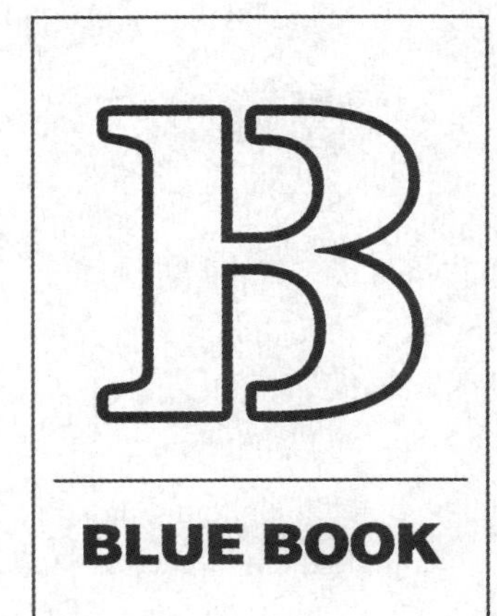

智库成果出版与传播平台

欧盟低碳发展报告

（2023~2024）

REPORT ON THE LOW-CARBON DEVELOPMENT IN EU (2023-2024)

山东财经大学区域与国别研究院
主　编／谢申祥　李　毅　邬彩霞

社会科学文献出版社
SOCIAL SCIENCES ACADEMIC PRESS (CHINA)

图书在版编目(CIP)数据

欧盟低碳发展报告. 2023-2024 / 谢申祥，李毅，邬彩霞主编. --北京：社会科学文献出版社，2024. 11.
(低碳发展蓝皮书). --ISBN 978-7-5228-4514-2

Ⅰ. X511

中国国家版本馆 CIP 数据核字第 20248G9H65 号

低碳发展蓝皮书
欧盟低碳发展报告（2023~2024）

主　　编 / 谢申祥　李　毅　邬彩霞

出 版 人 / 冀祥德
组稿编辑 / 周　琼
责任编辑 / 朱　月
责任印制 / 王京美

出　　版 / 社会科学文献出版社 · 马克思主义分社（010）59367126
　　　　　地址：北京市北三环中路甲 29 号院华龙大厦　邮编：100029
　　　　　网址：www. ssap. com. cn
发　　行 / 社会科学文献出版社（010）59367028
印　　装 / 天津千鹤文化传播有限公司

规　　格 / 开 本：787mm × 1092mm　1/16
　　　　　印 张：18. 25　字 数：275 千字
版　　次 / 2024 年 11 月第 1 版　2024 年 11 月第 1 次印刷
书　　号 / ISBN 978-7-5228-4514-2
定　　价 / 148. 00 元

读者服务电话：4008918866

《欧盟低碳发展报告（2023～2024）》
编　委　会

主要编撰者简介

谢申祥 山东财经大学党委副书记，兼任经济学院院长。山东省第十一次党代会代表，经济学博士，二级教授，博士生导师，博士后合作导师，享受国务院特殊津贴专家，国家高层次人才特殊支持计划哲学社会科学领军人才，全国文化名家暨“四个一批”人才，山东省有突出贡献的中青年专家，首批泰山学者青年专家。长期从事国际经济、财税政策与产业组织理论等方向的研究，在《中国社会科学》、《经济研究》、《管理世界》、《世界经济》、《经济学（季刊）》、*China Economic Review*、*Journal of Asian Economics* 等期刊上发表论文 100 余篇，多篇论文被《新华文摘》、《中国社会科学文摘》、人大复印报刊资料等全文转载；主持国家社会科学基金重点项目、国家自然科学基金和教育部人文社科规划项目等 10 余项；获山东省社会科学优秀成果特等奖 1 项、一等奖 5 项，安子介国际贸易研究奖 2 项，山东省教学成果特等奖和一等奖各 1 项。兼任山东省社科联副主席、中国世界经济学会常务理事兼副秘书长、中国数量经济学会常务理事、山东省世界经济学会副会长及《数量经济技术经济研究》等学术期刊编委。

李　毅 博士，山东财经大学教授、博士生导师，山东省教学名师、山东省第十四届人大常委会民族侨务外事委员会专家顾问（2023）。曾任山东财经大学外国语学院院长，现任山东财经大学区域与国别研究院执行院长、山东省外事研究与发展智库联盟秘书处秘书长。教育部高等学校外国语言文学类专业教学指导委员会英语专业教学指导分委员会委员（2018）、山东省通用外国语种类专业教学指导委员会副主任委员（2019）、山东省人民政府学位委员会专业学位研究生教育指导委员会委员（2022）。主编“十二五”国家规划教材2部。获山东省高等教育教学成果奖一等奖2项、山东省社会科学优秀成果奖等奖励9项。

邬彩霞 经济学博士，山东财经大学国际经贸学院教授，硕士生导师，区域与国别研究院区域可持续发展中心主任。长期从事环境与贸易政策、低碳经济、区域与国别可持续发展等领域的教学与科研工作。先后在《管理世界》《中国人口·资源与环境》《光明日报》《税务研究》《制度经济学研究》等主流期刊公开发表论文30余篇。主持及参与国家级、省部级、地方政府专项课题30余项，出版专著3部，合著1部，作为副主编出版蓝皮书5部；作为主要参与人起草并完成多项地方政府有关“十四五”中期评估、数字经济、低碳发展等规划报告和顶层设计研究报告；成果获国家发展改革委第十二届中青年干部经济研讨会优秀论文奖、山东省第三十二届社会科学优秀成果奖三等奖、山东省第三十六届社会科学优秀成果奖二等奖等奖励。

摘 要

2022 年党的二十大报告提出推动绿色发展、促进人与自然和谐共生的战略目标。我们要加快发展方式绿色转型，积极稳妥推进碳达峰碳中和，积极参与应对气候变化全球治理。中共中央、国务院印发《关于加快经济社会发展全面绿色转型的意见》，阶段目标到 2030 年重点领域绿色转型取得积极进展；到 2035 年，绿色低碳循环发展经济体系基本建立。实现“双碳”目标和推动能源革命是我国致力于推进生态文明建设、促进人与自然和谐共生所做出的重大战略部署，也是中国致力于保护全球生态环境、积极参与全球气候治理、推动构建人类命运共同体的大国担当。

2015 年巴黎气候变化大会是全球应对气候变化具有里程碑意义的一次会议，欧盟委员会提出了绿色低碳发展的雄伟目标，宣称将在 2050 年前实现欧洲地区碳中和。为实现零碳目标，欧盟将循环经济、数字化、绿色化作为绿色发展战略三大支柱。美国退出《巴黎协定》后，欧盟加强和提升了与中国的气候与能源合作。中欧双方共同搭建协商平台，进一步推动国际气候合作，共同抵抗全球变暖，在全球气候治理领域携手发挥引领作用。本书总报告从政策目标和措施、投资成本、技术创新、国际合作等方面系统分析了 2023 年欧盟低碳经济的最新进展，探讨了欧盟低碳经济发展所存在的问题与挑战，展望了 2024 年欧盟低碳经济的发展前景。

本书分报告共有四篇。具体包括欧盟低碳政策发展报告、欧盟能源转型发展报告、欧盟低碳产业发展报告、欧盟低碳技术发展报告，从多维度描述了欧盟低碳经济的发展现状，为全球国际社会抗击全球变暖、减少温室气体排放、实现向低碳能源转型绿色发展道路提供有益借鉴。

专题报告回顾了2023年中欧双方共同应对全球气候变化威胁、加强在气候领域的协调与共同行动、推动可持续能源领域合作与交流、推进绿色低碳产业发展等领域所取得的积极成果。同时，报告归纳总结了中欧双方合作所面临的问题和分歧，指出未来合作发展的方向。

本书第四部分为国别报告，主要聚焦德国、法国、瑞典、比利时、丹麦、荷兰、芬兰和卢森堡8个欧盟主要成员国2023年低碳经济发展状况，深入分析各国低碳发展的阶段演进、低碳经济政策、低碳产业发展、能源转型经验，总结这些国家在低碳经济相关领域的共性与特色，研究它们现阶段绿色低碳发展所面临的突出问题，并针对现有问题提出相应的对策和建议。

本书为我国积极稳妥推进碳达峰、碳中和提供了有益的参考和借鉴，希望对实现“双碳”目标做出积极的贡献。

关键词： 欧盟　低碳经济　中欧合作　能源转型

目 录

Ⅰ 总报告

Ⅱ 分报告

Ⅲ 专题报告

Ⅳ 国别报告

附 录

皮书数据库阅读**使用指南**

总报告

B.1
2023~2024年欧盟低碳经济发展形势与展望

谢申祥　李　毅　邬彩霞*

摘　要： 全球气候变化的恶劣影响日益明显，冰川融化、海平面上升等问题严重影响人类社会和自然环境的发展。欧盟作为全球气候变化的积极参与者，大力发展低碳经济。回顾2023年欧盟在低碳经济发展方面出台的一系列重要政策文件，发现其目标更加明确、措施更加完善；突出要求加大对低碳技术的研发和应用投资，投资力度不断加大；低碳技术创新取得突破性进展，加速了欧盟能源转型；同时，欧盟充分利用全球资源加强国际合作，加快低碳经济发展步伐。展望未来，欧盟碳排放交易体系改革仍然是欧盟低碳经济发展的关键举措之一，要进一步提升碳排放交易体系的效能，推动欧盟实现更深层次的低碳减排；"Fit for 55"一揽子计划将加速欧盟能源转型步

* 谢申祥，山东财经大学党委副书记，兼任经济学院院长，经济学博士，二级教授，博士生导师，博士后合作导师，研究方向为宏观经济；李毅，山东财经大学区域与国别研究院执行院长，博士，教授，博士生导师，研究方向为区域与国别学；邬彩霞，经济学博士，山东财经大学国际经贸学院教授，硕士生导师，区域与国别研究院区域可持续发展研究中心主任，研究方向为区域与国别可持续发展。

伐，降低对化石燃料的依赖，减少碳排放；技术创新和投资是推动低碳经济发展的重要动力，科技创新为投资指明方向，投资为科技创新提供支撑；充分利用“碳关税”倒逼企业采取措施减少碳排放，推动全球低碳转型。欧盟在低碳经济领域的努力已经取得了阶段性成果，但仍须不断探索和前进，为实现经济的可持续发展做出更大的贡献。

关键词： 低碳技术　国际合作　碳排放交易体系　碳关税

全球气候变化的恶劣影响日益明显，冰川融化、海平面上升等问题严重影响人类社会和自然环境的发展。欧盟作为全球气候变化的积极参与者，签署并批准了《巴黎协定》，建立了全球最大的碳排放交易体系（ETS），大力发展低碳经济，以期实现自身可持续发展。

一　2023年欧盟低碳经济发展形势

（一）政策目标更加明确，措施更加完善

2023 年，欧盟在低碳经济发展方面出台了一系列重要的政策文件，表明了欧盟坚定推进低碳经济发展的决心，进一步明确了低碳经济发展的目标和方向。《欧洲绿色新政》修订版除了明确 2030 年温室气体减排目标为 65%、2050 年实现气候中立等核心目标外，还涵盖了可再生能源、能源效率和建筑节能等广泛议题，旨在推动欧盟经济的全面转型，构建可持续、低碳、循环的未来。《欧洲绿色新政》修订版提出到 2030 年可再生能源在欧盟能源消费中的占比达到 40%，强调太阳能、风能、海洋能等可再生能源优先发展；到 2030 年欧盟内部的能源效率提高 30%，大力推动建筑、工业、交通等领域的节能改造；到 2030 年欧盟所有新建建筑都应为“零能耗建筑”，并逐步提高现有建筑的能效水平；到 2030 年欧盟所有塑料包装可回收

利用，并大幅减少塑料垃圾。

《打造适应气候变化的欧洲——欧盟适应气候变化的新战略》[①] 提出了一系列适应气候变化的措施，不仅为欧盟制订了全面的适应气候变化行动框架，也为全球其他国家和地区的适应气候变化工作提供了重要的参考借鉴。该战略提出加强对气候变化影响的评估，识别关键的脆弱领域和风险因素；提高水资源利用效率，加强水资源基础设施建设，减少水资源浪费；保护森林资源，发展气候适应型农业和林业，提高抵御气候变化风险的能力；保护生物多样性，维护生态系统的健康和稳定；加强与其他国家和地区的合作，共同应对气候变化挑战。

为了实现上述目标，欧盟在 2023 年出台了一系列具体措施，包括完善碳排放交易体系、加大对低碳技术的研发和投资力度等。欧盟扩大碳排放交易体系的覆盖范围，并将碳排放价格逐步提高到每吨 80 欧元以上。这有效抑制碳排放，推动企业采用低碳技术。另外，欧盟计划每年投入 1000 亿欧元用于低碳技术的研发和投资，低碳技术主要包括可再生能源发电技术、储能技术、节能环保技术和碳捕获、利用和封存技术等，这将加快低碳技术的创新和发展，为低碳经济发展提供强劲的技术支撑。

（二）投资力度加大，面临高昂的投资成本

2023 年 3 月，欧洲理事会春季峰会明确提出，欧盟将加大对低碳经济发展的投资力度。同年 5 月，欧盟委员会发布“REPowerEU”计划[②]，提出了一系列措施，旨在加快欧盟能源转型，减少欧盟对化石燃料的依赖。该计划强调了加大对可再生能源、能源效率和电网基础设施的投资力度。欧洲议会在 7 月通过的《欧洲绿色新政》修订版，进一步明确要求加大对低碳技术的研发和应用投资力度。

随着全球气候变化形势日益严峻，低碳产品和服务的需求不断增长，为

---

① 中国地质调查局地学文献中心：《打造适应气候变化的欧洲——欧盟适应气候变化的新战略》，《国外地质调查管理》2021 年第 19 期。

② 欧盟委员会官网，https：//commission. europa. eu/index_ en。

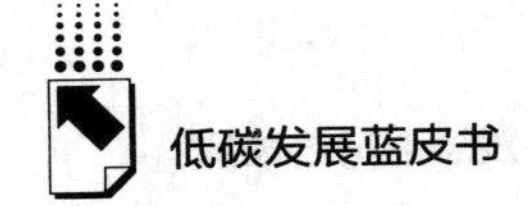

低碳投资提供了广阔的市场空间；欧盟设立了欧洲投资银行、欧洲复苏基金等，为低碳投资提供充足的资金来源。2023 年，欧盟在低碳经济发展方面投资力度加大已取得显著成效：全年低碳投资超过 1 万亿欧元，同比增长 20%以上；欧盟可再生能源发电量同比增长 25%，占欧盟总发电量的 38%，提前实现了 2025 年可再生能源发电占比 30%的目标；新能源汽车销量同比增长 50%，占欧盟新车销量的 20%；建筑能耗下降 10%，工业能耗下降 8%。[①] 这些成果的取得主要得益于欧盟加大对可再生能源发电项目、新能源汽车和电池产业、建筑和工业节能改造等的投资力度。除此之外，欧盟加大对碳捕获技术的研发和应用投资力度，开发新型碳捕获材料，改进碳捕获工艺，成功实施了多个碳捕获示范项目，碳捕获率达到 90%以上。

欧盟在低碳经济发展方面加大投资力度为欧盟创造了大量就业机会，改善了欧盟的环境，为欧盟的经济增长注入了新的活力，但同时使欧盟面临高昂的投资成本。

首先，低碳技术研发需要大量的资金投入。以碳捕获技术为例，目前主流的碳捕获技术成本为每吨二氧化碳 100~150 欧元，远远高于化石燃料燃烧产生的碳排放成本，高昂的研发成本制约了低碳技术的快速发展和应用。其次，基础设施建设成本高昂。可再生能源发电需要投资建设海上风机、海底电缆等基础设施；新能源汽车充电需要投资建设充电站和充电桩等，需要大量的资金投入，高昂的基础设施建设成本提高了低碳经济发展的门槛。最后，低碳技术市场风险较高。低碳技术和产品存在一定的市场风险，技术不成熟、成本过高、市场接受度低等问题都可能导致投资失败。例如，一些新型太阳能电池虽然具有较高的转换效率，但成本过高，难以大规模推广应用。市场风险使得投资者对低碳投资心存疑虑，影响了投资积极性。未来，欧盟需要进一步加强创新、优化机制、加强合作，不断降低投资成本，推动低碳经济可持续发展。

---

① 欧盟统计局网站，https：//ec. europa. eu/eurostat。

（三）技术创新取得突破性进展

欧盟低碳技术创新取得突破性进展，加速了欧盟能源转型，推动欧盟能源结构更加清洁低碳；在 CCUS（碳捕获、利用和封存）等领域的技术突破，为减少碳排放、发展低碳经济提供了新的路径，助力欧盟低碳经济发展迈上新台阶；引领了全球低碳技术创新，为全球其他国家和地区提供了借鉴和参考，推动全球低碳技术创新合作不断深化。

欧盟低碳技术创新取得突破性进展主要表现在以下三个方面。第一，可再生能源发电技术。欧盟在太阳能、风能、海洋能等可再生能源发电技术方面取得了重大突破，德国 Heliatek 公司开发的钙钛矿太阳电池转换效率达到 25.5%[①]，打破了世界纪录；Aker Solutions 公司研发的 14 兆瓦海上风电机组成功下线，是目前世界上功率最大的海上风电机组之一；英国 Wave Energy Ltd. 开发的 Wave Roller 波浪能发电装置在苏格兰成功并网发电。第二，新能源汽车技术。具有代表性的是德国 Siemens 公司开发的新型电机，是目前世界上效率最高的电机之一；由 Bosch 公司开发的新型电控系统使新能源汽车续航里程显著增加。第三，CCUS 技术。Carbon Capture and Storage Technologies 公司将捕集的二氧化碳转化为燃料，用于发电和供暖；荷兰公司 Shell 正在建设全球规模最大的碳捕获和封存项目，预计每年可捕集 100 万吨二氧化碳。

欧盟低碳技术创新取得突破性进展，得益于多方面因素的共同作用。首先，欧盟出台了一系列鼓励低碳技术研发的政策措施，包括《欧洲绿色新政》“REPowerEU”计划等，为低碳技术创新提供了明确的方向和制度保障。其次，欧盟加大对低碳技术研发的资金投入力度，设立了“地平线欧洲”计划，为低碳技术创新提供了充足的资金。最后，欧盟积极加强与其他国家和地区的科研合作，制订欧洲战略能源技术计划（SET Plan），共同开展低碳技术研发，共享技术成果。

---

① Heliatek 官网，https：//www. heliatek. com/en/。

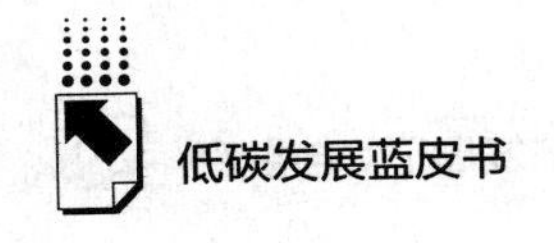

（四）国际合作紧密加强

气候变化是全人类共同面临的挑战，需要全球共同努力应对。欧盟作为全球主要经济体之一，在应对气候变化方面负有重要责任。低碳经济发展需要全球范围内的技术合作、产业合作和市场合作。欧盟加强国际合作，可以充分利用全球资源，加快低碳经济发展步伐。欧盟致力于维护自由开放的全球贸易体系，并积极推动绿色贸易合作。加强国际合作，可以促进低碳产品和服务的贸易，促进全球经济可持续发展。因此，欧盟高度重视国际合作在推动低碳经济发展中的重要作用，并积极加强与其他国家和地区的合作。

欧盟高度重视国际合作在推动低碳经济发展中的重要作用，采取了一系列举措加强国际合作，并取得了显著成效。首先，建立多边合作机制。2023年2月，欧盟委员会主席冯德莱恩访华期间，与中国国家主席习近平共同宣布建立欧盟—中国气候变化合作机制。3月，欧盟委员会主席冯德莱恩与美国总统拜登共同宣布建立欧盟—美国气候变化与清洁能源对话机制。这些机制旨在加强双方在气候变化和清洁能源领域的政策协调、技术和产业等方面合作，使双方共同应对气候挑战，促进清洁能源发展。另外，欧盟委员会发布欧盟对非洲关系新战略，旨在加强欧盟与非洲国家在绿色发展领域的合作，使双方共同应对气候变化，促进可持续发展。

其次，开展联合研发项目。国际热核聚变实验计划（ITER）是目前世界上规模最大、最复杂的核聚变实验项目，旨在证明核聚变的可行性。欧盟是ITER计划的主要参与方之一，为该计划提供了约一半的资金和技术支持。2023年，ITER项目取得重大进展，欧洲联合环状反应堆（JET）中产生了能量输出为59兆焦耳的稳定等离子体。欧洲电池联盟旨在建立一个强大、可持续和具有竞争力的欧洲电池产业链。2023年，“欧洲氢能银行”计划投资30亿欧元，在欧盟建立“未来氢能市场”，到2030年将绿氢年产量提升至1000万吨，并每年从域外国家进口1000万吨绿氢。

最后，加强交流合作，提供资金支持。欧盟委员会实施了“欧盟—中国低碳技术人员交流计划”，为欧盟和中国低碳技术领域的青年人才提供交流和合作机会。2023 年 3 月，欧盟委员会启动了“欧盟低碳技术共享平台”，为欧盟企业和研究机构提供低碳技术信息和资源共享服务。全球绿色气候基金是为发展中国家应对气候变化提供资金支持的国际基金，欧盟是全球绿色气候基金的主要捐助国之一，累计捐款超过 150 亿欧元，向发展中国家提供援助，用于支持发展中国家低碳经济发展。

二 2024年欧盟低碳经济发展展望

（一）碳排放交易体系改革势在必行

2022 年 12 月，欧盟达成碳排放交易体系改革协议，并于 2023 年 3 月正式启动改革进程。欧盟碳排放交易体系改革是欧盟低碳经济发展的关键举措之一，通过深化改革，欧盟可以进一步提升 ETS 的效能，推动欧盟实现更深层次的减排，并为全球应对气候变化作出更大贡献。

为确保改革顺利进行，首先，应完善市场机制，提升减排效果。在 2030 年目标的基础上，以更强劲的力度推动减排；根据排放目标和实际排放情况，动态调整碳排放配额价格，确保价格始终处于有效水平，鼓励企业主动减排；同时，建立碳储备机制或碳期货市场等机制，平抑碳价波动，维护市场稳定。其次，扩大覆盖范围，强化减排主体。扩大 ETS 覆盖范围，纳入航空、航运、建筑、农业等更多排放源，实现全方位减排；综合考虑碳排放历史、技术水平、产业竞争力等因素，制定合理公平的碳排放配额分配机制，避免对特定行业或企业造成过度冲击；为中小企业制定碳排放基准，提供技术支持和政策优惠，帮助其降低碳排放成本，实现绿色转型。再次，强化监管执法，维护市场公平。利用大数据、人工智能等技术手段，加强对碳排放交易活动的监测和稽查，严厉打击碳交易违规行为；统一碳排放核查标准，提高核查效率和准确性，确保碳排放数据的真实可靠；对碳交易违规行为加大处罚力度，形成强有力的震慑，维护市场公平竞争秩序。最后，加强国际合作，构建全球碳市场体系。与其他碳市场体系建立合作机制，推动

全球碳排放交易体系互联互通，促进全球碳减排成本均等化；帮助发展中国家建立碳排放交易体系，提供资金技术援助，与发展中国家共同应对气候变化挑战；积极参与国际碳排放价格标准制定，推动全球碳市场更加规范、透明、高效。

（二）以“一揽子计划”为目标，筑牢欧盟低碳基石

为实现2030年温室气体排放量减少55%、2050年气候中和的目标，欧盟于2021年7月发布了“Fit for 55”一揽子计划，该计划涵盖55项立法提案，涉及能源、交通、建筑、工业、农业等多个领域，旨在通过一系列措施，推动欧盟经济社会全面转型，构建低碳可持续发展体系，为欧盟低碳转型奠定坚实基础。

一揽子计划的主要内容包括以下几点。第一，提高可再生能源占比。将可再生能源在最终能源消耗中的占比提高到40%以上，并制定了更具雄心的可再生能源发展目标。第二，提升能源效率。降低能源消耗，并制定了建筑、交通、工业等领域的能源效率标准。第三，改造建筑和交通系统。大力推进建筑节能改造，提高建筑能效水平；发展绿色交通，推广新能源汽车和智能交通。第四，促进产业转型升级。支持低碳技术研发和应用，推动产业结构调整，发展绿色经济。一揽子计划的实施将对欧盟经济社会产生深远影响。一揽子计划将加快欧盟能源转型步伐，降低化石燃料依赖，减少碳排放；推动欧盟能源效率大幅提升，降低能源成本，提高经济竞争力；推动欧盟产业结构调整升级，发展绿色经济，创造新的就业机会；有效减少空气污染和温室气体排放，改善环境，促进生态文明建设。

一揽子计划尽管预期前景十分广阔，但也面临着一些问题和挑战。一揽子计划的实施需要大量投资，可能会给企业和政府带来较大财政负担。一些低碳技术尚处于研发阶段，需要进一步突破技术瓶颈，降低成本，提高应用成熟度。另外，低碳转型可能导致部分产业和岗位消失，政府需要采取措施保障受影响群体的就业和生活。为了应对以上挑战，欧盟应加大财政支持力度，为企业提供补贴、税收优惠等政策，降低转型成本；加强对低碳技术研

发的投入，推动技术攻关，加快技术成熟和产业化应用；采取措施帮助受影响群体再就业，并提供社会保障，维护社会公平。

（三）技术创新与投资引领欧盟低碳经济新方向

技术创新和投资是低碳经济发展的重要动力，欧盟将技术创新与投资置于其低碳战略的核心位置，并通过一系列政策措施，加大对低碳技术研发和应用的投入力度，鼓励企业进行创新，引导社会资本参与低碳经济发展。科技创新为投资指明方向。科技创新成果将为低碳投资提供新的机遇和方向，引导投资流向最具潜力的低碳领域和抢占未来产业竞争制高点。投资为科技创新提供支撑。充足的资金投入将加速低碳技术的研发和应用，缩短科技创新成果的转化周期。

欧盟将“气候变化”列为其科技发展七大优先领域之一，并制定了雄心勃勃的科技发展目标，例如到 2030 年，可再生能源发电量占总发电量比例达到 40%；到 2050 年，实现气候中和等。欧盟通过欧盟 Horizon 2020、Horizon Europe 等科技框架计划，每年为低碳技术研发提供数十亿欧元的资金支持；通过创新基金、现代化基金等其他资金工具，支持低碳技术示范应用和商业化。欧盟通过税收优惠、补贴等政策，鼓励企业加大对低碳技术的研发投入力度。此外，欧盟还建立了知识产权保护制度，为企业创新提供良好的法治环境。欧盟通过设立欧洲投资银行气候基金等，引导社会资本投资低碳经济，鼓励金融机构开发绿色金融产品，为低碳项目提供融资支持。

欧盟的技术创新与投资政策取得了显著成效，推动低碳技术快速发展，在光伏、风电、储能、碳捕获和封存等领域取得了重大技术突破，引领了全球低碳技术发展潮流；欧盟低碳产业竞争力大幅提升，成为全球低碳产业的领跑者；为欧盟创造了大量就业机会，促进了经济增长和社会发展。

（四）“碳关税”倒逼减排，共创绿色未来

为应对日益严峻的气候变化挑战、推动全球低碳转型，欧盟于 2021 年

7月提出碳边境调整机制（Carbon Border Adjustment Mechanism，CBAM），也被称为碳关税，碳关税于2023年10月1日开始过渡期，于2026年1月1日正式实施。该机制旨在对从高碳排放国家或地区进口的商品征收碳关税，以平衡欧盟内部碳价与外部碳价，促使高碳排放国家或地区采取措施减少碳排放。

碳关税的实施将提高高碳排放国家或地区产品进入欧盟市场的成本，倒逼其采取措施减少碳排放，推动全球低碳转型；使欧盟内部企业与外部高碳排放企业处于公平竞争环境，保护欧盟低碳产业发展；鼓励企业研发低碳技术，提高产品碳效率，推动绿色创新发展。当然，碳关税的实施也面临着一些挑战，例如，确定碳排放量和征收标准存在技术复杂性，需要建立完善的核算和征收体系；一些高碳排放国家或地区认为碳关税构成贸易壁垒，引发国际争议；碳关税的实施将导致进口商品价格上涨，给消费者带来一定经济负担。

为确保碳关税的有效实施，并实现其预期目标，欧盟可以采取以下措施。第一，完善碳关税政策体系。明确哪些产品纳入碳关税征收范围，并制定科学合理的清单；建立完善的碳排放核算方法和标准，确保碳排放数据的准确性和可靠性；根据不同产品的碳排放强度和欧盟内部碳价水平，制定合理的碳关税税率；建立高效的碳关税征收机制，确保碳关税的顺利征收和管理。第二，加强技术研发与创新。加强碳排放核算技术的研发和应用，降低碳关税征收成本，提高碳排放核算的准确性和征收效率；加大对绿色低碳技术的研发和投入，提高产业低碳化水平，降低碳排放成本。第三，强化国际合作与协调。与其他国家和地区开展双边和多边谈判，推动建立全球碳排放交易体系，实现碳排放配额交易；加强与其他国家和地区在碳关税政策方面的经验交流与分享，共同探索碳关税政策的有效实施路径；建立公平公正的碳关税争端解决机制，妥善解决碳关税政策实施过程中的争议。第四，做好政策配套与支持。为受碳关税影响的企业提供财政支持，帮助企业应对碳关税带来的成本压力；鼓励企业进行绿色低碳转型，提高产品碳效率，降低碳排放水平；加强消费者宣传教育，提高消费者对碳关税政策的理解和支持。

第五，确保碳关税政策的公平性和有效性。定期评估碳关税政策实施效果，及时调整和完善相关政策措施；加强碳关税政策监督执法，确保碳关税政策的严格执行；维护全球贸易秩序，确保碳关税政策不构成贸易壁垒。

三　结语

2023 年，欧盟在低碳经济的发展上取得了显著成就，同时面临着新的挑战和机遇。通过“Fit for 55”一揽子计划的实施和碳排放交易体系的改革，欧盟不仅加强了自身的气候行动，也为全球低碳发展树立了标杆。在可再生能源、新能源汽车和 CCUS 技术方面的突破，为低碳经济的转型提供了强有力的技术支撑。总之，欧盟在低碳经济领域的努力已经取得了阶段性成果，但仍须不断探索和前进，以迈向更加绿色、可持续的未来，为应对气候变化、保护环境和实现经济的可持续发展作出更大的贡献。

分报告

B.2
2023～2024年欧盟低碳政策发展报告

孙　婷*

摘　要：　本报告深入剖析了全球气候变化议题下低碳发展的重要性，凸显了欧盟作为低碳发展政策引领者的全球影响力。报告系统评估了欧盟低碳政策的历史演进、最新进展及其对经济、环境和社会的深远影响，揭示了欧盟如何通过一系列创新政策措施推动经济社会的绿色低碳转型，并在全球气候治理中发挥领导作用。欧盟低碳政策的发展历程体现了从初期的减排承诺到形成量化目标，再到确立碳中和战略目标的逐步深化过程。特别是《欧洲绿色协议》的提出，标志着欧盟低碳政策进入了全面纵深推进的新阶段。2023年，欧盟进一步强化了其低碳政策，通过《绿色协议工业计划》、《净零工业法案》和《关键原材料法案》等关键立法，提升净零技术和产品的制造能力，确保能源安全，创造绿色就业，并促进经济增长。本报告不仅梳理了欧盟低碳政策的主要内容和特点，而且分析了其成效和面临的挑战，同时指出了欧盟低碳发展政策的实践对全球气候行动的积极示范效应，为全球

* 孙婷，经济学博士，山东财经大学经济学院讲师，研究方向为产业经济、绿色低碳转型发展。

其他国家和地区制定和实施低碳政策提供了有益借鉴。

关键词： 低碳发展政策　欧洲绿色协议　碳边境调节机制

引　言

近年来，气候变化已成为全球关注的重大议题。2015 年通过的《巴黎协定》为全球气候治理确立了目标和原则。欧盟作为《巴黎协定》的重要缔约方，致力于引领全球气候治理，力争在 2050 年前实现碳中和。为落实这一目标，欧盟不断出台系列低碳政策，以加快经济社会的绿色低碳转型。

2019 年 12 月，欧盟委员会提出了《欧洲绿色协议》，计划通过一系列政策和措施，推动经济社会实现可持续发展，力争在 2050 年实现碳中和，并将温室气体排放目标上调至 2030 年较 1990 年的 45.54 亿吨排放量至少下降 55%。2020 年 9 月，欧盟委员会进一步提出削减温室气体排放、发展可再生能源等一揽子立法提案，这为实现 2030 年气候目标奠定政策基础。在《欧洲绿色协议》指引下，欧盟不断深化低碳领域布局。在产业方面，欧盟大力发展可再生能源，推广清洁技术，引导绿色金融，推动产业结构调整和绿色转型升级。在能源领域，欧盟提高可再生能源和天然气比重，降低煤炭消费，优化能源结构，提升能源系统效率。在交通领域，欧盟大力推广新能源汽车，发展铁路等低碳交通方式，优化城市交通系统。此外，欧盟还积极开展低碳城市试点，在建筑、废弃物管理等领域采取低碳举措。

欧盟是全球应对气候变化和推动低碳发展的重要力量。作为世界上最大的经济体之一，欧盟在减少温室气体排放、发展可再生能源和提高能效等方面走在世界前列。站在 2023 年的时间点，盘点和分析欧盟低碳政策进展，对于进一步理解欧盟绿色转型思路、把握全球气候治理趋势具有重要意义。早在 2005 年，欧盟就启动了全球首个区域性碳排放交易体系，通过市场机制促进企业减排。欧盟的低碳发展政策和实践，为全球其他国家和地区树立了榜样，欧盟积极参与全球气候治理，推动国际合作，为发展中国家提供资金和技术支持，帮助提高减排和适应能力。本报告梳理了2023年欧盟低碳政策的主要内容、特点及进展，分析其成效和面临的挑战，并就中国与欧盟在气候变化等领域的合作提出政策建议，以期为促进中欧绿色合作、推动全球气候治理提供有益借鉴。

一 欧盟低碳政策的历史沿革

欧盟低碳政策经历了从无到有、从分散到系统的演进过程。最初，欧盟通过签署国际公约承诺减排但并未明确减排目标，随后设定了明确的阶段性减排目标。面对气候变化的严峻挑战，欧盟在过去几十年采取了多种手段，包括减少温室气体排放和控制气温升幅。随着实践的深入，欧盟逐渐将绿色发展作为其经济社会发展的核心战略。如今，在内在需求和外部驱动的复杂背景下，欧盟已形成了《欧洲绿色协议》系统性的顶层设计，并进一步提出了碳中和目标与行动计划，以推动低碳转型。这一系列举措体现了欧盟在应对气候变化、推动低碳转型方面不断增强的决心与行动力。

（一）早期政策演进历程

欧盟碳中和目标与行动计划的演进历程可分为三个阶段，体现了欧盟在碳治理领域认识的逐步深化和行动力度的不断加强。

（1）初期阶段：提出减排承诺，尚未制定具体行动方案。在这一阶段，欧盟开始意识到应对气候变化的重要性，并着手参与全球气候治理。1992年，欧盟签署了《联合国气候变化框架公约》，提出了到2000年二氧化碳排放量稳定在1990年水平的目标，但尚未颁布具体的减排目标和计划。1997年，欧盟参与通过了《京都议定书》，承诺在2008~2012年温室气体排放量较1990年减少8%。这标志着欧盟开始在国际舞台上展现减排决心，但仍缺乏明确的行动路线图。

（2）发展阶段：形成量化减排目标和中长期路线图，双成员国实施责任分配和进度监控。进入21世纪后，欧盟逐步意识到应对气候变化需要更加具体和有力的行动。2007年，欧盟发布了“2020年气候和能源一揽子计划”，提出了到2020年温室气体排放量较1990年减少20%的目标，并对能效提升比例和可再生能源占比提出明确要求。该计划还根据各成员国的经济发展水平，规定了差异化的减排目标，要求各国定期报告进展情况。2011年，欧盟公布了《2050年迈向具有竞争力的低碳经济路线图》，提出了到2050年温室气体排放量较1990年减少80%~95%的远景目标，并规划了分三个阶段实现低碳转型的路径。这一阶段的政策体现了欧盟在目标设定、责任分配和进度监督方面的进步，为实现减排目标奠定了坚实基础。

（3）成熟阶段：确立碳中和战略目标和各行业减排方向，推动整体碳中和进程。近年来，欧盟进一步提高了气候治理的目标和要求，力争成为全球绿色转型的引领者。2018年11月，欧盟首次提出了在2050年前实现整体碳中和的宏伟目标。为推动这一目标的实现，欧盟先后颁布了《欧洲绿色协议》和《欧洲气候法》等重要文件，这些文件成为低碳转型的顶层设计。这些文件不仅确立了2050年实现净零排放的法定目标，还明确了能源、交通、建筑、工业等各行业的脱碳战略方向和关键举措。欧盟还计划将2030年的减排目标从40%提高到55%，进一步彰显了其应对气候变化的决心。这一阶段的政策体现了欧盟在碳中和领域的先进理念和系统部署，为全球气候治理树立了标杆。

欧盟低碳政策从最初的减排承诺，到中期的量化目标和行动计划，再到近年的碳中和战略目标，经历了由浅入深、由表及里的演进过程。这一演进过程彰显了欧盟在碳治理领域不断深化认识、持续加强行动的决心和勇气，为全球应对气候变化提供了重要范例和借鉴。

（二）关键政策节点

欧盟低碳政策最早可追溯到20世纪90年代。1992年，欧洲共同体及其成员国签署了《联合国气候变化框架公约》，承诺将2000年二氧化碳排放量稳定在1990年水平。这标志着欧盟开始在国际舞台上做出减排承诺，但当时尚未出台具体的减排目标和行动计划。

1997年，《京都议定书》的通过成为欧盟低碳政策发展的重要起点。欧盟承诺在2008~2012年将温室气体排放量在1990年基础上减少8%。为履行这一承诺，欧盟开始建立覆盖全欧的温室气体监测体系，并于2005年正式启动碳排放交易体系，这是世界上第一个国际层面的碳交易体系，对于发挥市场机制作用、控制温室气体排放发挥了重要作用。

2007年，欧盟提出《2020气候和能源一揽子计划》，设定了2020年的减排目标：与1990年相比，温室气体排放量减少20%，可再生能源占比提高到20%，能源效率提升20%。与之配套，欧盟还制定了具体的行动计划和政策措施，包括修订EU ETS、提高可再生能源和生物燃料使用比例、提升建筑和电器能效标准等。这是欧盟首次提出明确的量化减排目标，并形成配套的政策工具组合。

2009年，欧盟出台《可再生能源指令》，对成员国的可再生能源发展提出了约束性目标，并将可再生能源发展与温室气体减排目标挂钩。同年，欧盟还通过了《燃料质量指令》，要求成员国降低交通运输领域的碳排放强度。这两项指令的出台，体现了欧盟在能源结构调整和交通领域低碳转型方面的决心。

2011年，欧盟发布《2050年低碳经济路线图》，勾勒了2050年实现温室气体排放较1990年水平减少80%~95%的远景目标，并提出了2030年和2040年的中期目标。这是欧盟首次对2050年的低碳愿景进行系统擘画，为成员国制定长期战略提供了方向。

2014年，欧盟提出2030年气候与能源政策框架，进一步提高了2030年的减排目标，即在1990年基础上至少减排40%。同时，可再生能源占比和能效提升比例的目标均提高到了27%。这表明，随着低碳技术的进步和绿色转型的深入，欧盟对于加快减排步伐、实现深度脱碳的信心进一步增强。

2015年，《巴黎协定》的达成为全球气候治理开启新篇章。欧盟在谈判中发挥了关键作用，率先制定了到21世纪中叶实现温室气体净零排放的长期战略。这体现了欧盟引领全球气候治理的决心和担当。

2019年12月，欧盟委员会提出《欧洲绿色协议》，提出了到2050年实现碳中和的目标，并制订了全面的行动计划。协议涵盖了能源、产业、建筑、交通、农业等各个领域，从绿色金融、循环经济、公正转型等方面提出了一揽子支持措施。这是迄今为止欧盟最为系统和全面的低碳发展顶层设计，标志着欧盟低碳政策进入新的历史阶段。

2020 年 3 月，欧盟委员会提出《欧洲气候法》提案，以立法形式将 2050 年实现碳中和的目标固定下来，并授权制定 2030 年和 2040 年的阶段性目标。这将进一步强化欧盟低碳发展的法律基础，确保各项政策的连续性和一致性。

2021 年，欧盟开启“减碳 55%”（Fit for 55）立法计划，旨在修订现有法律法规，确保实现 2030 年温室气体净减排 55%的目标。一系列提案涵盖欧盟碳市场政策改革、《可再生能源指令》修订、能源税指令、碳边境调节机制等诸多方面。这表明欧盟正在加快推进低碳政策工具的更新迭代以适应新形势下的减排需求。

总的来看，欧盟低碳政策经历了从散点突破到系统集成的发展过程。在不同时期，欧盟根据形势变化和技术进步，先后提出了 2020 年、2030 年和 2050 年的减排目标，并围绕目标制定了配套的政策措施。尤其是《欧洲绿色协议》的提出，标志着欧盟低碳政策进入了全面纵深推进的新阶段。未来，欧盟有望继续发挥全球气候治理的引领作用，通过低碳政策的持续深化，加快经济社会系统的绿色转型，为实现全球可持续发展贡献欧洲力量。

二 2023年欧盟低碳政策最新进展

（一）《净零时代的绿色新政工业计划》

欧洲时间 2023 年 2 月 1 日，欧盟正式推出《绿色协议产业计划》（The Green Deal Industrial Plan，GDIP）[①]，以提高欧洲净零工业的竞争力，并支

① 欧盟委员会：“A Green Deal Industrial Plan for the N-Zert Age,” *COM*（2023）62。

持欧洲向气候中和快速转型。该计划旨在为成员国创造一个更加有利的环境，以提升它们在净零排放技术和相关产品制造领域的能力。这个计划的实施将建立在监管体系、更快的融资速度、技能转型和弹性供应链四大支柱之上，每一个支柱都有其明确的目标和行动方案。通过制度、资金、人才、市场等多个维度发力，为成员国营造一个良好的绿色发展生态，加速推进全球绿色经济发展。

1. 实施背景

欧盟在应对气候变化方面一直处于全球领先地位，制定了雄心勃勃的气候目标和政策，包括《欧洲绿色新政》、具有约束力的气候法案和减排一揽子计划等，致力于在 2050 年实现碳中和。欧盟意识到未来的竞争力在很大程度上取决于开发和利用清洁技术的能力，而欧盟在科技创新、部署净零技术和可持续产品方面具有优势。然而，美国《通胀削减法案》中的大规模高额补贴政策引发了欧盟对不公平竞争和产业转移的担忧，欧洲多位政要认为该法案部分内容涉嫌贸易保护主义①。加之俄乌冲突导致能源价格高企，工业净零转型亟待加速。

在此背景下，欧盟委员会已提供明确的政策框架和资金支持，以推动绿色投资和提高产业竞争力。为了实现欧盟行业的绿色化和竞争力，欧盟提出绿色新政工业计划，旨在提高欧盟净零技术和产品的开发和制造能力，为实现欧洲气候目标提供更有利的环境，以应对不公平补贴和市场扭曲的影响，避免欧洲单一市场分裂，并继续引领全球气候中和之路。这一计划将确保欧盟能够获得向净零过渡的关键技术、产品和解决方案，增强竞争力，吸引对净零工业基地和绿色工业创新的投资。

2. 实施要点

（1）建立可预测和简化的监管环境体系

为了推动投资并实现气候中和目标，欧盟提出了三大重点举措，旨在打造一个更加友好、高效、可持续的产业发展环境。首先是颁布《净零工业

---

① 李强：《欧盟出台“绿色协议产业计划”》，《人民日报》2023 年 2 月 7 日，第 17 版。

法案》，旨在为欧盟制造业中与实现净零排放目标息息相关的关键技术构建一个简化且高效的监管框架。该法案涵盖了电池、风力发电机、热泵系统、太阳能光伏组件、电解装置、碳捕获与封存技术等多个领域。通过优化行政审批流程、精简繁冗的许可手续，该法案的实施会大幅缩减企业取得相关许可的时间成本。与此同时，该法案还为净零排放供应链相关项目制定一套标准化、易于操作的规范，力求在确保项目合规的同时，最大限度地提高企业的执行效率。综合而言，该法案的实施为清洁技术和数字技术在欧洲单一市场的规模化发展扫清障碍，调动企业投资和创新的积极性，加速推动欧盟制造业向绿色低碳转型，进而为实现欧盟整体的净零排放目标提供坚实的产业基础。

其次，《关键原材料法案》着眼于制定稀土、锂、镁等战略资源在欧洲范围内的生产、加工和回收目标，鼓励多元化采购，减少对外部供应的依赖，保障关键原材料的充足供应，并促进循环经济领域人员的优质就业。这两部法案已于 2023 年 3 月 16 日由欧盟委员会正式发布提案，尽管最终立法内容仍存在不确定性，但彰显了欧盟在绿色转型和可持续发展方面的决心。

最后，欧盟还专注于能源和基础设施领域的问题解决。出于地区安全与稳定局势的考虑，并降低传统化石能源昂贵的使用成本，欧盟计划用更清洁、更经济的可再生能源对其加以替代，并已采取一系列相应措施，例如建立欧盟能源平台等。此外，欧盟还加快电力市场改革，并以此作为向清洁能源转型的关键措施加以规划执行；部署替代燃料相关公共设施，如充电基础设施和加氢站等；以及在 2023 年底前推出统一的热泵能源标签。

综上所述，这一系列举措力图打造简明、可预测、清晰的监管环境，助力欧盟清洁和数字技术的发展和关键原材料的充足供应，最终助力实现气候中和愿景，帮助欧盟引领全球可持续发展。

（2）建立更加畅通的融资渠道

2022 年，全球清洁能源投资展现出前所未有的增长势头，同比增长达 10%。面对日益激烈的国际竞争，欧盟意识到加快净零转型投资的迫切性。为支持产业转型，欧盟通过多项基金提供大规模资金支持，如“欧盟下一代”复苏基金、“地平线欧洲”、凝聚力政策投资基金等基金不断加大对绿色转型的帮扶力度，并聚焦净零转型研究和创新。这一系列举措彰显了欧盟对实现净零转型的坚定决心和雄厚财力。

为进一步推动净零转型，欧盟采取一系列措施简化援助审批流程。这包括简化可再生能源援助审批流程，为不同成熟度的技术提供支持；简化工业脱碳援助审批流程，提供更灵活的援助上限；加强对战略性净零技术投资的支持；为战略性净零价值链大型新项目提供针对性援助；修订相关条例，提高通报阈值，支持氢能、碳捕获与封存、零排放汽车、节能建筑等关键领域的净零转型。这些措施旨在为企业提供更加明确、高效的政策支持，加速推进关键领域的绿色转型。同时，欧盟采取措施缩小成员国之间的支持差距，避免欧盟内部差异加剧。通过利用现有的欧盟可再生能源计划（REPowerEU）、投资欧洲计划和欧盟创新基金等资金渠道，以及建立过渡性解决方案提供快速、有针对性的支持，欧盟确保资金流向最需要的地方。

此外，为进一步推进欧盟在关键技术领域的战略地位，强化其在全球范围内的竞争优势，欧盟委员会拟设立欧洲主权基金（European Sovereignty Fund）。首先，通过该基金增加对上游研究和创新活动的投入，欧盟可以推动关键技术取得突破性进展，从而奠定未来经济增长的基础。其次，战略性工业项目的资金支持有助于提升欧盟产业的国际竞争力，增强其在全球价值链中的话语权。最后，主权基金的设立也彰显了欧盟在应对气候变化和数字化转型等重大挑战方面的决心与行动力，有利于建立可持续发展的经济模式。

实现净零排放转型所需的资金投入巨大，单纯依赖公共部门的财政支出是远远不够的，因此，私营部门的广泛参与对于推进这一进程至关重要。为了充分激励私人资本投入绿色低碳领域，欧盟提出了一项雄心勃勃的计划，即建立一个高度整合、规模庞大的资本市场联盟。该联盟旨在打破成员国资本市场之间的藩篱，促进资本在欧盟内部的自由流动，从而为企业和个人提供更加丰富多元的融资渠道和较多的投资机会。通过资本市场联盟的建设，欧盟希望充分发挥市场机制在资源配置中的决定性作用，提升金融体系支持实体经济绿色转型的能力，为实现碳中和目标提供坚实的资金保障。这有助于激发市场活力，调动社会各界力量，形成推动绿色转型的强大合力。欧盟呼吁尽快就2020年提出的资本市场联盟建设行动计划的立法提案达成一致，以便为计划的顺利实施提供必要的金融支持。

（3）提升适用于绿色转型的技能

在欧盟绿色转型进程中，就业市场预计发生显著变化。然而，绿色转型对劳动力技能提出了全新要求。为确保劳动力市场顺利适应这一转变，欧盟亟须开展大规模的技能培训。

面对绿色化和数字化双重转型带来的技能挑战，欧盟委员会通过《欧洲技能议程》采取一系列应对措施。首先，与成员国通力合作，建立统一框架下的技能供需监测机制，为制定人才政策提供依据。其次，在关键领域构建政府、企业、院校等多方参与的人才培养机制，提升人力资源质量。再次，优化人才引进制度，充分利用第三国人力资源。最后，完善对中小企业培训的扶持政策，将企业承担培训职责情况纳入国家援助的合规性考量，并对企业培训支出给予税收优惠。这一系列举措为欧盟绿色转型提供必要的技能人才支撑，为实现碳中和目标创造有利条件。

（4）促进贸易合作和提高产业供应链韧性

欧盟通过多个渠道深化与全球伙伴的经贸合作：积极推进与拉丁美洲、大洋洲、亚洲等地区的自贸协定谈判；通过对话机制寻求与美国所产生分歧的务实解决方案，维护跨大西洋价值链；深化与非洲等伙伴在可持续投资、可再生能源等领域的合作。

欧盟同时提出了三项重要倡议，旨在增强产业链的韧性，应对全球经济面临的挑战。首先，欧盟计划建立关键原材料俱乐部，通过与资源国加强合作，确保关键原材料的稳定供应，减少对单一国家或地区的依赖，从而提高产业链的抗风险能力。其次，欧盟将发展净零工业伙伴关系，与全球各国共同推动清洁技术的研发和应用，加速低碳转型，引领全球可持续发展。这不仅有助于应对气候变化挑战，还将为欧盟和合作伙伴创造新的经济增长点。最后，欧盟将制定出口信贷战略，加强金融工具的协同，为企业海外投资和项目建设提供必要的资金支持，促进国际贸易和投资合作。

3. 影响及启示

该计划首要目标是创造有利的监管环境，为对实现净零排放目标至关重要的行业创造有利条件、快速扩大绿色产业规模，欧盟出台一项新的净零排放工业法案，以简化和推进清洁技术生产基地的许可程序；在融资方面，欧盟提议暂时调整其国家援助规则，以实现更简单的计算、更简便的程序和更快捷的审批；欧盟还将培养实现转型所需的技能人才，增加产业所需的熟练工人；欧盟须建立一个强大而有弹性的供应链，使清洁技术在全球范围内实现净零排放。

全球清洁能源技术市场规模预计快速扩大，欧美等主要经济体纷纷通过产业计划应对激烈的竞争态势。各国在清洁技术领域的补贴竞赛蔓延，可能会刺激净零产业及供应链的本土化、“圈子化”发展，使全球清洁能源产业发展趋于封闭，使市场竞争更加激烈。

（二）欧盟新法案明确可再生氢定义及其生命周期排放计算方法

2023 年 2 月 13 日，欧盟委员会通过了《可再生能源指令》要求的两项授权法案，提出了详细规则以定义可再生氢的构成，确保所有非生物来源可再生燃料（Reversible Flow Network-Based Optimization，RFNBO）均由可再生能源电力生产。第一项授权法案《关于欧盟 RFNBO 的授权法案》定义了在何种条件下氢、氢基燃料或其他能源载体可被视为 RFNBO，生产氢气的电解槽必须与新的可再生能源电力生产连接，旨在确保可再生氢的生产能够激励可再生能源并网。第二项授权法案《循环碳燃料温室气体减排最低阈值的授权法案》提供了计算 RFNBO 生命周期温室气体排放的方法，该方法考虑了燃料整个生命周期的温室气体排放，并阐明了如何计算可再生氢及其衍生物的温室气体排放量。

1. 实施背景

欧盟重新定义可再生氢及其生命周期排放计算方法，是为了推动欧洲氢能产业的发展，实现工业和重型运输领域的脱碳目标。这一举措源于欧盟委员会在2020年通过的氢战略，旨在建立一个涵盖研究、创新、生产、基础设施、国际标准和市场发展的完整氢能生态系统。同时，可再生氢是欧盟REPowerEU计划的关键支柱，该计划力图帮助欧盟摆脱对俄罗斯化石燃料的依赖。为了支持这些战略，欧盟委员会通过欧洲共同利益重要项目为氢能产业提供财政支持，并制定明确的可再生氢定义和生命周期排放计算方法，以指导相关项目的开展。总之，重新定义可再生氢是欧盟推动能源转型、应对气候变化、保障能源安全的重要一环，对于实现欧盟的氢能愿景具有重要意义。

2. 实施要点

（1）《关于欧盟RFNBO的授权法案》

第一项授权法案明确定义了非生物来源可再生燃料的标准，并确立了氢气生产的“附加性”原则，要求电解槽必须与新的可再生能源电力生产相连，以促进电网中可再生电力的增加。法案规定了生产商证明可再生能源电力的来源，并引入了时间和地理相关性的标准，确保可再生氢只在有足够可再生能源的时间和地点进行生产。考虑到现有投资，2028年1月1日前投运的项目设有“附加性”要求的过渡期。在2030年1月1日前，生产商可按月将氢气产量与可再生能源匹配，但成员国可从2027年7月1日起选择引入更严格的时间相关性规则。这些要求适用于欧盟内部和希望向欧盟出口可再生氢的第三国生产商。

（2）《循环碳燃料温室气体减排最低阈值的授权法案》

第二项授权法案提供了计算RFNBO生命周期温室气体排放的方法。该方法考虑了燃料整个生命周期的温室气体排放，包括上游排放、从电网获取电力的排放、加工过程的排放以及将这些燃料运输到最终消费者的排放。此外，该方法阐明了如何计算可再生氢及其衍生物的温室气体排放量。

3. 影响及启示

欧盟新法案对可再生氢的发展和应用影响深远。新法案明确了RFNBO的定义和生产标准，为行业发展提供了清晰规范和方向。同时，新法案要求

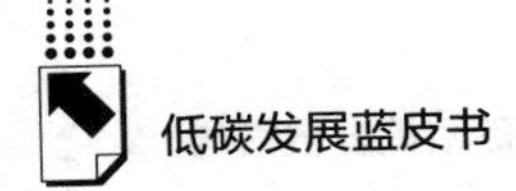

可再生氢生产与新增可再生能源电力相连，这将促进欧盟可再生能源的发展、加快能源结构转型。明确的标准和过渡期安排有助于吸引投资及推动氢能产业发展壮大。此外，可再生氢有助于工业和交通等领域的脱碳，新法案的温室气体排放核算方法为减排提供了依据，会助力欧盟实现气候目标。新法案对欧盟内外的可再生氢生产商采用统一标准，这将有利于规范国际氢能贸易，从而推动全球氢能市场发展。

欧盟新法案为其他国家和地区发展氢能提供了有益启示。各国应完善顶层设计，制定明确的氢能发展规划和政策，为产业发展提供制度保障。同时，应推动可再生能源发展，为可再生氢生产提供充足的清洁电力来源。加强科技创新、突破关键技术瓶颈、提高氢能产业竞争力也十分重要。此外，应促进多方合作，加强国际交流，推动全球氢能市场健康发展。完善的基础设施建设，包括加快制氢、储氢、运氢等配套设施建设，将为氢能发展奠定坚实基础。

（三）《关键原材料法案》

2023 年 3 月 16 日，欧盟推出了《关键原材料法案》，以确保欧盟能够获得安全、多样化、负担得起和可持续的关键原材料供应。该法案更新了关键原材料清单，确定了战略原材料清单，欧盟认为这些原材料对于欧洲绿色和数字雄心以及国防和太空应用的重要技术至关重要，存在潜在供应风险。

1. 实施背景

首先，欧盟许多关键原材料几乎完全依赖进口，供应商高度集中在少数第三国，这种集中使欧盟面临重大的供应风险。其次，未来几十年对一些关键原材料的需求将迅速增长，目前现有和计划的产能可能无法满足预期的需求增长。此外，许多国家都采取了积极保障关键原材料供应的政策，加剧了资源竞争。再次，疫情和俄乌冲突引发能源危机，凸显了欧盟的结构性供应依赖及其在危机时期的潜在破坏影响。最后，目前还没有旨在从结构上降低关键原材料供应风险的监管框架，非监管行动还不足以确保欧盟获得安全和可持续的关键原材料供应。

2. 实施要点

第一，更新了关键原材料清单，确定了战略原材料清单，这些原材料对于欧洲绿色和数字雄心以及国防和太空应用的重要技术至关重要。第二，为战略原材料供应链上的国内产能设定了明确基准，并在2030年前使欧盟供应多样化，设立了包括开采、加工和回收方面的目标。第三，建立"战略项目"审批机制，简化审批程序，以支持有助于战略原材料供应的项目。第四，规定了成员国增加收集、处理和再利用含有关键原材料废物的一般义务，促进在制造部门使用二次关键原材料，并制订关于回收技术以替代关键原材料的国家研究和创新计划。第五，促进从采矿废料中回收关键原材料，要求经营者评估回收的可能性，并收集有关废物中关键原材料含量的信息。

3. 影响及启示

关键原材料对绿色和数字化转型以及国防和航天应用至关重要，当前许多关键原材料严重依赖进口，若供应中断将对欧盟工业产生重大不利影响。《关键原材料法案》制定了欧洲本土采掘、加工和回收战略原材料的目标，鼓励欧洲域内关键原材料来源多样化，简化项目许可程序，评估供应链风险，促进关键原材料循环产业发展。这将进一步改变全球贸易中的各国分工，对中国关键原材料产业链带来挑战。欧盟短时间内难以摆脱关键原材料过度依赖进口的风险，但随着欧盟本土产能的提升及全球合作伙伴的供应链壮大，欧盟将势必减少对中国的关键原材料依赖。欧盟《关键原材料法案》的出台凸显了关键原材料对于全球经济发展和战略安全的重要性。各国应加强合作，共同应对关键原材料供应链的风险和挑战，推动全球关键原材料产业的可持续发展。

（四）《净零工业法案》

《净零工业法案》由欧盟委员会于2023年3月提出①，与《关键原材料

① 《欧盟通过〈净零工业法案〉》，《人民日报》2024年6月3日，第16版，http://paper.people.com.cn/rmrb/html/2024-06/03/nw.D110000renmrb_20240603_5-16.htm。

法案》、电力市场设计改革相关法案一起被称为欧盟绿色协议工业计划的三大关键立法。该计划阐述了欧盟将如何通过提升净零排放技术和产品制造能力来增强其竞争优势以实现气候目标。该法案提出，到2030年欧盟本土净零技术（如太阳能板、风力涡轮机、电池和热泵）制造产能达到部署需求的40%；到2040年欧盟在这些技术上达到世界产量的15%。

1. 实施背景

净零转型已经在全球范围内引起了巨大的产业、经济和地缘政治转变，一场新的绿色科技产业竞赛正在中国、美国、欧洲之间展开。2022年8月，美国通过了绿色补贴高达3690亿美元的《通胀削减法案》，在巨额绿色补贴的诱惑下，欧洲企业开始将投资转移到美国。为应对美国的补贴计划，2023年2月1日，欧盟委员会主席冯德莱恩提出了欧盟绿色协议工业计划，旨在提高欧洲净零工业竞争力，支持欧洲向气候中和快速转型。作为该计划的关键部分，《净零工业法案》致力于使欧洲成为“清洁技术的发源地”，加速欧盟绿色转型，提升欧盟清洁技术产业的国际竞争力，以此应对美国《通胀削减法案》带来的挑战，巩固欧洲在绿色技术领域的领先地位。

2. 实施要点

《净零工业法案》作为欧盟绿色协议工业计划的关键部分，旨在加速欧盟向气候中和转型，同时提升欧盟的工业竞争力。该法案设定了两个指示性基准：到2030年，欧盟净零技术的制造能力至少达到欧盟部署需求的40%；到2040年，所有关键低碳技术在全球市场中的占比至少达到15%①。此外，该法案还设定目标，到2030年，欧盟地质储存地点的二氧化碳年注入能力要达到5000万吨。

《净零工业法案》还支持一系列战略净零技术，包括太阳能光伏和热能、陆上和海上可再生能源、电池和储能、热泵和地热能、电解槽和燃料电池、沼气/生物甲烷、碳捕获与封存、电网等技术，并制定针对性行动支持

① 李思奇、金扬凯、欧盟：《〈净零工业法案〉对中国的影响及应对》，《国际贸易》2023年第10期。

这些技术在欧盟的发展。同时，该法案支持其他净零技术，如核裂变能技术、可持续替代燃料技术、水电技术、与能源系统相关的能源效率技术等。此外，该法案包括支持劳动力培训和教育投资的措施，呼吁建立“监管沙箱”和“净零加速谷”以推动净零技术的创新和发展。

3. 影响及启示

欧盟通过的《净零工业法案》旨在推动欧盟清洁能源技术与产业的发展，促进欧盟实现绿色经济转型。该法案的出台将对欧盟乃至全球经济产生深远影响。《净零工业法案》的实施将促进欧盟能源结构的优化和能源安全的提升。目前，欧盟在电池、光伏等清洁技术领域高度依赖进口，能源安全面临挑战。通过大力发展本土清洁技术产业，欧盟将减少对外部能源的依赖，增强能源供应的多元化和稳定性，提升能源安全水平。

《净零工业法案》将为欧盟创造大量就业机会，促进经济增长。清洁技术产业是未来经济发展的重要引擎，大力发展清洁技术产业将带动上、下游产业的发展，创造更多就业岗位。同时，清洁技术的广泛应用也将推动传统产业的绿色转型和升级，为经济注入新的增长动力。《净零工业法案》的出台对全球气候治理和绿色发展也将产生积极影响。作为全球主要经济体之一，欧盟大力发展清洁技术产业，将为全球气候治理和绿色转型树立标杆，推动更多国家加快绿色发展步伐，为应对气候变化贡献力量。总的来看，《净零工业法案》的出台彰显了欧盟发展清洁技术产业、推动绿色转型的决心，对欧盟经济发展和全球气候治理都将产生积极而深远的影响。对于中国等其他国家而言，应积极应对法案带来的机遇和挑战，在全球绿色合作中发挥建设性作用。

（五）欧盟理事会通过碳减排立法提案

欧盟理事会于2023年4月25日通过了关于应对气候变化的5项立法提案[①]，分别是关于欧盟碳排放交易体系，海运、建筑及道路运输等、航空排

① 任珂：《欧盟通过多项减排立法提案》，《人民日报》2023年4月27日，第17版。

放，碳边境调节机制和设立社会气候基金等。这些立法将促进主要经济部门减少温室气体排放，同时确保一些个人、小微企业或部分行业在减排过程中得到有效支持。

1. 实施背景

气候变化已成为全球性严峻挑战，欧盟作为主要经济体有责任大幅削减自身碳排放，以实现其到 2030 年温室气体排放比 1990 年降低 55%、2050 年实现碳中和的既定目标。这些法案通过改革碳排放交易体系、逐步取消免费碳排放配额等措施，推动欧盟经济绿色低碳转型。同时，碳边界调整机制的实施可以防止碳泄漏，鼓励非欧盟国家加强气候行动。此外，设立社会气候基金将确保气候转型政策的公平性和社会包容性。总的来说，上述法案的出台体现了欧盟应对气候变化的决心，对于推动全球气候治理进程、实现绿色发展具有重要意义。这些立法提案是欧盟委员会于 2021 年 7 月提出的名为“Fit for 55”的应对气候变化一揽子提案的一部分①。

2. 实施要点

（1）根据碳排放交易体系改革法案，到 2030 年，欧盟碳排放量将比 2005 年减少 62%，这比之前 43%的减排目标有了大幅提高。同时，计划到 2034 年逐步取消针对欧盟内部企业的免费碳排放配额。

（2）海运排放：海运排放首次纳入欧盟排放交易体系，将分三个阶段逐步减少海运公司碳配额，分别为 2024 年减少 40%、2025 年减少 70%、2026 年全部取消碳配额。建筑、道路运输和其他部门排放：从 2027 年起，实施为建筑、道路运输和其他部门（主要是小型工业）单独建立的新排放交易系统。航空排放：航空业的免费排放配额将逐步取消，并从 2026 年开始进行全面拍卖；在 2030 年 12 月 31 日之前，将保留 2000 万份配额，以激励飞机运营商减少化石燃料使用。

（3）碳边境调节机制所涵盖行业的免费碳排放配额将在 2026~2034 年的 9 年内取消。征收碳跨境税的目的，是要防止欧盟企业受到对环境污染更

① 廖冰清：《欧洲议会通过多项关键气候法案》，《经济参考报》2023 年 4 月 20 日，第 8 版。

大的外国对手削价竞争，同时减少了让欧盟企业将产业移往环保规则宽松地区的诱因。

（4）欧盟还将在 2026~2032 年设立社会气候基金，用以支持家庭、小微企业、运输用户等，帮助他们应对新规对价格造成的影响。

3. 影响及启示

本次通过的一揽子法案使得欧盟应对气候变化的政策更加具体化，其影响范围更广。①加速欧盟经济低碳转型，更高的减排目标和逐步取消免费碳排放配额，将倒逼企业加快低碳技术应用和绿色转型步伐。这有利于推动欧盟经济结构优化升级，提升可持续竞争力。②推动全球气候治理。欧盟率先出台如此系统和严格的气候政策，有望引领全球气候治理方向，特别是碳边境调整机制，将激励更多国家采取积极的气候行动，推动建立公平的国际碳定价机制。③凸显社会公平和包容性的重要性。设立社会气候基金表明，在推进气候转型过程中，需要重视和保障不同群体的利益，提供必要的补偿和支持，让气候政策更具社会包容性。④为其他经济体提供有益借鉴。欧盟的碳排放交易体系、碳边境调节机制等创新性政策设计，可为其他国家和地区的气候立法提供有益参考，有利于形成更加协调统一的全球气候政策体系。⑤彰显应对气候变化的紧迫性。欧盟如此大幅度提升气候目标和加大政策力度，反映出国际社会对气候变化形势的担忧，凸显了加快低碳转型、实现温控目标的紧迫性。这将督促各方以更大决心和行动应对气候挑战。

（六）欧盟碳边境调节机制

碳边境调节机制（Carbon Border Adjustment Mechanism，CBAM），亦可称为“碳关税”或“碳边境调节税”，是指严格实施碳减排政策的国家或地区，要求在进口（出口）高碳产品时缴纳（返还）相应的税费或碳配额[①]。2023 年 5 月 16 日，欧盟对外公布了《建立碳边境调节机制》的正式法令，对于碳边境调节机制的征收范围、排放量计算、申报要求、各方权责、履约

① 王静：《“碳关税”，带来哪些新挑战》，《新华日报》2023 年 9 月 18 日，第 9 版。

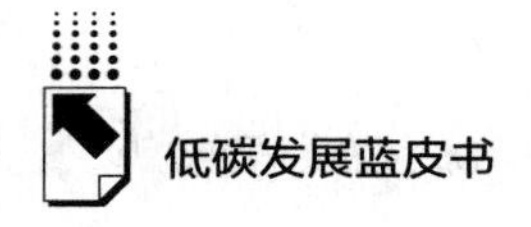

规则和程序等进行了最终明确。自2021年7月欧盟首次公布碳边境调节机制法案提案以来，《建立碳边境调节机制》历经数次修改最终定稿。2023年10月1日，欧盟碳边境调节机制（CBAM）开始进入过渡期，过渡期至2025年12月31日。

1. 实施背景

全球气候变化问题已成为人类面临的重大挑战之一。随着工业化进程的不断推进，温室气体排放量持续增加，导致全球气温不断上升，极端天气事件频发，生态环境恶化，对人类社会可持续发展构成严重威胁。为应对气候变化，国际社会达成了《巴黎协定》，提出将全球平均气温较前工业化时期上升幅度控制在2℃以内，并努力将温度上升幅度限制在1.5℃以内。各国据此纷纷制定了碳中和目标和低碳发展战略，积极推进经济社会绿色低碳转型。然而，由于各国在经济发展水平、资源禀赋、能源结构等方面存在差异，碳排放成本在不同国家之间也存在显著差异，这使得在实施碳减排政策时，高碳排放企业可能选择将生产转移到环境政策相对宽松的国家，造成碳泄漏问题，削弱了碳减排政策的有效性，给国际贸易带来了诸多不确定因素。

为解决上述问题、公平有效地推进全球碳减排进程，欧盟提出了CBAM。CBAM是在欧盟碳排放交易体系的基础上，对进口到欧盟的高碳排放产品征收与欧盟内部碳价相当的碳关税，旨在消除欧盟内外企业在碳排放成本上的差异，防止碳泄漏，维持欧盟产业竞争力，同时激励欧盟贸易伙伴加快低碳转型步伐。CBAM的提出是欧盟应对气候变化、实现碳中和目标的重要举措，是在国际贸易中推进碳定价的一次创新尝试。它以贸易政策为杠杆，将气候变化问题纳入多边贸易体制，试图在全球范围内形成应对气候变化的合力。CBAM有助于推动全球价值链绿色升级，促进低碳技术创新和推广，加快全球经济社会绿色低碳转型。同时，CBAM的实施面临诸多挑战，如与世贸组织规则的兼容性、对发展中国家经济的影响等，需要国际社会在坚持多边主义、加强对话合作的基础上，共同探索协调贸易和气候政策的有效途径。

2. 实施要点

（1）实施时间：欧盟CBAM将分成两个阶段实施。第一个阶段为过渡期，从2023年持续到2026年，在此期间进口商仅承担申报义务，需要每季度报告其进口产品数量、总隐含碳排放量等信息，但不用缴纳CBAM证书。第二个阶段为正式实施期，自2027年起，CBAM将正式实施，进口商须以购买CBAM证书的形式，支付其进口产品的隐含碳排放量的成本。

（2）征收范围：CBAM将主要针对进口的钢铁、水泥、化肥、铝、电力、化学品和塑料等高碳排放产品征收。随着未来欧盟碳边境调节机制的逐渐成熟和常态化，更多高碳强度产品的进口将会逐步纳入征收范围。

（3）应缴金额：CBAM的应缴金额为欧盟及与其发生贸易的出口国双方之间的碳价差额乘以产品隐含的碳排放量，旨在保证进入欧盟的境外产品与欧盟之内的产品的生产商对于所产生的二氧化碳要支付相同的成本，这既是对欧盟本土生产商的一种公平保护，也是对欧盟境外生产商的一种反向倒逼，激励生产商们降低碳排放。进口商需要为其产品中包含的每吨二氧化碳排放以购买CBAM证书的形式支付相应碳成本。

（4）缴纳流程：进口商首先需要申请获得从事CBAM管控产品进口业务的资格，成为“授权申报人”才能进口相关产品。CBAM税费并非在产品进口环节逐笔征收，而是在次年1~5月由进口商统一向CBAM主管机关申报上一年度的碳排放量并清缴相应的CBAM证书。

（5）免费配额的取消：为避免免费配额在碳边境调节机制的基础上对欧盟本土生产商产生双重保护，根据欧洲议会通过的方案，从2027年起，CBAM覆盖行业的免费配额分配比例将逐年下降，从2027年的93%降至2032年的0%，最终在2032年全部取消。CBAM证书的清缴数量也将根据当时免费配额的分配比例进行动态调整。

（6）规避行为的识别：欧盟明确强调将针对规避CBAM义务的行为进行识别与处罚。潜在的规避行为包括：出口国对输欧产品提供碳成本补贴或仅对输欧产品收取碳价、轻微改动产品规避CBAM管控、欧盟企业将生产外包至海外、通过转口贸易规避等。

3. 影响及启示

欧盟 CBAM 的实施，对全球贸易格局和环境保护具有深远的影响。首先，从国际贸易的角度来看，CBAM 的推行将提高进口产品的环境标准，特别是碳排放的要求。这不仅可能促使一些高碳排放产业面临转型升级的压力，也可能引发产业转移的现象，影响欧盟本土产业的竞争力。然而，从长远来看，CBAM 有助于推动全球向低碳经济转型，促进国际贸易与环境保护的协调，为全球可持续发展奠定基础。

其次，CBAM 对环境治理和全球治理体系同样具有积极作用。通过激励全球范围内的节能减排，CBAM 有助于应对气候变化，同时为发展中国家提供资金和技术支持。此外，CBAM 的实施也可能促进全球治理体系的改革，通过建立统一的碳排放标准和贸易规则，加强国际共识与合作，为全球环境治理贡献力量。

对于企业而言，CBAM 既是挑战也是机遇。欧盟企业需要提高能源效率、减少碳排放，并可能通过参与碳交易获得经济利益。非欧盟企业则需要适应新的贸易规则，通过技术创新和降低碳排放成本来保持竞争力。整体而言，CBAM 的实施为全球企业提供了转型升级的契机，同时为全球贸易和环境治理体系的完善提供了新的思路和方向。

三　欧盟低碳政策实施的影响效应

（一）经济影响

1. 经济增长与低碳转型

欧盟低碳政策的实施有望推动经济增长方式的转变，实现经济增长与低碳转型的双赢。一方面，碳定价机制和绿色金融政策将引导资金流向低碳产业，促进清洁技术创新和应用，培育新的经济增长点。另一方面，提高能源效率、发展可再生能源将降低化石能源依赖，提升能源安全和经济韧性。低碳转型虽然短期内可能带来一定的调整成本，但从长远看有利于提升欧盟经济的可持续竞争力。

2. 绿色就业机会

低碳政策的实施将创造大量的绿色就业机会。可再生能源、节能环保、绿色交通等低碳产业的快速发展，将带动相关制造、建设、运维、服务等领域就业需求的增长。同时，传统产业的低碳改造升级，将创造新的就业岗位。此外，随着循环经济的推广，废弃物回收利用、再制造等领域的就业机会也将增多。随着低碳转型带来的就业结构调整，需要对劳动力加强职业培训，确保劳动力市场适应绿色发展需求。

（二）碳减排与环境影响

欧盟的低碳政策显著减少了温室气体排放，为全球气候行动树立了标杆。通过设定阶段性减排目标，欧盟确保了减排进程的连续性和有效性。具体政策措施如建立碳排放交易体系、为温室气体排放定价、激励企业采取减排措施。此外，欧盟大力推动可再生能源如风能、太阳能等的发展，这些清洁能源的广泛使用有效替代了化石燃料，减少了碳排放。同时，欧盟注重提升能源效率，通过制定严格的能效标准和推广节能技术，减少了能源消耗和相关的排放。这些政策的综合实施，不仅推动了欧盟向低碳经济转型，也促进了技术创新和产业升级，为全球气候治理提供了宝贵经验。欧盟的低碳政策不仅有助于实现自身的气候目标，而且通过国际合作和知识共享，对全球气候行动产生了积极的示范效应，激励其他国家采取行动，有助于全球共同应对气候变化的挑战。

（三）社会影响

首先，环境质量改善，将减少空气污染等对居民健康的危害，提高人均预期寿命。其次，节能建筑等可改善居住条件，提升舒适度。再次，低碳城市建设，将完善绿色公共交通、建设公园绿地等，为居民创造更加宜居的生活环境。能源贫困人口可从建筑节能改造、能效分享等政策中受益，缓解能源支出负担。此外，分布式能源、智能电网等新模式，让居民从单纯的能源消费者转变为“产消者”，获得更多经济收益和参与感。最后，低碳政策的实施推动社会公平和包容性的发展。低碳政策通过确保所有人都能享受到低碳转型带来的利益，如通过采取经济激励措施帮助低收入家庭采用节能产品，有助于改善社会不平等，促进社会的和谐与稳定。总之，欧盟的低碳政策带来深远的社会影响，为建设一个更加绿色、健康、公平和可持续的社会奠定坚实基础。

B.3

2023~2024年欧盟能源转型发展报告*

张明志　张亚茹**

摘　要：　近年来，欧盟作为全球能源转型的引领者，积极应对气候变化挑战，致力于推动能源体系的绿色转型。通过实施《欧洲绿色新政》等，欧盟大力发展可再生能源，提高能源效率，并加强国际合作，为全球应对气候变化和实现可持续发展目标树立了典范。2023年，欧盟在能源转型方面取得了显著成效，可再生能源发电量持续增长，能效提升显著，技术创新不断涌现。可再生能源在电力生产中的占比不断提升，其中风能和太阳能成为能源转型的主要驱动力。然而，在能源转型的进程中，欧盟也面临诸多挑战，如能源供应安全问题、投资需求的大幅增加以及国际合作协调难度加大等。这些问题对欧盟能源转型的持续推进造成了一定阻碍。为克服这些挑战，本报告深入分析了欧盟能源转型的现状与问题，并提出了多项政策建议。建议包括加大绿色投资力度、优化资金配置、加强科研投入与技术创新、完善政策法规体系等，以助推欧盟能源转型。本报告通过全面梳理欧盟能源转型在可再生能源发展、能效提升、技术创新等多个维度的信息，为政策制定者、行业从业者及研究人员提供了全面、深入、及时的数据与分析，对全球能源转型的发展具有重要参考价值。

关键词：　可再生能源　碳中和　能源效率　欧盟

---

* 本报告为山东省社会科学规划研究重点项目"'两业'融合驱动黄河流域经济绿色低碳转型的机制与对策研究"（项目编号：23BJJJ05）的阶段性成果。

** 张明志，经济学博士，山东财经大学经济学院副院长，教授，硕士生导师，研究方向为产业组织理论、绿色低碳发展理论与实践研究；张亚茹，山东财经大学经济学院硕士研究生，研究方向为人工智能的经济影响。

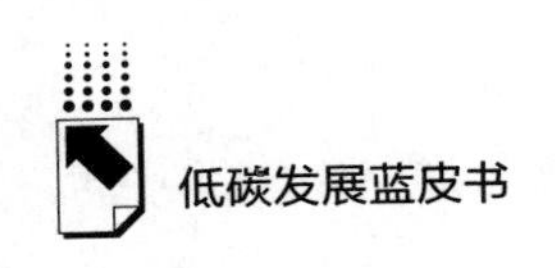

引　言

在全球气候变化的严峻挑战和能源安全问题的日益凸显下，能源转型已成为世界各国普遍关注的重大议题。化石燃料的过度开采和使用，不仅导致了温室气体的大量排放，加剧了全球变暖，也使得能源供应的不稳定性和脆弱性日益显现。因此，探索和开发清洁、可持续的能源形式，实现能源生产和消费模式的根本转变，已成为全球能源发展的必然趋势。

欧盟作为全球能源转型的先行者，一直致力于推动能源领域的绿色革命。面对气候变化和能源安全的双重挑战，欧盟提出了一系列雄心勃勃的能源转型目标，旨在通过大力发展可再生能源、提高能源效率、加强能源基础设施建设以及深化国际合作等手段，实现能源体系的全面转型和升级。

2023 年是欧盟能源转型进程中的一个重要时间节点，2023 年能源转型的发展状况、政策实施效果以及面临的挑战和问题，都对全球能源转型的进程和方向具有重要的示范和引领作用。因此，对 2023 年欧盟能源转型发展进行深入的分析和研究，不仅有助于我们更好地了解欧盟能源转型的最新进展和成效，也能为全球能源转型的发展提供有益的借鉴和参考。

一　欧盟能源转型政策框架

（一）顶层战略

欧盟在推动能源转型的过程中，制定了一系列顶层战略，这些战略为欧盟的能源转型指明了方向，并设定了明确的目标和路径。以下是关于欧盟能源转型顶层战略的详细阐述。

1.《欧洲绿色新政》（European Green Deal）

（1）背景与目标

《欧洲绿色新政》是欧盟为实现气候中和目标而制定的一项全面而雄心

勃勃的转型计划。该计划旨在通过投资、创新和政策引导，推动欧盟经济向更加绿色、低碳和可持续的方向发展。《欧洲绿色新政》的核心目标是到2050年实现欧盟经济的净零排放，同时促进经济增长、就业和实现社会公平。

（2）主要内容

《欧洲绿色新政》涵盖了多个领域，包括能源、交通、农业、工业等。在能源领域，《欧洲绿色新政》强调了可再生能源的重要性，提出了大幅提高可再生能源在能源消费中的比重，减少对化石燃料的依赖。同时，《欧洲绿色新政》注重能源效率的提升，推动节能技术和产品的广泛应用。

2. 2030年气候与能源目标框架

（1）设定目标

欧盟为实现2050年的气候中和目标，设定了2030年的中期目标[①]。这些目标包括：到2030年，欧盟温室气体排放量较1990年水平至少减少55%（与《巴黎协定》目标一致）；欧盟能源消费中可再生能源占比至少达到40%（后提高至45%）；以及提高能源效率，实现能源消费总量较预测水平减少至少32.5%。

（2）制定和实施政策措施

为实现这些目标，欧盟采取了一系列政策措施，包括制定和实施清洁能源法律、提供财政激励和支持、加强国际合作等。这些措施旨在促进可再生能源的开发利用、提高能源效率、推动低碳技术创新和产业升级。

3. 关键政策文件

（1）《欧洲廉价、安全、可持续能源联合行动方案》[②]

该方案是欧盟推动能源转型的重要政策文件之一。它提出了将欧盟于2030年的能效目标从9%提高到13%，并设定了到2030年将可再生能源在欧盟能源消费中的比重提高至45%等具体目标。此外，方案强调了清洁能源技术的研发和创新，以及能源基础设施的现代化和升级。

① 《欧委会公布2030年气候目标计划》，中华人民共和国商务部网站，http://m.mofcom.gov.cn/article/i/jyjl/m/202010/20201003005953.shtml，最后访问时间：2020年10月6日。

② 集邦新能源：《欧盟能源转型再提速：预计2030年可再生能源装机达123600万千瓦》，搜狐网，https://www.sohu.com/a/553439554_115863，最后访问时间：2022年6月2日。

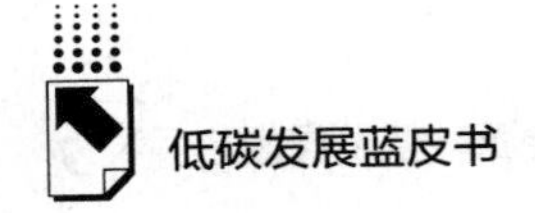

（2）《欧盟太阳能战略》

作为《欧洲绿色新政》的一部分，《欧盟太阳能战略》[①] 旨在推动欧盟太阳能产业的快速发展。该战略提出了到2025年太阳能光伏装机容量较2020年翻一番至320吉瓦、到2030年接近600吉瓦的目标。为实现这些目标，欧盟将采取一系列措施，包括简化行政程序、提供财政支持、加强研发和创新等。

（3）《欧洲风电行动计划》

风电也是欧盟可再生能源建设的重点。欧盟委员会出台的《欧洲风电行动计划》提出了一系列支持风电发展的举措，包括提高许可流程数字化程度、改善电力市场招标设计和融资协助、大规模培训人才等。其中，加速发展海上风电成为该计划的重点之一。

欧盟的顶层战略为能源转型提供了明确的方向和路径。通过实施《欧洲绿色新政》、设定2030年气候与能源目标框架以及制定关键政策文件等措施，欧盟正逐步推动能源体系的全面转型和升级。随着技术的不断进步和政策的持续完善，欧盟有望在能源转型领域取得更加显著的成效，为全球应对气候变化和实现可持续发展目标作出重要贡献。

（二）具体行动计划

在欧盟的能源转型进程中，具体行动计划是实现顶层战略目标的关键。以下是欧盟能源转型的具体行动计划部分，涵盖了可再生能源、能源效率、电网建设以及国际合作等多个方面。

1. 可再生能源推广行动计划

（1）太阳能推广计划

1）设定目标。根据《欧盟太阳能战略》[②]，欧盟计划到2025年太阳能光伏装机容量较2020年翻一番至320吉瓦、到2030年接近600吉瓦。

---

① 《欧盟积极推动能源绿色转型》，电力网，http：//www. chinapower. com. cn/xw/gjxw/20240424/243600. html，最后访问时间：2024年4月24日。

② 《欧盟委员会发布〈欧盟太阳能战略〉》，北极星储能网，https：//news. bjx. com. cn/html/20220719/1242332. shtml，最后访问时间：2022年7月19日。

2）实施措施。①实施“屋顶太阳能计划”：分阶段在新建公共和商业建筑、住宅安装太阳能电池板，例如，爱尔兰政府取消了太阳能光伏电池板供应和安装的增值税，促进了屋顶太阳能系统的普及。②提供财政激励：通过补贴、税收优惠、绿色证书等手段降低太阳能项目的投资成本，从而提高项目的经济可行性。③加强技术研发与创新：支持太阳能技术的研发和创新，提高太阳能电池的转换效率，降低生产成本。

（2）风电发展计划

1）设定目标。加速风电特别是海上风电发展。根据《欧洲风电行动计划》[①]，计划到2030年将北海附近国家的海上风电装机容量提高到120吉瓦，2050年提高至300吉瓦。

2）实施措施。①提高许可流程数字化程度：简化风电项目的许可流程，加快项目审批速度。②改善电力市场招标设计和融资协助：优化电力市场招标规则，为风电项目提供更多的融资支持和长期合同保障。③大规模培训人才：加强风电领域的人才培养，提高行业整体技术水平和运营能力。

2. 能源效率提升行动计划

（1）建筑能效提升计划

1）设定目标。提高建筑物的能效水平，减少能源消耗和温室气体排放。

2）实施措施。①推广节能技术和产品：鼓励使用高效节能的建筑材料和设备，如节能灯具、隔热材料等。②实施建筑能效标识制度：对新建建筑和既有建筑进行能效标识，引导消费者选择能效更高的建筑。③加强建筑节能改造：对既有建筑进行节能改造，如外墙保温、门窗更换等。

（2）工业能效提升计划

1）设定目标。提高工业领域的能效水平，降低单位产值能耗。

2）实施措施。①推广先进节能技术：鼓励企业采用先进的节能技术和

① 《欧洲风电行动计划》，新浪网，https：//finance. sina. com. cn/jjxw/2023 - 11 - 08/doc - imztwvcq8730704. shtml，最后访问时间：2023 年 11 月 8 日。

工艺，提高能源利用效率。②实施能效标准：制定和执行严格的能效标准，限制高耗能产品的生产和销售。③加强能效管理：推广能效管理体系，帮助企业建立和完善能效管理制度。

3. 电网建设行动计划

（1）输电及配电网络升级计划

1）设定目标。加快建设和更新输电及配电网络，确保电网能够高效、稳定地传输可再生能源电力。

2）实施措施。①加大投资力度：投入大量资金用于电网基础设施的升级和改造。②推动电网数字化和智能化：采用先进的数字技术和智能设备来提高电网的自动化水平和运行效率。③加强跨境电网互联：推动欧洲各国电网的互联互通，实现电力的跨境传输和共享。

（2）氢能基础设施建设计划

1）设定目标。建设完善的氢能基础设施网络，为氢能的大规模应用提供支撑。

2）实施措施。①建设电解水制氢工厂：鼓励和支持电解水制氢技术的发展和应用，建设用于生产可再生氢的大型电解槽。②建设氢传输和配送管道：新建和改造氢传输和配送管道，确保氢能的安全、高效传输。③建设大型储氢设施：建设大型储氢设施，解决氢能储存和调峰问题。

4. 加强国际能源合作

（1）设定目标

通过国际合作推动全球能源转型，全球共同应对气候变化挑战。

（2）实施措施

1）加强与国际组织的合作：与联合国、国际能源署等国际组织加强合作，共同推动全球能源转型。

2）推动双边和多边能源合作：与其他国家开展双边和多边能源合作，共同开发可再生能源项目，推动能源技术创新等。

3）分享经验和最佳实践：在国际上分享欧盟在能源转型方面的经验和最佳实践，为其他国家提供借鉴和参考。

二　欧盟可再生能源发展现状

（一）基本发展情况

1. 可再生能源发电量与占比

（1）发电量增长。近年来，欧盟可再生能源发电量持续增长。根据欧盟统计局的数据①，2023 年欧盟可再生能源发电量为 121 万吉瓦时，与 2022 年相比增长了 12.4%。这表明欧盟在可再生能源领域取得了显著进展。

（2）占比提升。可再生能源在欧盟电力生产中的占比也在不断提升。2023 年，可再生能源占所有电力生产的 44.7%，显示出欧盟能源结构正在向更加清洁和可持续的方向发展。相比之下，2023 年欧盟化石燃料发电量占总发电量的 32.5%，这一比例远低于可再生能源发电量的比例，体现了欧盟在能源转型方面的坚定决心和实际行动。

2. 主要可再生能源类型

（1）风能和太阳能。风能和太阳能是欧盟可再生能源增长的主要驱动力。到 2023 年，风能和太阳能发电量占总发电量的 27%，风能和太阳能成为欧盟电力结构中的重要组成部分。风能发电量增长尤为显著，甚至在某些时候超过了天然气发电量，标志着欧盟在可再生能源领域的重大突破。

（2）其他可再生能源。除了风能和太阳能外，欧盟在水能、生物质能等其他可再生能源领域取得了积极进展。这些可再生能源类型共同构成了欧盟多元化的能源供应体系。

3. 政策支持与市场机制

（1）政策支持。欧盟各国政府通过出台一系列政策措施来支持可再生能源的发展。这些政策包括提供财政补贴、税收优惠、绿色证书交易等，为

---

① 《欧盟统计局：2023 年欧盟天然气供应量下降 7.4%》，新浪网，https：//finance. sina. com. cn/tech/roll/2024-07-09/doc-inccnfky1110610. shtml，最后访问时间：2024 年 7 月 9 日。

可再生能源项目提供了有力的经济激励。同时，欧盟制定了长期的可再生能源发展目标，并通过立法手段确保这些目标的实现。

（2）市场机制建立。欧盟建立了完善的可再生能源市场机制，通过市场化手段促进可再生能源的消纳和利用。具体而言，欧盟推行了绿色证书交易系统，该系统使得可再生能源发电企业能够将其所生产的绿色电力转化为绿色证书，并在市场上进行交易，进而使这些企业能够获取额外的经济收益。

（二）新增装机容量

1. 总体情况

近年来，欧盟可再生能源新增装机容量保持快速增长。这一增长趋势得益于欧盟各国政府对可再生能源发展的高度重视和大力支持，以及技术进步和成本降低带来的竞争力提升。

2. 具体数据与趋势

（1）年度新增装机容量

根据行业报告和欧盟统计局的数据，欧盟的可再生能源新增装机容量每年均保持较高水平。例如，2023 年欧盟新增可再生能源装机容量实现了显著的增长，具体数值虽未直接给出，但从整体趋势来看，这一数值是令人瞩目的。

（2）主要能源类型的新增装机容量

1）太阳能。太阳能光伏是欧盟新增装机容量的重要组成部分。近年来，随着光伏技术的不断成熟和成本的进一步降低，太阳能光伏的新增装机容量在欧盟范围内持续增长。特别是在一些阳光充足的地区，如西班牙、意大利和希腊等国家，太阳能光伏的新增装机容量尤为显著。

2）风能。风能是欧盟新增装机容量的重要来源。欧盟各国在陆上和海上风电领域均加大了投资力度，推动了风能装机容量的快速增长。德国、英国、丹麦等国家在风能领域取得了显著成就。

3）水能、生物质能等。水能等传统可再生能源的新增装机容量相对较为稳定，生物质能等其他可再生能源类型也在欧盟新增装机容量中占据一定比重。这些可再生能源类型共同促进了欧盟能源结构的多样化和清洁化。

（3）增长动力

1）政策支持。欧盟及其成员国通过出台一系列政策措施包括提供财政补贴、税收优惠、绿色证书交易等来支持可再生能源的发展。这些政策为可再生能源项目提供了有力的经济激励，推动了新增装机容量的快速增长。

2）技术进步与成本降低。随着技术的不断进步和规模化效应的显现，可再生能源项目的建设和运营成本逐渐降低，进一步提升了其竞争力。这使得更多的投资者和企业愿意将资金投入可再生能源领域，从而推动了新增装机容量的增加。

（三）重点项目

1. 大型风电项目

（1）背景与现状

欧盟各国在陆上和海上风电领域均积极推进大型风电项目。这些项目不仅规模庞大，而且对推动欧盟可再生能源发展和实现碳中和目标具有重要意义。

（2）重点项目示例

1）法国海上风电项目建设和运营。2024 年 7 月 3 日，欧盟委员会批准了法国一项价值 108. 2 亿欧元的计划，用以支持法国海上风电的建设和运营。该计划涉及两个项目，合计容量为 2. 4GW 至 2. 8GW，预计两个项目将在未来几年内逐步建设完成。这些项目不仅将显著提升法国的海上风电装机容量，还将为欧盟海上风电的发展树立标杆。

2）德国海上风电项目建设。德国作为欧洲海上风电的“领头羊”，拥有多个在建和规划中的大型海上风电项目。这些项目采用了先进的技术和管理模式，致力于提高风能发电效率和降低运营成本。

（3）政策支持

欧盟及其成员国通过提供财政补贴、税收优惠、电价支持等政策手段，积极鼓励大型风电项目的建设和运营。同时，欧盟通过立法手段设定可再生能源发展目标，确保各国按照既定计划推进风电等可再生能源的发展。

2. 太阳能光伏项目

（1）背景与现状

太阳能光伏是欧盟可再生能源的重要组成部分。近年来，随着光伏技术的不断成熟和成本的进一步降低，欧盟各国纷纷加大对太阳能光伏项目的投资力度。

（2）重点项目示例

1）屋顶光伏系统安装。欧盟多国政府鼓励在住宅、商业和工业建筑上安装屋顶光伏系统。这些系统不仅能够为建筑物提供清洁的电力，还能通过余电上网等方式实现经济效益。例如，德国、荷兰等国家对安装在私人住宅上的屋顶光伏系统提供了增值税减免等优惠政策。

2）大型地面光伏电站建设。在土地资源相对丰富的地区，欧盟各国还建设了一批大型地面光伏电站。这些电站通过规模化效应降低建设成本、提高发电效率，为欧盟可再生能源的发展贡献了大量清洁电力。

（3）政策支持

与风电项目类似，欧盟及其成员国也通过一系列政策措施支持太阳能光伏项目的发展。这些政策包括提高财政补贴、税收优惠、绿色证书交易等，旨在降低光伏项目的建设和运营成本，提高其经济性和竞争力。

3. 储能项目

（1）背景与现状

随着可再生能源装机容量的不断增加，储能技术的重要性日益凸显。储能系统能够解决可再生能源发电的间歇性和不稳定性问题，确保电网的稳定运行。

（2）重点项目示例

1）大型储能电站建设。欧盟多国正在建设大型储能电站，以提高电网的灵活性和可靠性。这些电站通过采用先进的储能技术和管理模式，实现电能的高效存储和释放。

2）户用储能系统推广。在居民端，欧盟也在推广户用储能系统。这些系统能够与屋顶光伏系统结合，实现电力的自发自用和余电上网。例如，德国政府对户用光储系统提供了增值税减免等优惠政策。

（3）政策支持

欧盟及其成员国通过提供财政补贴、电价支持等政策措施，鼓励储能技术的发展和应用。同时，欧盟加强了对储能技术研发的投入和支持，推动储能技术的创新和突破。

综上所述，欧盟可再生能源重点项目涵盖了风电、太阳能光伏和储能等多个领域。这些项目采用了先进的技术和管理模式，致力于提高可再生能源的发电效率和降低运营成本，为欧盟实现碳中和目标提供有力支撑。

三　能源效率提升与节能改造措施

（一）能效目标

1. 总体目标

在欧盟推动能源转型的过程中，能效提升是至关重要的一环。为实现2050年碳中和目标，欧盟设定了一系列雄心勃勃的能效提升目标。这些目标旨在通过提高能源使用效率，减少能源消耗和温室气体排放，推动经济社会的可持续发展。

2. 具体目标

（1）2030年能效目标。欧盟在《欧洲廉价、安全、可持续能源联合行动方案》中提出，将2030年的能效目标从9%提高到13%。这意味着到2030年，欧盟整体能源使用效率将比基准情景提高13%，从而减少能源消耗和温室气体排放。

（2）长期能效目标。除了短期目标外，欧盟还设定了长期能效提升目标。这些目标旨在通过持续的技术创新和政策支持，推动能源使用效率的不断提升，为实现碳中和目标奠定坚实基础。

（二）节能改造

节能改造是欧盟实现能源转型和碳中和目标的重要手段之一。对现有建筑、工业设施、交通系统等进行节能改造，可以有效降低能源消耗和温室气体排放，提高能源使用效率，促进经济社会的可持续发展。

1. 主要领域与措施

（1）建筑领域

1）能效提升改造。欧盟鼓励对既有建筑进行能效提升改造，包括外墙保温、门窗更换、屋顶绿化、照明系统升级等措施。这些改造能够显著减少建筑的采暖、制冷和照明能耗。

2）推广智能建筑技术。欧盟通过推广智能建筑技术，如智能温控系统、能耗监测系统等，实现建筑的精细化管理和能效优化。

（2）工业领域

1）使用高效节能设备。鼓励工业企业采用高效节能的生产设备和工艺，淘汰落后产能，提高能源使用效率。

2）余热回收与利用。对在工业过程中产生的余热进行回收和利用，如用于供暖、发电等，减少能源浪费。

3）建立工业能源管理系统。建立工业能源管理系统，对能源消耗进行实时监测和分析，优化能源使用方案。

（3）交通领域

1）公共交通系统优化。对公共交通系统进行优化升级，提高运营效率和服务质量，鼓励居民乘坐公共交通。

2）电动汽车充电设施建设。加速电动汽车充电设施建设，推动电动汽车的普及和应用，降低传统燃油汽车的能耗和减少排放。

（4）能源系统

1）电网基础设施升级。加强电网基础设施建设，提高电网的智能化水平和灵活性，以更好地适应可再生能源的接入和分布式能源的发展。

2）储能系统建设。建设储能系统，解决可再生能源发电的间歇性和不稳定性问题，提高电网的稳定性和可靠性。

2. 政策支持与激励机制

欧盟及其成员国通过一系列政策支持与激励机制推动节能改造。采取的措施包括以下几点。

（1）财政补贴：为节能改造项目提供财政补贴，降低改造成本和风险。

（2）税收优惠：对节能改造项目给予税收优惠，鼓励企业和个人积极参与节能改造。

（3）绿色融资：发展绿色金融工具，为节能改造项目提供融资支持。

（4）法规标准：制定严格的节能法规和标准，要求新建建筑和工业设施必须达到一定的能效标准，同时对既有建筑和工业设施进行能效评估和改造。

3. 案例与成效

欧盟各国在节能改造方面取得了显著成效。例如，德国通过实施能效提升计划，对大量既有建筑进行了节能改造，显著降低了建筑能耗和减少了温室气体排放。荷兰则通过推广电动汽车和智能交通系统，减少了交通领域的能源消耗和排放。

（三）技术创新

在推动可再生能源发展的过程中，技术创新是推动行业进步和降低成本的关键驱动力。欧盟作为全球可再生能源领域的领先者，一直致力于通过技术创新来提升可再生能源的效率和竞争力，加速能源转型。

1. 主要技术创新领域

（1）可再生能源发电技术

1）太阳能光伏技术。欧盟在太阳能光伏领域包括高效光伏电池的研发、双面太阳能电池板的推广以及浮动型太阳能发电设备的应用等方面取得了显著进展。这些技术提高了太阳能光伏系统的发电效率和可靠性，降低了成本。

2）风电技术。在风电领域，欧盟致力于大型海上风力涡轮机的研发和应用，通过提高单机容量和发电效率来降低风电成本。此外，欧盟在风电预测、运维管理等方面进行了技术创新，提升了风电系统的整体性能。

（2）储能技术

欧盟储能技术的创新包括固态电池、液流电池、压缩空气储能等多种新型储能技术的研发和应用。这些技术相比于传统锂离子电池具有更高的能量密度、更长的使用寿命和更低的成本，为可再生能源的稳定供应提供了有力保障。此外，欧盟在储能系统的智能化管理和优化调度方面进行了技术创新，提高了储能系统的效率和灵活性。

（3）智能电网技术

欧盟积极推动智能电网技术的发展，通过集成先进的传感器、通信技术和数据分析工具，实现电网的实时监测、预测和优化调度。智能电网技术能够更好地适应可再生能源的间歇和波动，提高电网的稳定性和可靠性。

（4）氢能技术

氢能是未来能源体系的重要组成部分，欧盟在氢能技术的研发和应用方面投入了大量资源。可再生能源制氢技术、氢能储存和运输技术、氢能燃料电池技术等关键领域的创新，为氢能产业的快速发展提供了技术支持。

2. 政策支持与研发投入

欧盟通过一系列政策措施支持可再生能源技术的创新和发展，包括提供研发资金、制定技术标准、建立创新联盟等。同时，欧盟鼓励企业、高校和研究机构之间开展合作与交流，推动产学研用深度融合，加速技术成果的转化和应用。

四　能源市场与基础设施建设

（一）电力市场改革

近年来，欧盟面临能源价格波动、气候变化挑战以及能源供应安全等多重压力。为了应对这些压力，欧盟启动了电力市场改革，旨在通过优化电力市场设计、推动可再生能源发展、增强能源系统灵活性等措施，实现能源转型和碳中和目标。

1. 主要改革措施

（1）推广双向差价合约购电协议

为稳定长期电力市场，欧盟推广双向差价合约购电协议。该协议允许公共机构与电力生产商签订长期合同，在市场电价波动时提供价格保护。当市场价格高于商定价格时，电力生产商须返还部分收入；当市场价格低于商定价格时，监管机构给予适当补偿。这一措施有助于吸引电力投资、稳定市场预期。

（2）允许成员国长期采取电厂补贴措施

为保障中长期电力供应安全，欧盟允许成员国对现有发电机二氧化碳排放限制进行适当妥协，通过采取长期补贴措施支持电厂运营。此举的核心目的在于调和能源转型期间电力供应的稳定性和环境保护之间的紧张关系，力求在推进绿色发展的同时，确保电力供应不受影响。

（3）加强价格对冲策略监管

为保护消费者免受市场变化影响，欧盟对供应商的价格对冲策略采取更严格限制措施。这有助于减少市场投机行为，维护电力市场的公平竞争和稳定。

（4）鼓励参与能源共享计划

欧盟鼓励所有消费者参与能源共享计划并使用、共享和储存自产能源。这一措施有助于提高能源利用效率，促进分布式能源的发展。

（5）建立电价危机机制

欧盟建立电价危机机制，在电价异常推高的情况下宣布电价危机，允许成员国采取临时措施设定电价。这有助于保护弱势消费者免受电价飙升的影响。

（6）推动可再生能源的部署

欧盟电力市场改革法案将推动可再生能源的快速、大规模部署置于重要位置。通过采取优化电力市场设计、完善产品服务和监管体系等措施，激励可再生能源项目的投资和发展。

（7）加强跨国电力互联互通

为提升电力供应稳定性，欧盟加强跨国电力互联互通建设。通过建设欧洲内部的跨国输电线路、提高电力互联互通的规模和效率等，实现电力资源的优化配置和共享。

2. 改革成效与挑战

（1）成效

电力市场改革有助于稳定电价、吸引电力投资、推动可再生能源发展、提高能源系统灵活性等。这些成效对于欧盟实现能源转型和碳中和目标具有重要意义。

（2）挑战

改革过程中面临成员国协调难度大、跨国电力互联互通建设复杂、能源安全与市场供需平衡难以兼顾等挑战。此外，改革方案的实施需要克服利益冲突、技术瓶颈和资金缺口等问题。

（二）电网建设

随着可再生能源的快速发展和欧盟能源转型的深入推进，电网建设成为实现能源高效利用和保障能源供应安全的关键环节。可再生能源的间歇性和波动性对电网的灵活性和稳定性提出了更高要求，因此，加强电网建设、提升电网智能化水平成为欧盟能源政策的重要组成部分。

1. 电网建设目标与规划

（1）提升电网灵活性

欧盟电网建设旨在提升电网的灵活调节能力，以更好地适应可再生能源接入带来的波动。这包括加强电网的智能化建设，通过先进的传感器、通信技术和数据分析工具实现电网的实时监测、预测和优化调度。

（2）扩大电网规模

为了满足可再生能源大规模接入的需求，欧盟计划扩大电网规模，特别是加强跨国电力互联互通建设。欧盟通过建设更多的输电线路和变电站，提高电力跨境传输能力，实现电力资源的优化配置和共享。

（3）推动电网现代化改造

欧盟电网建设还注重推动电网的现代化改造。这包括升级老旧电网设备、提高电网自动化水平、加强电网安全防护等。通过现代化改造，提升电网的运行效率和可靠性，降低电网故障率和维护成本。

2. 电网建设行动与进展

（1）电网建设行动计划

欧盟委员会提出了电网建设行动计划，明确了电网建设的目标和路径。该计划强调加快建设和更新输电及配电网络，确保欧盟电力网络更高效运行。同时，电网改造须适应可再生能源发电份额的不断增长、应对能源转型过程中的挑战。

（2）投资规模与资金来源

2030 年欧盟预计需要数千亿欧元的投资以实现电网现代化。为了筹集资金，欧盟计划启动与投资者、信贷机构、金融机构、监管机构和电网企业的密切交流合作，以解决融资难的问题。同时，欧盟将依托欧盟预算、成员国出资以及国际合作伙伴等多方资源来筹集所需资金。

（3）跨国电力互联互通项目

欧盟积极推动跨国电力互联互通项目如“欧洲超级电网”等项目建设。这些项目旨在通过建设跨国输电线路和变电站，实现欧洲各国电力资源的优化配置和共享。这些项目的实施将有助于提高欧盟电网的整体效率和稳定性。

3. 挑战

（1）技术挑战

电网建设面临技术挑战，如如何提升电网的智能化水平、如何加强电网的安全防护等。欧盟将加强技术研发和创新，推动电网技术的不断进步。

（2）资金挑战

电网建设需要大量资金，但融资难度较大。欧盟将通过多种渠道筹集资金，并加强与金融机构的合作，以解决融资难的问题。

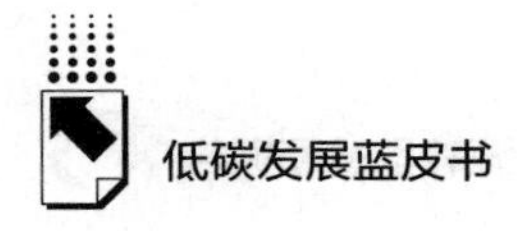

（3）协调挑战

跨国电力互联互通项目建设需要各国之间的协调与配合。欧盟将加强成员国之间的沟通与协作，推动跨国电力互联互通项目的顺利实施。

（三）氢能市场

1. 市场概况

近年来，氢能作为清洁能源的重要组成部分，在欧洲市场中的地位日益凸显。随着欧盟对碳中和目标的追求以及对可再生能源的依赖加深，氢能作为连接可再生能源与终端能源消费的桥梁，其市场潜力巨大。欧盟通过一系列政策措施和市场机制，积极推动氢能产业的发展，氢能市场呈现快速增长的态势。

2. 政策推动

（1）氢能战略与目标

欧盟在 2020 年发布了《气候中性的欧洲氢能战略》[①]，其核心目的在于构建一个全面且气候中性的氢能产业链与市场体系。该战略提出了到 2030 年实现国内可再生氢生产 1000 万吨和进口 1000 万吨的目标，以及建设氢能基础设施、推动氢能应用等的具体措施。

（2）资金支持

欧盟通过政府公共资金援助氢能项目，如 IPCEI 项目等，这种援助为氢能产业的发展提供了强有力的资金支持。此外，欧盟设立了欧洲氢能银行，通过拍卖形式为可再生氢项目提供补贴，进一步降低了氢能项目的融资成本。

3. 市场发展现状

（1）产能与需求

目前，欧洲的氢能市场仍处于快速发展阶段。欧洲已有一定的电解水制

---

① 《欧盟氢能发展战略与前景》，国际新能源网，https：//mnewenergy. in - en. com/html/newenergy-2395710. shtml，最后访问时间：2020 年 11 月 18 日。

氢产能，但相对于庞大的市场需求而言，氢能供给仍存在明显缺口。随着碳税政策的落地和可再生能源成本的下降，绿氢的需求预计将快速增长。

（2）基础设施建设

欧盟计划建设多条氢气管道走廊和氢能管网，以降低氢气的运输成本并提高供应效率。同时，欧洲各国积极推动加氢站等终端设施的建设，以满足燃料电池汽车等氢能终端应用的需求。

4. 市场应用

（1）工业领域

在欧洲，氢能已开始在工业领域得到应用。一些大型的炼油厂、化工厂和钢铁厂已开始使用绿色氢或低碳氢替代化石燃料，从而降低温室气体排放并提高能源利用效率。

（2）交通领域

氢能交通是欧洲氢能市场的重要应用领域之一。燃料电池汽车、公交车、卡车和火车等交通工具正在逐步推广使用氢能作为动力源。随着加氢站等基础设施的完善，氢能交通市场有望进一步扩大。

（3）电力领域

在电力领域，氢能的应用主要体现在储能和调峰方面。欧洲一些电力公司和发电厂已开始利用氢能储存可再生能源电力，并在需要时将之释放出来以平衡电网供需。

5. 市场挑战与机遇

（1）挑战

目前欧洲氢能市场仍面临一些挑战，如绿色氢成本高、技术标准不统一、基础设施不完善等。这些问题需要欧盟和各成员国共同努力解决。

（2）机遇

随着全球对清洁能源需求的增加和技术的不断进步，欧洲氢能市场将迎来巨大的发展机遇。通过欧盟加强国际合作、推动技术创新和完善市场机制等，欧洲氢能产业有望实现快速发展并为全球能源转型作出重要贡献。

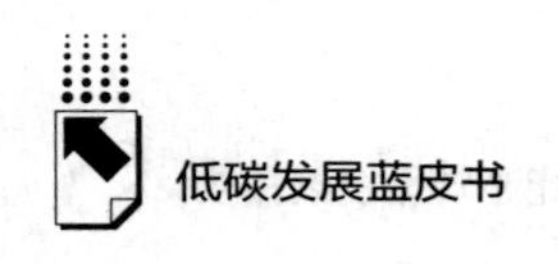

五　国际合作与外交战略

（一）能源安全与合作

1. 能源安全现状

能源安全是欧盟国家经济稳定和社会发展的基石。近年来，受地缘政治冲突、气候变化和全球能源市场波动等多重因素影响，欧盟的能源安全面临严峻挑战。特别是俄乌冲突爆发后，欧盟对俄罗斯能源的依赖问题凸显，迫使欧盟加快能源转型步伐和寻求多元化的能源供应渠道，以确保能源供应的稳定性和安全性。

2. 能源安全政策调整

为应对能源安全挑战，欧盟采取了一系列政策措施。

（1）多元化能源供应

欧盟积极寻求与俄罗斯以外的能源供应国如美国、卡塔尔、挪威等建立贸易关系，以增加天然气等化石能源的进口来源。同时，欧盟大力发展可再生能源，提高其在能源消费中的占比，以减少对化石能源的依赖。

（2）提高能源储运能力

欧盟投资建设更多的液化天然气（LNG）接收站和储气设施，以提高其能源储运能力。此外，欧盟通过跨国电力互联互通项目增强电力供应的稳定性和灵活性。

（3）推动能源转型

欧盟致力于推动能源结构向低碳、环保方向转型，通过发展可再生能源、提高能效、推广电动汽车等，减少温室气体排放，实现碳中和目标。

3. 国际合作与协调

在能源安全领域，国际合作与协调对于欧盟至关重要。欧盟通过以下方式加强国际合作。

（1）多边合作机制

欧盟积极参与国际能源署（IEA）、二十国集团（G20）等多边合作机制下的国际能源合作，与其他国家共同应对全球能源挑战。通过多边合作，欧盟可以与其他国家分享能源安全经验、协调能源政策、共同应对能源市场波动。

（2）双边合作

欧盟与主要能源供应国建立双边合作关系，通过签订长期供应协议、加强技术交流等，确保能源供应的稳定性和可靠性。同时，欧盟与其他国家在可再生能源领域开展合作，共同推动全球能源转型。

（3）区域合作

欧盟通过加强与周边国家的区域合作，推动能源市场的互联互通和一体化发展。例如，欧盟与北非国家在绿氢项目上的合作，有助于增加欧盟的低碳能源供应渠道，同时促进双方经济共同发展。

（二）全球绿色转型引领

1. 欧盟的全球绿色转型愿景

欧盟作为全球绿色转型的先行者和引领者，一直致力于推动全球范围内的绿色发展和气候治理。欧盟坚信，绿色转型不仅是应对全球气候变化的必由之路，也是实现经济可持续增长和社会繁荣的关键所在。因此，欧盟提出了雄心勃勃的绿色转型愿景，旨在通过自身行动和国际合作，引领全球迈向更加绿色、低碳的未来。

2. 欧盟在全球绿色转型中的引领作用

（1）政策制定与示范

欧盟通过制定一系列具有前瞻性的绿色政策，如《欧洲绿色协议》等，为成员国乃至全球提供了绿色转型的政策框架和行动指南。同时，欧盟通过实施一系列绿色项目和示范工程，展示了绿色转型的可行性，为其他国家树立了榜样。

（2）技术创新与推广

欧盟在可再生能源、氢能、储能、智能电网等领域拥有世界领先的技术实力。欧盟通过加大研发投入、推动技术创新和应用示范，不断提高绿色技术的成熟度和竞争力。同时，欧盟积极推广绿色技术，通过技术转让、合作研发等方式，帮助其他国家提升绿色技术水平，使全球共同推动绿色转型。

（3）市场机制建设

欧盟在碳排放交易体系（EU ETS）等市场机制方面具有丰富的经验。通过不断完善和优化市场机制，欧盟有效促进了碳减排和绿色投资。欧盟还积极推广其市场机制经验，鼓励其他国家建立类似的碳交易市场或绿色金融体系，为全球绿色转型提供有力支撑。

（4）国际合作与协调

欧盟深知全球绿色转型需要各国共同努力和协作，因此，欧盟积极参与全球气候治理，与其他国家开展广泛的合作与交流。通过多边和双边合作，欧盟与其他国家共同制定绿色转型目标和行动计划，推动全球绿色转型。

3. 欧盟面临的挑战与应对策略

欧盟在全球绿色转型中尽管发挥着引领作用，但仍面临诸多挑战。例如，全球绿色转型需要巨额资金，而欧盟自身的财政资源有限；不同国家在绿色转型目标、路径和速度上存在分歧，国际合作面临困难；绿色转型可能对传统产业和就业结构造成冲击，欧盟需要妥善应对。

为应对这些挑战，欧盟将采取以下策略：一是加大绿色投资力度，通过公私合作、国际融资等方式筹集资金；二是加强国际合作与协调，推动形成全球绿色转型共识和行动方案；三是注重公正转型和社会包容，通过政策扶持和技能培训等措施帮助传统产业和工人转型；四是加强监管和评估机制建设，确保绿色转型目标的实现。

六　当前挑战与未来展望

（一）当前挑战

1. 能源转型的资金需求

欧盟在推动能源转型的过程中面临巨大的资金需求。绿色技术的研发、推广和应用，以及基础设施的建设和改造，都需要大量的投资。然而，欧盟自身的财政资源有限，难以满足全部的资金需求。因此，筹集足够多的资金成为欧盟能源转型的一大挑战。

2. 传统能源产业的转型压力

能源转型将对传统能源产业包括煤炭、石油和天然气等行业产生冲击。这些行业在欧盟的经济和社会中占据重要位置，转型将带来就业结构的变化和经济的调整。如何平衡传统能源产业的转型与经济发展、社会稳定的关系，是欧盟需要面对的重要问题。

3. 国际合作的复杂性与不确定性

全球能源转型需要各国的共同努力和协作。然而，不同国家在能源政策、发展目标和利益诉求上存在分歧，国际合作面临诸多困难和挑战。此外，地缘政治的复杂性也可能对国际合作产生不确定性影响。欧盟需要在多边和双边合作中寻求共识，从而推动全球能源转型。

4. 技术创新与应用的挑战

虽然欧盟在绿色技术方面拥有世界领先的优势，但其技术创新和应用仍面临诸多挑战。新技术的研发需要时间和资金，而且并非所有技术都能在短时间内实现商业化应用。此外，技术的推广和应用受到市场接受度、政策法规等因素的影响。欧盟需要继续加大对技术创新的投入力度，同时推动技术的应用和示范。

5. 公众认知与接受度的挑战

能源转型不仅是一个技术和经济问题，也是一个社会和文化问题。公众对能源转型的认知和接受度将直接影响其进程和效果。然而，由于信息不对称、观念差异等，公众对能源转型的认知和接受度存在差异。欧盟需要通过宣传教育、公众参与等方式，提高公众对能源转型的认知和接受度，形成全社会共同推动能源转型的良好氛围。

（二）未来展望

1. 绿色技术革新与突破

展望未来，欧盟将继续在绿色技术领域保持领先地位，并推动技术的不断革新与突破。随着科研投入的增加和创新机制的完善，欧盟有望在可再生能源、储能技术、智能电网、氢能等领域实现更多原创性突破，为全球绿色转型提供强有力的技术支撑。

2. 能源体系的全面绿色化

未来，欧盟的能源体系将实现全面绿色化。可再生能源将成为主导能源而满足大部分电力和热力需求。同时，通过智能电网、微电网等先进技术的应用，能源系统将更加高效、灵活和可靠。此外，氢能等清洁能源将在交通、工业等领域得到广泛应用，助力实现深度脱碳。

3. 低碳经济的蓬勃发展

随着能源转型的深入推进，欧盟的低碳经济将会蓬勃发展。绿色产业将成为经济增长的新引擎，将会创造大量就业机会。同时，低碳化将推动传统产业转型升级，提高整体经济的竞争力和可持续性。欧盟有望在全球低碳经济领域发挥引领作用。

4. 国际合作与全球绿色治理

未来，欧盟将继续加强与其他国家在绿色转型领域的国际合作，将与其他国家共同应对全球气候变化挑战。通过多边和双边合作，欧盟将与其他国家分享绿色转型经验、协调政策行动，从而推动形成全球绿色治理体系。同时，欧盟将积极参与国际气候谈判，为全球气候治理贡献智慧和力量。

5. 公众参与与社会共治

在未来的能源转型进程中，公众参与和社会共治将成为重要趋势。欧盟将继续通过宣传教育、公众参与等方式，提高公众对绿色转型的认知和接受度。同时，政府、企业和社会各界将形成合力，共同推动绿色转型。通过社会共治，欧盟有望构建一个更加公正、包容和可持续的绿色社会。

七　结论与未来发展

（一）结论

1. 能源转型取得显著进展

经过持续努力，欧盟在能源转型方面取得了显著进展。可再生能源在能源消费中的占比逐年提升，已成为欧盟能源体系的重要组成部分。同时，能源效率得到显著提高，碳排放量得到有效控制，欧盟为应对全球气候变化做出了积极贡献。

2. 绿色技术实现了创新与应用

欧盟在绿色技术创新与应用方面也取得了重要成果。通过加大研发投入力度和推动技术创新，欧盟在可再生能源、储能技术、智能电网等领域实现了多项突破，为全球绿色转型提供了有力支撑。这些技术的应用不仅提升了能源系统的效率和可靠性，也降低了能源成本和环境影响。

3. 低碳经济蓬勃发展

随着能源转型的深入推进，欧盟的低碳经济也呈现蓬勃发展的态势。绿色产业成为经济增长的新引擎，为欧盟创造了大量就业机会和经济增长点。同时，传统产业的低碳化转型也取得了积极进展，提高了整体经济的竞争力和可持续性。

4. 国际合作与全球影响力提升

欧盟在推动全球绿色转型方面发挥了重要作用，通过与其他国家的广泛合作与交流，制定了绿色转型目标和行动计划。欧盟的积极参与和引领作用得到了国际社会的广泛认可和赞誉，其全球影响力也得到了显著提升。

5. 公众认知与接受度提高

通过宣传教育、公众参与等方式，欧盟成功提高了公众对能源转型的认知和接受度。公众对绿色转型的支持和理解为欧盟的能源转型提供了重要的社会基础和动力。同时，公众积极参与到了绿色转型的实践中来，欧盟形成了全社会共同推动绿色发展的良好氛围。

（二）未来发展

1. 加大绿色投资力度，优化资金配置

（1）增加公共财政投入。进一步增加对绿色转型的公共财政投入，设立专项基金支持可再生能源、储能技术、智能电网等领域的研发与应用。

（2）引导私人资本参与。通过税收优惠、发布与实施补贴政策等手段，

吸引私人资本进入绿色能源领域，形成政府引导、市场主导的投资格局。

（3）优化资金配置。加强对绿色投资项目的评估与筛选，确保资金投向最具潜力和效益的项目，提高资金使用效率。

2. 加强技术创新与人才培养

（1）加大科研投入。持续加大对绿色技术的研发投入，支持关键技术的突破与创新，推动绿色技术的商业化应用。

（2）构建创新生态系统。促进产学研用深度融合，构建开放合作的创新生态系统，加速绿色技术的成果转化与产业化。

（3）加强人才培养与引进。加大对绿色能源领域人才的培养与引进力度，建立多层次、多类型的人才队伍，为绿色转型提供有力的人才支撑。

3. 完善政策法规体系，强化制度保障

（1）制定长期规划与目标。结合欧盟的实际情况和全球绿色转型趋势，制定具有前瞻性和可操作性的长期规划与目标，明确绿色转型的方向和重点。

（2）完善政策法规。建立健全与绿色转型相关的政策法规体系，包括可再生能源法、碳排放交易制度、绿色金融政策等，为绿色转型提供坚实的制度保障。

（3）加强监管与评估。建立健全绿色转型的监管与评估机制，对绿色项目的实施情况进行跟踪评估，确保政策目标的实现。

4. 推动国际合作与交流，共筑绿色未来

（1）加强多边合作。积极参与全球气候治理，与其他国家和地区加强在绿色转型领域的多边合作，与之共同应对全球气候变化挑战。

（2）深化双边合作。与主要能源供应国和绿色技术领先国家深化双边合作，通过技术交流、项目合作等方式推动绿色转型。

（3）分享经验与成果。定期举办绿色转型国际论坛、展览等活动，分享自身在绿色转型方面的经验与成果，促进全球在绿色发展方面的交流与合作。

5. 提高公众认知与参与度，构建绿色社会

（1）加强宣传教育。通过媒体宣传、公众教育等方式提高公众对绿色转型的认知和参与度，形成全社会共同推动绿色发展的良好氛围。

（2）鼓励公众参与。建立健全公众参与机制，鼓励公众参与到绿色转型的实践中来，如参与可再生能源项目的投资、使用绿色能源产品等。

（3）倡导绿色生活方式。倡导简约适度、绿色低碳的生活方式，引导公众从日常生活做起为绿色转型贡献力量。

B.4

2023~2024年欧盟低碳产业发展报告

赵传松*

摘　要： 在全球气候变化的严峻背景下，低碳发展模式已成为推动可持续发展的重要路径。作为全球环境治理的主要推动力量，欧盟通过一系列前瞻性政策加速了低碳转型，致力于实现碳中和的目标。2023年，欧盟低碳产业发展取得显著进展，并对全球低碳经济产生深远影响。本报告详细分析了欧盟低碳产业的政策背景、发展现状、核心要点、典型案例及未来展望，探讨了技术创新、政策支持、国际合作与社会参与在低碳产业发展中的作用。通过低碳实践案例，展示了低碳技术在可再生能源、城市管理、商业模式创新中的应用成果，为未来低碳经济的发展提供了重要参考。

关键词： 低碳转型　欧盟　产业发展

引　言

近年，全球平均气温屡创新高，极端天气事件频发，对生态系统、经济活动及社会福祉等带来严峻挑战。在此背景下，低碳发展模式作为降低气候变化影响、实现可持续发展的关键途径，受到了国际社会的广泛关注和积极推动。作为全球环境治理的重要参与者与引领者，欧洲联盟（European Union）在低碳发展领域采取了一系列前瞻性政策及措施，致力于通过能源转型和技术创新加快能源低碳绿色化转型，实现碳中和目标。

* 赵传松，理学博士，山东财经大学经济学院副教授，研究方向为经济增长与绿色发展。

2023 年，欧盟低碳产业发展取得显著进展，对全球低碳经济发展趋势产生深远影响。本报告旨在深入分析 2023 年欧盟低碳产业的发展状况，评估相关政策的实施效果，探讨低碳技术的发展与应用，以及低碳产业结构的调整和优化。此外，本报告考察了国际合作在低碳发展中的作用，以及社会公众如何参与和推动低碳经济的转型。通过对欧盟低碳产业发展的全面审视，本报告希望为政策制定者、产业界及学术界提供科学性参考，加快促进更多利益相关者对全球低碳经济转型的理解与参与，全面推动绿色可持续发展目标的实现。

一　欧盟低碳产业政策背景

（一）全球气候变化与低碳发展趋势

1. 全球气候变化

全球气候变化已成为当前人类可持续发展面临的重大挑战之一。首先，全球平均气温持续上升，引发了历史性的气象事件。2023 年 7 月全球平均气温首次超过工业革命前水平的 1.5℃，创下有气象记录以来的最高单月温度。2023 年 11 月，世界气象组织宣布 2023 年成为有记录以来全球最热的一年。其次，气候系统的不稳定性显著增加，极端天气和气候事件的发生频率、广度和强度显著上升。气候异常事件变得愈发持久和频繁，复合极端事件以及小概率高影响气候突变事件的风险急剧上升。这些变化影响了全球降水格局，大气环流调整规律变得更为复杂，导致高温、干旱等复合型灾害频繁发生，并波及多个领域。最后，根据联合国政府间气候变化专门委员会（IPCC）第六次评估报告的预估，即使在低排放情景下，全球也将面临严峻的气候风险。多重气候变化风险将进一步加剧，跨行业、跨区域的复合型气候变化风险将增多且更加难以管理①，在全球许多区域极端事件并发概率

① 陈迎：《全球气候治理：趋势与方向》，《人民论坛》2023 年第 24 期。

增加。

2. 欧盟低碳发展趋势

欧盟长期奉行气候主义，将应对全球气候变化视为使命，致力于巩固和提升在此领域的领导地位，加速推动能源向低碳绿色转型，并持续优化能源战略和政策。首先，欧盟作为全球温室气体减排的积极倡导者，在近年来颁布了一系列能源战略文件，积极引领和推动全球应对气候变化及可再生能源的发展①。未来，欧盟将继续采取有效行动以达成碳中和目标，为全球树立人类道德伦理形象，继续引领全球应对气候变化的潮流。其次，欧盟将能源低碳绿色转型作为重要目标。在全球范围内，可再生能源领域已成为能源发展的核心领域。作为全球最大的经济体之一，欧盟将持续推动能源绿色低碳转型，促进国际能源合作，分享技术和经验，完善全球能源治理。欧盟将以保障能源安全为核心，通过加速能源转型等手段，提升能源系统的抗风险能力，推动经济和社会的绿色低碳转型。最后，欧盟把大力发展氢能视为关键战略。在战略层面上，欧盟明确了可再生能源制氢的方向，即所谓的"绿氢"，主要利用风能和太阳能等可再生能源进行氢能生产。未来，欧盟将持续完善政策法律体系和市场监管框架，加快氢气技术标准的制定，并建立全球欧洲氢气设施和绿色氢气伙伴关系。

（二）欧盟气候政策框架——绿色新政

1. 顶层战略——"绿色新政"

欧盟高度重视气候变化问题，并积极推动绿色转型。2019 年 12 月，欧盟委员会发布了《欧洲绿色协议》，其中提出到 2030 年将温室气体净排放量至少降低 55%（相较于 1990 年），并计划在 2050 年实现碳中和。具体措施如下。

（1）改革欧盟排放交易体系，并引入碳边境调节机制，以防止碳泄漏，

---

① 董利苹、曾静静、曲建升等：《欧盟碳中和政策体系评述及启示》，《中国科学院院刊》2021 年第 12 期。

确保2030年和2050年气候目标的达成。（2）推动能源系统的脱碳进程，大力提升能效，推动大规模开发可再生能源，并增强能源市场的集成、互联互通和数字化水平，以确保能源供应既清洁、价格合理又安全可靠。（3）推动新型循环经济行动计划，推出可持续产品政策，促进纺织、建筑、电子和塑料等资源密集型行业向清洁化、循环经济方向转型，并加强经济的数字化转型。（4）强化建筑能效法规，积极推动存量建筑物的翻新改造，提高新建和改造建筑物的能源和资源利用效率。（5）建立陆水空海综合交通运输系统，提升交通运输的数字化水平，加速推广和使用可持续替代燃料，推动交通运输系统向可持续和智能化方向转型。（6）设计公平、健康、环境友好的粮食供给系统，以促进可持续农业和食品生产。（7）保护和恢复生态系统和生物多样性，强化对自然环境的保护。（8）推进零污染目标的实现，以减少对环境的负面影响，改善人类生活质量。这些举措旨在使欧盟在应对气候变化和推动绿色转型方面发挥全球领导作用，确保未来的可持续发展和环境保护。

2.“绿色新政”保障措施

（1）引入可持续欧洲投资计划和增加欧盟预算资金，激励公共部门和私人投资，加强绿色金融与投资，以推动公平转型。（2）调整成员国税收政策，促进经济增长和增强气候变化韧性，修订环境和能源援助准则，确保成员国国家预算更多用于绿色转型并准确反映价格信号。（3）加强科技研发和数据驱动创新，确保新技术、可持续解决方案和颠覆性创新在“绿色新政”中发挥关键作用。（4）加强相关领域的教育活动和人员培训。（5）提升相关政策的协调性和实施力度，吸引广泛利益相关方参与。

（三）2023年出台的重要政策与法规

1. CBAM通过审核

2023年4月25日，欧盟理事会通过CBAM，CBAM于2023年10月1日开始进入过渡期，2023~2025年的过渡期内仅须申报产品碳排放量，2026

年起正式征收碳关税，价格与欧洲碳排放交易体系挂钩。过渡期涉及的产品类别包括钢铁、铝、水泥、化肥、电力、氢六大行业。CBAM 的范围可能在过渡期结束前扩大，包括有机化学品和聚合物等其他有碳泄漏风险的产品将对中国的出口行业带来更大影响。总体目标是在 2030 年涵盖 ETS 范围下的所有商品：电力行业相关产品（大型发电站和其他燃烧装置）；制造业（钢铁、水泥、铝、化肥、玻璃、陶瓷制造、有色金属和黑色金属、石化产品）；运输（航空业）相关产品。

2. 欧盟电池法案

2023 年 8 月 17 日，《欧盟电池和废旧电池法规》（后称《新电池法》）正式生效，并于 2024 年 2 月 18 日起实施，这是全球首个将碳足迹纳入产品强制标准的法规。该法案适用于几乎所有类型的电池，对生命周期碳足迹披露、可持续性、安全、尽职调查、电池护照以及废旧电池管理等方面做出规定，明确了电池及其制造商、进口商、分销商的责任和义务。

二 2023年欧盟低碳产业发展现状

（一）低碳技术创新与应用

1. 可再生能源技术进展

能源发展的重心将转向可再生能源，这是全球减少对化石燃料的依赖所做的主要努力。欧盟的可再生能源进展由欧盟委员会于 2023 年修订的《可再生能源指令》推动，该指令将欧盟于 2030 年的约束性可再生能源目标从之前的 32%提高到至少 42.5%。欧盟委员会在 2023 年 3 月提出《净零工业法案》草案，意在加强欧盟本土的净零工业生产能力，防止欧盟在关键清洁技术设备上过度依赖其他国家，目标是到 2030 年欧盟每年的二氧化碳存储量要提升到 5000 万吨。近年来，欧盟出台一系列政策举措，加快可再生能源部署，推动能源绿色转型。欧洲能源领域智库 Ember 发布报告说，欧盟在 2023 年利用可再生能源的发电量占总发电量的比重达到 44%，创历史新高。其中，风能和太阳能发电量占总发电量的27%。与此同时，2023年欧盟化石燃料发电量同比下降19%，不到发电总量的1/3①。

在技术层面上，可再生能源技术关键在于电力电子变换、电能存储、电能管理与电能质量控制的集成供电系统，将其划分为"净零技术"和"战略净零技术"两类。其中，"战略净零技术"共包含八类：太阳能光电和热能技术；陆上和海洋的可再生技术；燃料电池和储能技术；热泵和地热能技术；电解槽和燃料电池；沼气和生物甲烷；碳捕获与封存技术；电网技术等。"净零技术"则是与这八类技术相关的项目，包括可持续替代燃料技术、小型模块化核反应堆技术、产生最少废料的先进核能技术等。国家为"净零技术"战略项目提供"优先地位"，包括依法进行最快审批、在有需要时紧急处理相关司法问题和争端、为企业提供一站式服务。

从当前在研究或采用的技术来看，为了减少传统能源的消耗，燃料替代能够减少碳排放量。欧盟委员会正在采取进一步措施，通过启动试点机制来支持欧洲氢市场的发展，氢将在实现绿色协议目标、逐步淘汰俄罗斯化石燃料、支持欧洲工业脱碳和提高竞争力方面发挥重要作用。欧盟委员会还建立了欧洲氢银行，以促进对氢项目的投资，并促进在欧洲建立完整的氢价值链。氢是欧盟清洁能源转型的战略组成部分。这不仅对实现净零目标至关重要，而且对保持竞争力和保持欧洲作为全球领先经济大国的地位至关重要。通过促进供应商和消费者之间的对接，欧盟将为加速欧洲新兴氢行业的发展做出决定性贡献。与此同时，欧盟将继续采取雄心勃勃的步骤，通过联合购买战略资源，最大限度地利用欧洲的政治和经济影响力。欧洲水泥行业最主要的低碳技术是燃料替代技术，替代燃料主要包括固体废物、生物质燃料以及其他新型燃料等；其中固废燃料是目前成本较低、相对主流的燃料。欧盟提出新的目标，争取到2030年，可再生能源占整体能源的比重达到45%②。

---

① 徐馨、郭梓云：《欧盟积极推动能源绿色转型（国际视点）》，《人民日报》2024年4月24日，第15版。

② 《世界能源展望：前路虽难测　转型需推进》，中国石化新闻网，http：//www.sinopecnews.com.cn/xnews/content/2023-11/24/content_7082741.html，最后访问时间：2023年11月24日。

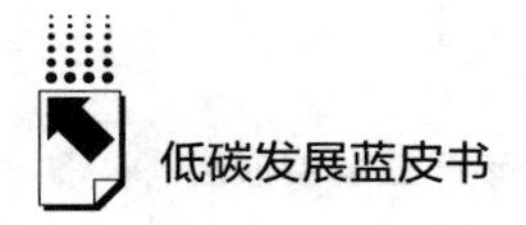

2. 能源存储与智能电网

欧盟表示，2030 年争取温室气体排放量至少减少 55%；在 2050 年，实现气候中和。为了实现这些目标，每年需要新增风电装机 3100 万千瓦。现阶段，欧洲相关企业正在加速建造更多的风电场和太阳能发电厂，以便在 2030 年之前实现欧盟的可再生能源发展目标。欧洲风能协会于 2023 年的报告显示，欧盟国家新增 1620 万千瓦风电装机，包含新增 300 万千瓦海上风电装机，与 2022 年相比，增加了 210 万千瓦。在新增陆上风电装机方面，前 3 名国家分别为德国（356.7 万千瓦）、瑞典（197.3 万千瓦）、法国（138.5 万千瓦）。在部署海上风电场方面，荷兰为 190.6 万千瓦，处于领先地位。荷兰目前拥有全球最大海上风电项目——Hollandse Kust Zuid 海上风电场，装机容量达 150 万千瓦。海上风电场装机容量仅次于荷兰的是法国（36 万千瓦）和德国（32.9 万千瓦）。从电力消费来看，2023 年风电发电量已占到欧盟电力消费总量的 19%左右，全年发电量为 4660 亿千瓦时，较 2022 年上涨 13%。其中，丹麦的风电发电量占比最高，达 56%，还有 9 个国家的风电发电量在全国电力消费中的占比超过了 1/4。2023 年，欧洲海上风电投资大幅提升，达到 300 亿欧元（约合人民币 2358 亿元）[①]。得益于新的投资，在丹麦、荷兰、德国、西班牙和波兰，多家供应链企业开始建设或筹建工厂。欧洲风能协会预测，在各国风电项目审批速度加快的大环境下，随着风电相关投资数额的增加，2024 年，欧洲海上风电装机容量可达到 900 万千瓦，风电新增装机总容量可达到 2100 万千瓦；2030 年，风电新增装机容量将超过 2.62 亿千瓦。[②]“在欧洲，从政策制定者决定推进风电项目到项目真正开始向电网送电，可能需要 7 到 10 年的时间。”维斯塔斯集团高级副总裁莫滕·迪尔霍姆（Morten Dyrholm）强调了简化程序对实现风电装机目标的重要性。对此，欧盟已经出台了简化审批程序的新规定。2023 年，德国和西班牙发放的陆上风电许可证比 2022 年增加了 70%。

① 叶无极：《欧盟离实现 2030 年可再生能源目标还有多远?》，《风能》2024 年第 3 期。

② 《世界能源展望：前路虽难测　转型需推进》，中国能源新闻网，https://www.cpnn.com.cn/news/baogao2023/202407/t20240703_1716613.html，最后访问时间：2024 年 7 月 3 日。

电网需要升级。许多输配电网络没有足够的容量接入新增风电和太阳能光伏发电装机。因此，电力系统运营商需要加强现有的基础设施，在某些情况下，还需要建设新的输电线路。然而，流程复杂、缺乏熟练劳动力、社会反对和高成本限制了电网升级的步伐。当地居民经常反对架空线路的建设，而新建跨越多个司法管辖区的输电线路需要经历漫长的审批过程。完成电网改进项目往往需要数年时间，导致开发企业必须等待很长时间才能获准连入电网，这就减慢了项目的开发速度。2023 年，欧盟委员会公布了“欧洲风电行动计划”，提出将欧盟风电装机容量从 2022 年的 2.04 亿千瓦提高至 2030 年的 5 亿千瓦以上，年度新增装机规模从 2022 年的 1600 千瓦提升至 3700 万千瓦。该行动计划的目标包括：加快风电产业的建设，简化许可规则，通过指数化价格改善拍卖，减少通货膨胀引起的问题，投资港口和电网。随后，欧盟 26 个成员国的能源部长承诺在各国实施必要的改革以增加风电场的数量，并于 2023 年底通过了《欧洲风能宪章》，旨在提高欧洲风电产业价值链的竞争力。目前，欧盟的风电累计装机容量中有 92%是陆上风电，海上风电只占 8%，这意味着海上风电的潜力在很大程度上仍未得到有效开发。对欧洲国家来说，海上风电有望为实现该区域的可再生能源发展目标做出重大贡献。欧盟委员会表示，欧盟海上风电装机规模将从现在的 1200 万千瓦增长到 2030 年的 6000 万千瓦，到 2050 年达到 3 亿千瓦①。对此，该委员会在其发布的“实现欧盟海上可再生能源雄心”中提出，通过加快审批速度、基于成本效益开发跨境海上电网、加强海洋空间规划、增强海上可再生能源基础设施韧性、提高研发及欧盟产业竞争力等措施，进一步强化欧盟在海上风电领域的优势。

3. 绿色建筑与节能技术

建筑行业属于高排放行业，在降碳中面临巨大的挑战和机遇，绿色建筑已经成为建筑行业未来发展的趋势。建筑能耗排放的温室气体占温室气体排放量的 30%，能源消耗总量占欧盟所有能源消费总量的比重达到了 40%，

① 叶无极：《欧盟离实现 2030 年可再生能源目标还有多远?》，《风能》2024 年第 3 期。

为了加速推进欧盟建筑节能改造、助力欧盟实现长期“脱碳”目标，未来10年，欧盟计划升级3500万栋建筑为绿色建筑，创造16万个绿色建筑岗位[①]，为贫困人口提供便利，帮助实现住房绿色节能改造，降低其能源开销。目前，欧盟境内半数以上建筑的年限均已超过20年，且大部分建筑仍将继续使用数十年，时间较长的建筑与如今建筑相比，供暖设备不仅耗能高出一半，且所用能源费用相对高昂，部分欧洲家庭难以负担供暖费用。欧盟建筑翻新计划不仅要解决能源贫困状态，还要避免电网铺设的高额投资，开展燃料电池热电联供是一种较好的解决方案。除此之外，欧盟计划为公共建筑提供资金来升级供暖设备，以此降低供暖费用。比如比利时荷语布鲁塞尔自由大学的游泳馆，使用年限长达25年，馆内设备老化，建筑材料老旧，与现行的节能标准相差甚远，欧盟及当地政府决定对游泳馆建筑以及馆内设施进行升级改造，墙体建筑升级为耐高温陶瓷涂层和隔热玻璃，增强了游泳馆墙体的隔热功能和屋顶的排水功能。馆内设施安装了智能温度控制系统和热电联产系统，有利于节能环保和剩余能源在校内的可持续使用。考虑到保证泳池温度恒定须耗费大量的热能，在翻修后的泳池上安装了泳盖，以减少水分蒸发和保持水的温度，引用了热回收系统，通过馆内空气中的免费热能加热泳池水，保持室内温度。升级了水处理系统，节约用水，废水得到充分的回收利用。据计算统计，翻修后的节能游泳池与旧泳池相比，减少了碳排放，能源消耗每年减少一半以上。

除此之外，根据最新制定的《建筑能源性能指令》要求，欧洲各国家应当确定最低燃料性能条件，以选择更节能的供热制冷系统，并引进先进信息通信技术和人工智能技术，以促进绿色建筑物的有效运营。欧洲政府应该出台有效的法律，制定更加规范的能源标准，向欧洲各国家提供环保支持，并促进节能建材的广泛应用，鼓励绿色建筑的发展。2021年开始，法国禁止绿色建筑物的租金升高，2028年开始，升级改造所有高能耗建筑物；德

① 《绿色复苏计划，欧洲积极推进城市可持续发展》，搜狐网，https：//www. sohu. com/a/436261011_ 777064，最后访问时间：2020年12月4日。

国为可再生能源区域供热设备改造提供资金支持，为绿色建筑物的升级发展提供战略支持。荷兰通过法律保证绿色建筑稳定推进，建筑引入最低能源性能标准，采取具有法律效力的监管措施，提高建筑翻新率①。

（二）产业结构调整

1. 传统产业低碳化改造

欧盟是传统产业低碳化改造的倡导者，在法案方面，《欧洲绿色新政》强调科技推动传统产业绿色发展、加快工业领域的数字化绿色转型，利用大数据和人工智能可以提升理解和应对环境问题的能力。为了吸引可再生能源产业、推进传统产业低碳化发展，欧盟在 2023 年 2 月出台了《绿色协议产业计划》，该计划包含《净零工业法案》和《关键原材料法案》两个重要法案。前者的目的在于促进绿色能源技术的制造，保证欧盟净零技术生产的优势，后者是为了削弱关键原材料对进口的依赖。

钢铁是欧盟传统工业减碳的重点区域。高炉碱性氧气炉技术和电弧炉技术是目前欧盟钢铁生产的主要技术。欧盟为了推动钢铁产业低碳化发展、实现碳排放量减半的炼钢目标，在 2004 年提出采用二氧化碳炼钢的项目，该技术的进展共分为两个时期，分别是 2004～2009 年前期研发阶段，以及 2009～2015 年的示范阶段，投资金额分别是 7500 万欧元和 5 亿欧元左右②。2020 年，欧洲钢铁工业联盟（欧洲国际协会）提出了欧盟钢铁行业实现“碳直接避免”和“智能碳使用”，这是低碳冶金的两大技术方向，能够促进钢铁产业的低碳化、智能化、绿色化发展。

建材行业是碳排放量较大的行业。其中，建材行业中的水泥是欧盟第二大二氧化碳排放源。水泥行业碳排放总量较高，是能源密集型高耗能工业行业。从欧洲市场的经验来看，碳交易市场对水泥企业的成本冲击将逐步凸

---

① 《2024 绿色建筑九大发展趋势》，“绿色建筑杂志”微信公众号，https：//mp. weixin. qq. com/s/AAP4hbbCz3DuJsQP5DYqdA，最后访问时间：2024 年 1 月 24 日。

② 《初探欧盟钢铁业绿色发展“攻略”》，中国钢铁新闻网，http：//www. csteelnews. com/xwzx/djbd/202307/t20230731_ 77664. html，最后访问时间：2023 年 7 月 31 日。

显。水泥燃料替代率偏低，燃料替代能够减少水泥碳排放总量中占比35%的能源活动排放量。欧洲水泥行业最主要的低碳技术是燃料替代技术，且技术水平处于世界领先地位，燃料替代率高达39%。2020年，欧洲水泥协会发布了碳中和路线图，提出了水泥行业的净零排放目标，该路线图着眼于熟料、水泥、混凝土、建筑和（再）碳化五个环节，提出了低碳技术发展路径①。

欧盟石化化工行业不仅在欧洲经济发展中具有重要的战略地位，也在减排中具有先导性的作用。在欧盟，由于石化化工行业大约一半的能源投入为原料，石化化工行业的二氧化碳排放源仅次于欧盟的水泥和钢铁工业。推动石化化工产业结构调整和技术创新的举措包括创新协作工艺、供应清洁能源、使原料多样化、更新技术以及完善监管路线，欧盟于2040年的气候目标是温室气体净排放量比1990年减少90%②。为了促进产业的低碳化发展，创新新兴低碳化技术成为关注的重点，应寻找可替代石化原料与燃料的可再生能源与燃料，例如加紧开发质子交换膜电解水生产氢气技术，实现生产过程零排放，推动石化化工技术的更新换代。

2. 低碳产业新业态的兴起

2021年欧盟公布的一揽子气候计划，建立优化了碳排放交易体系、碳关税、重点行业减排目标三大碳减排机制，并将产品范围从本土产品拓展至进口产品。同时，欧盟将成为全球首个对进口产品设定碳价格的贸易区域，CBAM规定，从2027年开始，将对钢铁、铝、水泥、化肥和电力等重点行业征收碳关税③。欧洲制造工业伙伴关系（Processes 4 Planet，即P4P）是

① 《从国内外8家水泥头部公司看低碳转型技术路径：燃料替代》，澎湃新闻，https：//www.thepaper.cn/newsDetail_ forward_ 22976288，最后访问时间：2023年5月6日。

② 《欧盟将设2040减碳90%目标，碳移除和碳定价是关键》，“第一财经”百度百家号，https：//baijiahao.baidu.com/s？id=1790244896185973494&wfr=spider&for=pc，最后访问时间：2024年2月7日。

③ 马渭淞：《工业跨部门协同发展，欧盟低碳发展的新路径》，“新型工业化研究院”微信公众号，https：//mp.weixin.qq.com/s/f5CN4yWX2Zf5N70RzyWWVQ，最后访问时间：2023年1月28日。

“欧盟地平线2020”（Horizon 2020）的后续继承者。该项目涵盖了欧洲加工行业的10个主要行业，是唯一涉及工业研究的欧洲级合作，是为欧盟能源密集型工业跨部门低碳技术提供服务的组织。

P4P能够将欧洲的低碳技术工业带上转型之路，使其实现循环，并在2050年前在欧盟范围内实现气候中和、提高其全球竞争力。因此，该伙伴关系强调了交叉和跨部门创新的必要性。跨领域和跨部门创新，包括循环商业模式、提高资源效率的技术和（城市）工业共生，是欧盟共同规划的P4P核心，成功地展示了通过跨行业合作应对多个领域共有的创新挑战的方向。

能源密集型工业部门也遇到了许多的创新挑战，例如，电力发热，在工业生产中整合可再生能源，更有效地利用包括能源、材料和水在内的资源，开发二氧化碳捕获和利用，展示工业共生，或解决非技术性问题。其中就包括技能、数据共享、制定相关标准等挑战。

共同开发此类创新并将所学知识放在一起，可以提高创新途径的有效性和效率。跨部门创新具有快速部署和大规模影响的优势。P4P展示了其独特的跨部门创新方法，旨在在未来一段时间内找到更多的协同效应，加快碳中和的步伐。根据P4P相关调查，多个工业部门面临的挑战可以通过跨部门合作来解决，例如，在数字技术的帮助下，快速安全地共享价值链中的信息。通过共同发展这种创新，促进技术转让和相互学习，可以提高创新方案在实施中的效果。跨部门创新还具有部署速度更快、规模影响更大以及共同分担风险的优势。

三　2023年欧盟低碳产业发展核心要点和特征

（一）技术创新驱动

1. 前沿技术研究与开发

在科技创新及技术成熟度增强背景下，全球重工业排放的二氧化碳总量逐渐下降。对于作为减排重点的钢铁行业，欧盟已启动脱碳计划[①]。当前五大钢铁制造商已明确承诺将力争在2050年实现零碳生产，其余大型企业亦设定了在2050年达到碳中和（减碳80%）的目标。钢铁企业采用废钢加入高炉碱性氧气炉以调节反应温度，但废钢用量受废料供应及价格影响，同时须满足成品钢质量要求，废料使用量增加可降低每吨钢所需金属量，进而降低碳排放量。因此，充分利用废钢能显著降低钢铁生产过程中的二氧化碳排放强度[②]。从各国钢铁生产的平均二氧化碳排放水平来看，美国最低，其次为土耳其和欧洲（包括欧盟27国、英国和挪威）[③]。这主要得益于美国和土耳其采用电弧炉路线生产钢铁，而在高炉碱性氧气炉钢产量超过50%的国家中，欧盟国家的二氧化碳排放量最低。

技术创新是未来减排的关键所在，国际能源署在最新脱碳方案及工业技术相关出版物中均强调，未来数十年内亟待加速创新并引入新型低碳技术。欧盟采取多种措施助力重工业减排，例如运用创新脱碳技术，包括碳捕获和利用（CCU）、碳捕获和封存（CCS）、燃料转换、电气化、氢气和材料效率/循环经济等[④]。其中，CCS在全球具有重要价值，欧洲国家正努力在全球范围内引领脱碳进程，实现创新无碳生产。

2. 技术转化与市场化应用

低碳经济被视为改善温室气体排放的可行方式，同时保持对可持续发展理念的尊重，以提升全球竞争能力为主导方向。面对社会及气候目标的双重挑战，研究与创新（R&I）成为欧盟经济强劲增长型战略的核心要素。近年来，得益于研发投资及“边做边学”效应，低碳技术成本与性能得到显著

---

① 刘芳、杨雪英、涂梅超等：《英国交通脱碳计划及对我国的启示》，《交通运输研究》2023年第4期。

② 《欧洲钢铁工业固废资源化方案（三）》，世界金属导报网站，http：//www.worldmetals.com.cn/，最后访问时间：2024年2月25日。

③ 《美国钢铁工业实现绿色发展的分析（一）》，搜狐网，https：//www.sohu.com/a/760695305_313737，最后访问时间：2024年2月28日。

④ 《欧委会批准：40亿欧元补贴计划》，“中国能源报”微信公众号，https：//mp.weixin.qq.com/s/fbeYCNth6ktiDaCEdId9Jg，最后访问时间：2024年2月27日。

改善，其相对于煤炭燃料的竞争力逐步上升。在绿色协议的宏大气候政策框架下，加大研发投入不仅能提升生产效率，还能助力欧盟，尤其是具备强大创新力和低碳制造业基础的国家经济增长与竞争力提升。[①] 此项分析深入剖析了公共与私人研发的差异特性，其中私人研发因其紧密贴合产业活动而表现出更为积极的经济影响力和高效性；公共研发则倾向于关注尚未成熟且高度不确定性的技术领域，这正是实现欧盟气候中和目标所需的关键技术。通过模型评估，发现将部分碳收益用于公共与私营部门技能研发，能够有效降低脱碳成本，同时推动高附加值产品（如低碳技术）出口，创造更多优质就业机会，并有助于缓解气候变化。

鉴于低碳技术相较于现行技术成本高的情况，当前的欧洲联盟碳排放交易体系并无法有效协助部分行业快速实现低碳化。为解决此问题，研究人员提出了碳合约差异（Carbon Contract for Differences）[②]，它旨在确保采用低碳技术的制造商能获取适当的碳价，从而使其技术在竞争中具备优势。

（二）政策支持与市场激励

1. 政府财政支持

农业制造商通常在政府补贴，如制造商补贴和消费者补贴下致力于碳减排，以实现碳中和目标，此外，随着消费者对低碳偏好的增强，越来越多的零售商通过销售来促进碳减排，一些国家实施了消费者补贴计划以推广低碳产品、促进碳减排[③]。各企业还通过回收再制造、低碳生产、绿色产品设计等方式推动低碳经济发展。低碳供应链管理因为强调经济与碳减排活动的协调发展，已被视为实现可持续发展的有效工具。

适用于欧共体的气候和能源一揽子计划要求每个州减少温室气体排放。

---

① “社会价值投资联盟 CASVI” 微博博主：《〈欧洲绿色协定〉的实施进程及影响因素分析》，最后访问时间：2021 年 12 月 28 日。

② 《“差价合约计划” 是缩小替代燃料价格差距的有效途径》，网易网，https：//www.163.com/dy/article/H8KR48KF0514C1PI.html，最后访问时间：2022 年 5 月 30 日。

③ 《欧盟洗绿新规重击 “碳抵消”，哪些产业迎利好?》，澎湃新闻，https：//www.thepaper.cn/newsDetail_ forward_ 26259065，最后访问时间：2024 年 2 月 4 日。

例如波兰预计到2030年将减少不少于40%的排放量，到2030年要实现的其他关键目标包括确保至少32%的能源来自可再生能源①。实现这些承诺需要采取各种行动来减少温室气体和其他空气污染物排放。建设低碳经济，需要有充足的资金支持。波兰地方政府部门的基本单位——市政当局（地方行政单位）在欧盟结构基金和凝聚基金（CF）共同资助的地方投资方面发挥了重要作用。欧盟一半以上的资金是通过5个欧洲结构和投资基金分配的。这些基金的目的是创造工作场所以及可持续和健康的欧洲经济环境。结构和投资基金侧重于5个领域，包括低碳经济领域。因此，欧盟资助的区域政策是专门针对可持续发展和低碳经济的。这些政策包括促进可再生能源的生产和分配。许多国家的地方自治政府为提供指导和促进协调而采取的计划是可持续能源行动计划。这些计划的发展和随后的实施预计将有助于实现减少最终能源消耗、减少二氧化碳排放和增加可再生能源在全球能源消耗中的份额的目标。这些计划是地方自治单位为了规划和协调低碳发展的行动而采用的文件。在获得欧盟项目资金的背景下，这些计划变得越来越重要，并正在成为地方自治政府照顾其居民健康和提高其生活质量的重要因素。

2. 低碳市场与碳交易机制

全球变暖是近10年来的一个挑战，高碳排放是低碳转型受到关注的主要原因，学界和业界在监测和控制碳排放方面正在进行大量研究。作为减少碳排放和应对气候变化的先驱和领导者，欧盟（EU）承诺在2030年前碳排放较1990年至少减少55%，并在2050年前实现气候中和②。欧盟碳排放交易体系是欧盟经济有效地减少碳排放的关键工具，也是其应对全球变暖等气候变化的基石。欧盟于2005年启动首个全球碳排放交易体系；自2012年以

---

① 《全球碳排放格局和中国的挑战》，“中制智库”微信公众号，https：//mp. weixin. qq. com/s/Zcc5FkZWFnUy_ VRuAqX9iw，最后访问时间：2021年5月10日。

② 《欧盟委员会提出2040年减排90%的目标建议，为2050年实现气候中和指明方向》，“海洋碳中和”微信公众号，https：//mp. weixin. qq. com/s/VagM_ deo5zhdtuHN0wXnKA，最后访问时间：2024年2月9日。

来，航空业的碳排放已被纳入欧盟碳排放交易体系；2022 年 6 月 22 日，欧洲议会投票通过了 1 项修正案，将海上运输活动纳入欧盟碳排放交易体系①。

欧盟排放交易体制实行总量交易模式。各成员国依据欧盟委员会制定的法规设定排放限额，选定参与交易的行业及企业，并向其发放一定额度的排放许可证，即欧洲排放单位（EUA）。若企业实际排放量低于许可证所允许的排放量，则可将剩余许可证投放市场以获利；反之，需要在市场上购入许可证，否则将面临高额罚款。试行阶段，每超出 1 吨二氧化碳排放量将被处以 40 欧元罚款；正式运营后，罚款金额升至每吨 100 欧元，且须从次年许可证中扣除相应超排量。因此，为了加速碳减排，欧盟碳排放配额总量从 2021 年开始以每年 2. 2%的速度下降，高于之前的下降速度 1. 74%②。企业排放的每吨二氧化碳当量（CO2eq）都需要配额。EUA 通过购买、拍卖或免费提供获得，通过从特定部门中表现最好的企业获得免费分配基准，免费的欧盟配额将以一种激励脱碳的方式进行分配。欧洲联盟的排放贸易系统构建了一个激励机制，有助于提高低效企业的效益并奖励先进者。它通过市场手段，鼓励私营领域寻找最低成本的减排方式，以达成《京都议定书》中的温室气体排放目标。欧盟旨在实现温室气体排放的有效管理，使温室气体排放达到社会可承受的水平。

（三）国际合作与发展

1. 国际技术合作与项目

2024 年 4 月 7 日，欧洲联盟制定的《关键原材料法案》正式生效③，旨在保障锂、稀土等重要资源的稳定供应。此外，该法案将加强与智利、澳大

---

① 《欧盟海事法规浅解》，搜狐网，https：//www. sohu. com/a/751194502_ 121407972，最后访问时间：2024 年 1 月 11 日。

② 《一文看懂欧盟碳排放权交易体系（EU ETS）》，“第一材智” 微信公众号，https：//mp. weixin. qq. com/s/tHRMHW8EVfB2yYCFsclCTA，最后访问时间：2024 年 4 月 3 日。

③ 《欧盟〈关键原材料法案〉对我国影响分析》，新浪网，https：//finance. sina. com. cn/jjxw/2024-05-13/doc-inauzwwi5397647. shtml，最后访问时间：2024 年 5 月 13 日。

利亚、印度等国关于关键原材料的双边协议。在此基础上，欧盟将实施多样化采购策略，推动再生资源的利用，以及开发生物基替代产品，以满足清洁技术领域对高品质和持续创新的需求。为了增强供应链的弹性，欧盟将采取诸多开放性的贸易策略，比如加强与世界贸易组织的协作，对自由贸易协定进行必要的修正及改善；另外，会积极推动关键原材料俱乐部、清洁技术/净零工业伙伴关系以及出口信贷机制等创新项目，以期在全球范围内实现更紧密的合作并妥善处理贸易问题。

中国首次设定“双碳”目标——力争于2030年前达到全国二氧化碳排放峰值，同时全力争取于2060年前实现碳中和；而英国政府也已承诺于2050年实现净零排放。在全球范围内，能源清洁化与低碳化愈发成为主流，中国与英国正充分发挥各自优势，不断深入推进在绿色低碳领域的合作。中英绿色合作不仅造福两国人民，更将助力全球共同应对气候变化挑战，为广大发展中国家带来福祉。在研讨会上，英国商业贸易部能源转型与整合主管周大伟先生详细解析了英国氢能发展规划及目标，分享了英国氢能经济及其投资潜力。他还展望了未来中、英两国在氢能技术领域的深入合作，并强调了英国即将实施的推动绿色供应链发展的策略——以碳标签公开产品的碳足迹，引导企业在采购过程中更加重视产品的碳排放信息，选择具有碳减排意识的合作伙伴，从而降低整个产业链的碳排放量。碳信托的中国区总裁赵立建先生认为，碳标签项目对企业而言是一种双赢，既可满足欧盟碳关税等政策要求，又能提升企业的国际竞争力；对于消费者而言，碳标签能够帮助他们了解产品的碳排放情况，进而影响他们的购买决策，推动企业的减排进程。英国知名市场研究机构YouGov的调查数据显示，62%的中国消费者更愿意购买带有碳标签的产品。

2. 跨境碳减排合作案例

2023年12月5日，北京举行的中欧合作伙伴对话活动以“共塑绿色发展新动能”为议题，推出了10个具有深远影响的中欧绿色低碳发展合作实践案例，包括能源绿色转型、降低碳排放和提高效率、绿色技术研发和应用及循环经济发展等。其中，国家能源集团国华投资东台海上风电项目，作为中法合资项目，开创了中外共同投资海上风电的新模式；中国建材国际工程集团与德国CTF太阳能公司联手研发的碲化镉发电玻璃生产项目，引领建筑由能耗型转向创造能量型；上海电力携手马耳他能源公司共同开发黑山匈牙利新能源项目，降低了当地电价，共同开拓第三方市场，为欧洲碳减排做出贡献；东方锅炉中欧污染物减排技术研究CHEERS项目，东方锅炉与欧方机构共同攻克难题，为中欧绿色碳减排合作提供新思路；合肥国轩高科动力能源有限公司在德国哥廷根建立电池生产基地，融合中德先进技术，推动两国新能源项目高质量发展；在中材智科波兰Mal01日产3700吨水泥熟料生产线项目中，中国建材集团中材国际智能科技有限公司与瑞士公司共同投资建设生产线，融入智能化技术，助力欧洲水泥产业向绿色环保方向迈进；在杭州德泓科技秸秆制备乳酸中德联合研发及产业化项目中，杭州德泓科技公司与德国迪雷沃工业生物技术公司共同研发出用秸秆等农业废弃物直接转化为乳酸的技术装备，推动石油基塑料替代和秸秆的高值化利用，预计在中国浙江省建成全球首条千吨级秸秆乳酸示范线和万吨级聚乳酸生产线①。

（四）社会参与与公众意识

1. 社会组织与公众参与

气候变化和碳排放一直是热门话题。世界低碳环保联合会的重要职责之一就是依据各地的优先级对全球资源进行调配，以推动各分部长期发展规划的顺利实施。世界低碳环保联合会专注于提高全球对于低碳环保议题的认识深度及广度，为解决碳排放问题发声，同时积极驱动企业践行绿色承诺和改善环境状况。推动政府部门构建合理且高效的环保监管机制以及完善相关法律法规也是其重要职责。

① 《中欧绿色低碳发展合作典型案例发布》，新浪网，https：//k. sina. com. cn/article_ 5663214224_ 1518dca900190194hf. html，最后访问时间：2023年12月8日。

2002 年二氧化碳排放量达到 400 亿吨，预计到 2030 年将达到 580 亿吨[①]。大部分消费者已明白碳排放对气候变化的影响。环保意识觉醒促使消费者转向低碳生活方式，英国碳信托的调查显示，即使价略高，消费者也偏爱低碳商品；Vanclay、Shortiss、Aulsebrook 等人根据澳大利亚的销售数据得出低碳产品比高碳产品卖得更好的结论；在美国，67%的消费者将环境效益作为购物的重要考虑因素，51%的消费者愿意高价购买低碳产品。这些案例都表明，环境因素会在一定程度上影响产品的需求。环保意识强的消费者有一定的低碳偏好，倾向于购买低碳产品。这意味着企业采取环境友好战略使其产品受到消费者的青睐，使其摆脱与碳排放有关的歧视，并在与其他产品的竞争中增加市场份额[②]。Plambeck 对世界知名大公司和一些初创公司的调查发现，消费者在了解到低碳产品会增加他们的私人效用后愿意购买低碳产品，而且有低碳偏好的消费者更愿意与既生产低碳产品又客观发布其碳减排信息的企业进行交易。

2. 低碳生活推广

（1）低碳生活推广需要居民改变生活习惯和消费模式

我们将深入落实有针对性的宣传教育策略，对各社区进行低碳生活意识普及，积极推广节约适度、低碳环保的生活理念，提升低碳宣传教育的针对性、精确性和生动性。用网络平台及线下活动等多元化途径，发掘适合各类市民的宣传方式，以此提升公众对环保的责任心，加深其对全球气候变化所引发的极端天气的认识。编撰全面系统的低碳生活行为指南，指南涵盖日常饮食、穿着打扮、住房出行等环节，明确每种低碳行为的减碳贡献，并向公众广泛传播，以推动生活方式的低碳转型。

（2）低碳生活推广亦需要政策激励的调整

我们将重视低碳生活的市场化激励与精准性的财政支持，确保低碳生活

---

① 《重磅!〈2022 年排放差距报告〉发布》，“碳中和服务圈”微信公众号，https://mp.weixin.qq.com/s/0gT4FCv9SZI9XOc4lCprUQ，最后访问时间：2023 年 10 月 28 日。

② 杨成玉：《欧盟绿色发展的实践与挑战——基于碳中和视域下的分析》，《德国研究》2021 年第 3 期。

方式的形成不会影响市民现有的生活质量，引导政策向中低收入人群倾斜，强调低碳发展的包容性。政府应鼓励具备条件的社区对绿色低碳产品进行适当补贴或贷款贴息，降低产品价格；同时，采用发放绿色积分、直接补贴等方式来激发市民购买绿色低碳产品的积极性，实现消费与低碳生活的双赢[①]。

（3）产品供应商也应积极参与低碳实践

用供给系统改革推动低碳生活方式的形成。我们将探索开展重点产品全生命周期的碳排放监测与评估，公开其碳减排贡献，提升消费者选择低碳产品的意愿；优化绿色低碳标识认证管理，解决当前标识混乱的问题，加速节能标准的更新升级；控制商品过度包装，推行绿色包装策略，注重产品包装的轻量化与可持续性。

四　案例分析

（一）典型行业分析

欧盟在全球率先通过立法的方式做出了大量的强制减排承诺，在全球范围内走在了世界的前列。为了实现这一承诺，欧洲联盟在全球范围内通过平衡与协调，确立了一项目的在于促进欧洲整体经济向节能、低排放转型的目标，从而使全球进入第三次工业革命[②]。为了促进低碳经济的发展，欧盟连续推出多项政策与措施。2009 年通过的《国家可再生能源行动计划》，被视为稳定投资低碳能源的重要工具。欧洲委员会还协助其他国家制定并执行环保政策，以适应欧盟经济体制改革的需求。这表明欧洲低碳经济发展模式将深刻影响低碳经济未来走向。

① 胡子南、冯昭威、李畅：《欧盟绿色金融：特点、挑战及启示》，《国际经济合作》2023 年第 2 期。

② 刘坚、任东明：《欧盟能源转型的路径及对我国的启示》，《中国能源》2013 年第 12 期。

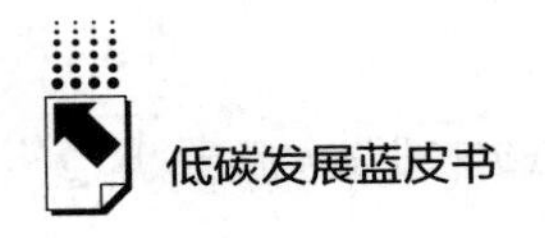

1. 可再生能源行业低碳实践

在发展低碳经济的大背景下，欧盟正积极推动多种低碳能源技术的应用，并在此基础上提出了明确而又严格的减排与可再生能源发展目标。欧盟在推动能源转型、实现低碳经济的过程中提出了一系列的政策与行动计划，包括制定相关的政策、法规，激励研究与开发，提升能源利用效率三个层面。

第一，欧洲理事会与各成员国制定了欧洲气候变化方案，为促进低碳经济的发展，欧盟制定了一系列减排政策和措施，加速低碳技术产业化进程。同时积极推进碳税和碳交易，巩固在低碳能源领域的领导地位，提高在全球碳排放领域的话语权①。

第二，要加速推进以新能源为主的新能源格局。德国、西班牙、英国等国家都在大力发展新能源，如风能、太阳能、生物能、智能电网、核能等，这已经成为欧盟能源战略的重点。

第三，为创建“节能欧洲”提高能源使用效率，积极推进交通、建筑、工业等领域的节能改造，有效减少能耗。在道路运输领域，应积极开发电动车、燃料电池车、天然气汽车和生物汽油车。电动汽车利用新能源实现零碳减排，具有广阔的应用前景。

2. 制造业的绿色转型

20 世纪 90 年代以来，欧洲联盟在全球范围内大力推进绿色能源的发展，并提出 2050 年可再生能源在全球能源消费中所占比重由 10% 上升至 55%，是当前全球范围内最具前瞻性的绿色能源发展计划。

欧盟已经形成了较为完善的绿色能源发展支撑系统。在经济刺激下，政府努力破除体制上的壁垒。

德国正在推动绿色能源的发展，既要在生产上，也要在消耗上下功夫。2000 年，德国《可再生能源优先法》要求电力网经营者有义务将生产电力

① 李秀婷、王建、曹晋丽：《欧盟低碳经济发展实践经验及对中国的启示》，《国际贸易》2023 年第 9 期。

的公司列入运行网，并且优先向政府供应电力。德国于2006年通过的《生物燃料配额法》规定了第二代生物燃料的制造和使用，以及E 85的使用；2009年修改后的《生物燃料配额法》建议，到2020年，新能源将占据运输部门总能耗的17%。综合的发展计划使德国在2007年获得了14%的可再生能源发电，并在2008年该比重升至14.8%。德国在运输方面对于新能源的应用取得了长足的进步，目前已是全球第一的生物柴油生产大国，2003年，德国新能源在我国的消费中所占比例还只有1%，2007年则增长到了7.3%。德国迅速增长的绿色能源使其2009年的可再生能源发电计划增加了10%，并在2020年增加了30%。

能源安全和环境保护是发展绿色能源的根本动因，21世纪以后，绿色能源行业被确定为促进国民经济增长、增加就业的战略性行业。

（二）低碳城市建设案例

在发展低碳经济方面，欧盟不但喊得最响亮，而且率先采取了行动。欧盟在减排目标的设定、科研经费的投入、碳排放机制的建立、节能环保标准的制定，以及推动低碳工程的实施等方面，都是一马当先，出台了一系列的政策与举措，引导各成员国积极发展低碳工业。

柏林市于1994年提出“能源理念”，以引导都市向清洁、高效的方向发展。为了达到这一目的，柏林市建立了碳排放量列表，它展示了基于电力和运输的能耗数据。为了推动低碳经济发展，欧盟采取了一系列减排政策和措施，如碳交易等。这些措施有助于加速低碳技术产业化，同时积极推进碳税和碳交易，巩固了欧盟在低碳能源领域的领导地位，并提高了它在全球碳排放领域的影响力。

柏林市陆续出台了多个应对气候变化的方案，主要是提高人们的节能意识、鼓励居民建筑和公用建筑的节能改造，以及推动绿色交通的发展。柏林市在2005年减少了25%的排放量，也就是说减少了2200万吨的二氧化碳。到了2020年，柏林市将之削减到1760万吨（与1990年相比下降了40%）。资料显示，在柏林市，现存的建筑物占了37%的二氧化碳排放量。柏林的经验显示，建筑方面最有可能减少碳排放，同时可以节约巨大的能耗。大量的政策、法规和项目已经在减少碳排放方面起到了很大的作用：每户住宅1年可减少1.4吨二氧化碳，为私营部门带来6000万欧元的投资，节约了240万欧元的能源支出，减少了维修成本，改善了人们的生活[①]。柏林市既有建筑的节能改造可以减少1/3的二氧化碳排放量，但是政府的补贴和节约的能源支出还不足以弥补25%的能源消耗，需要与开发商、金融、银行、能源企业等各方形成良好的伙伴关系。

（三）创新商业模式

为了应对气候变化、促进可持续发展，欧盟正大力推行低碳、创新型的商业模式。这种商业模式涉及能源、交通、建筑、农业等多个行业，其目标是降低碳排放、提高资源利用率。为了达到碳中和和可持续性，欧盟将通过政策扶持、资金投入和技术革新等手段促进绿色低碳经济的发展。

欧盟已有若干创新的低碳经济经营模式的成功事例：荷兰实施的可持续循环农业计划就是一项革新工程，目的在于改善农业生产效率、降低对环境的影响。该计划的目的是实现农业废弃物的循环利用，减少化肥农药的使用，减少废弃物的排放，提高农产品的质量。

该工程以农业废弃物资源化为特色，提倡将秸秆、畜禽粪便等农用废弃物转变成有机肥，并以此为基础，实现资源循环利用。循环农业，是指农户采取多种作物种植、轮作、绿肥等方式，减少作物对化肥、农药的依赖，减轻农业对生态环境的冲击。对农户进行节水灌溉、节水等理念的推广，可以促进农业生产、节约用水、减少水土流失。此外，该项目将推广利用太阳能、生物质等新能源，以减少温室气体排放，促进农业可持续发展。

荷兰可持续循环农业是一种新型的可持续发展农业，既能降低农户生产成本，又能提高生产效率，也能在环保与资源综合开发方面做出有益的探索

① 任泽平：《欧盟低碳城市建设的基本经验》，《中国经济时报》2014年2月14日，第5版。

与实践。

1. 共享经济与低碳

欧洲联盟倡导的“低碳分享经济”的目标是通过资源共享，促进循环经济，减少碳排放，实现可持续发展。这一模式有利于提高社会资源的使用效率，减少资源浪费，减少对环境的不利影响。欧盟通过扶持共享经济平台，鼓励企业和个体采用可持续商业模式，推进绿色技术创新，推动低碳共享经济发展。

低碳技术是推动我国低碳经济发展的核心与驱动力，其核心内容是促进能源技术进步、能效提升与低碳产业转型升级①。科技框架计划是一项由欧洲理事会组织的中长期重大技术研究计划，是欧盟投入最大、覆盖面最广的一项科学研究计划，现已进入第 9 号框架②。另外，欧洲联盟建立了一系列的研究开发与应用计划，这些计划涉及绿色低碳科技。欧盟委员会的统计数字表明，在这些项目中，有一项是“LIFE 计划”，资助 4.3 亿欧元用于 6 个类别 142 个新的环境与气候行动。国家创新基金会于 2019 年成立，拟于 2020~2030 年投入 200 亿欧元用于碳捕获、封存和利用技术，储能与可再生能源发电等低碳技术的商业化应用；《欧洲绿色协议》在 2020 年公布了 1 份研究与开发方案，其中包括能源、交通和建筑等 11 个环保革新工程，总额高达 10 亿欧元。与此同时，欧盟将重点放在了智能制造业、智能电网、人工智能等数字技术的研究与应用上，并将重点放在用数字经济推动绿色转型上。

2. 绿色金融与投资

绿色金融将“绿色”和“低碳”理念与传统金融手段有机结合，通过债券融资、机构融资、信贷等方式筹集资金，支持应对气候变化，提高资源利用效率，推动高污染、高能耗、高排放产业向绿色、低碳、安全、高

① 蓝庆新、李英：《欧盟国家低碳经济发展的经验及其启示》，《中国流通经济》2012 年第 8 期。

② 孙彦红：《欧盟绿色转型的实践与经验》，《人民论坛》2022 年第 10 期。

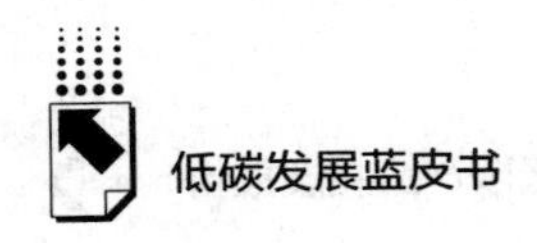

效转型[1]。

在2019年，欧盟发布了《欧洲绿色协议》，并计划在2050年前率先达到碳中和目标。因此，在2020年，欧盟委员会发布了《可持续欧洲投资计划》，保证把长期预算的25%用于应对气候变化；与此同时，投资1万亿欧元用于发展可持续能源[2]。①此外，欧洲投资银行计划到2025年将其投资总额的50%用于应对气候变化与可持续发展[3]。②欧盟通过了一项新的法案即《欧洲气候法》，该法案预测到2030年，与1990年相比，其总碳排放量将减少55%[4]。③在现有的公共财政不能满足低碳转型需求的前提下，欧盟寄望于发展绿色金融，为实现气候中和和净零排放的长期稳定和可持续发展提供资金保证。

近几年来，欧洲先后出台了一系列“授权议案”和“行动方案”，为“气候中立”“净零排放”等指明了发展方向，并逐渐形成了“欧盟版本”的绿色金融制度。这一制度包括三个方面：一是制定《欧盟可持续金融分类法》[5]，规定了可持续经济活动的准则，从而使公私资本更多地投入到可持续的经济活动中来，从而防止“洗绿”；二是对以债券为主的绿色金融产品制定一个统一的准则，提高市场的效率、透明度和公信力；三是引入环境、社会与公司治理等方面的投资观念与评估准则，推动中、大型企业与金融机构充分披露有关的信息，从而使市场与资本能够识别它们的“绿色”性质。

① 胡子南、冯昭威、李畅：《欧盟绿色金融：特点、挑战及启示》，《国际经济合作》2023年第2期。

② European Commission，“Commission Communication on the Sustainable Europe Investment Plan，” https：//ec. europa. eu/commission/presscorner/detail/en/FS_ 20_ 48，p. 6，2022-01-14.

③ 《欧洲投资银行概览》，欧洲投资银行网站，https：//www. eib. org/attachments/publications/eib_ at_ a_ glance_ zh. pdf，最后访问时间：2023年2月4日。

④ European Commission，“European Climate Law，” https：//climate. ec. europa. eu/eu - action/european-green-deal/european-climate-law_ en，2023-02-04.

⑤ European Commission，“EU Taxonomy for Sustainable Activities，” https：//ec. europa. eu/info/business-economy - euro/banking - and - finance/sustainable - finance/eu - taxonomy - sustainable - activities_ en，2022-11-21.

五　主要挑战与未来展望

（一）主要挑战

1. 技术瓶颈

科技创新是推动环境友好型增长的关键驱动力。政府通过政策扶持和采取激励措施，鼓励对绿色技术的研究与投资，这有助于欧盟在绿色产业领域具备竞争优势。精准的技术选择对于提高欧盟产业竞争力至关重要，也是其在全球绿色技术领域取得领先地位的关键。然而，由于绿色创新的高成本，欧盟在技术革新和应用上采取了审慎态度，以避免陷入技术选择的误区。社会和经济成本的考量在欧盟内部引发了广泛的讨论。在碳捕获和封存、数字化转型以及材料的循环利用和效率提升等方面，低碳技术的标准化进程尚处于早期阶段，这限制了这些技术的广泛应用。CCUS 技术对于欧盟实现更深层次的减排目标至关重要，目前仍处于发展初期，需要更多的研发工作来提升其性能并降低成本。

2. 资金与成本问题

尽管欧盟通过财政和金融策略积极推动绿色产业的发展，但该产业仍面临传统高碳产业的制约和企业转型成本过高等问题。这阻碍了企业在绿色技术领域的自主创新。欧盟早期过于重视短期经济回报，而忽略了一些传统产业在绿色转型过程中所面临的挑战，如缺乏动力、公共和私人资金不足等问题，这些问题已成为绿色产业发展的障碍。此外，为了实现 2030 年的减排承诺，欧盟每年需要额外投资 1800 亿欧元，预计未来 10 年将面临资金短缺的问题。随着低碳产业的发展，社会变革和成本问题日益凸显。绿色转型可能对现有产业，如汽车行业造成巨大冲击，新能源汽车的生产需要较少的劳动力，这可能会导致劳动力市场出现日益分化等问题，从而会引发社会不平等问题，与此同时会带来阶层流动性降低以及民粹主义上升等严重的社会问题。同时，绿色发展会给欧盟带来更多的经济成本问题。

3. 能源安全与转型

2012 年，欧盟通过《能源效率指令》确立了一系列措施，这个指令是用来帮助欧盟在 2020 年实现“能效提升 20%”的远大目标的。通过仔细评估欧盟制定的这些目标我们发现，欧盟绿色发展实际取得的效果与其制定的目标之间还存在不小的差距，表明欧盟可能难以履行其绿色发展的承诺，这存在“承诺陷阱”问题。首先表现为近些年来欧盟最终能源的消费总量呈现逐渐增加的趋势，这与欧盟制定的目标之间还有不小的距离。有关数据表明，欧盟内部不同地方的绿色发展也存在很大的差异。其次，欧盟的能源转型也将面临诸多的问题与挑战：尽管欧盟大力推进绿色低碳能源的转型，这是欧盟的一个重要的战略，但是欧盟内部存在的保护主义使其政策实施起来具有很大的难度。这将不利于推动欧盟的能源转型。最后在欧盟的能源安全方面也存在隐患：能源短缺问题严重，迫切需要增加可再生能源在能源结构中的比例。这需要对循环经济、能源和材料效率进行进一步的优化，以促进可再生能源的广泛应用。

（二）未来展望

自冯德莱恩担任欧盟委员会主席以来，她一直将实施“绿色新政”和推动可持续发展作为其政策的核心。这些政策不仅被视为欧盟在全球竞争中的关键优势，而且在未来也将是欧盟坚持的发展方向。坚持绿色技术发展已经成为欧盟的共识，绿色发展被认为是其“核心价值观”。虽然在实施绿色发展的过程中遇到了很多的障碍，但欧盟拥有广阔的战略调整空间和多种应对手段。例如，通过在成员国之间平衡资源分配、扶持低碳产业的增长以及激励私营部门的投资等，欧盟能够灵活应对挑战，持续推动其绿色发展。此外，欧盟可能探索新的合作模式，加强国际伙伴关系，国际共同应对全球性的可持续发展问题，进一步巩固其在全球绿色发展中的领导地位。

1. 技术发展方向

欧盟在绿色技术的选择和战略规划上面临挑战，但得益于其绿色发展起步较早并且还有坚实的产业基础，一旦在绿色技术领域实现新的创新突破，那就可以利用自己本身已经形成的绿色产业链体系对创新突破进行迅速兼容，并且很有可能快速抢占全球绿色发展的“制高点”，然后形成新一轮国际竞争。目前，欧盟在选择和部署相关绿色创新技术时，不仅需要着重考虑绿色技术对实现碳中和目标的贡献，还需要重视技术对社会的变革、生态系统的保护以及对弱势群体的影响。这种全面的考量促使欧盟在技术部署上采取谨慎态度，从而避免单纯追求短期经济利益和快速项目。预计未来欧盟将继续增加对可再生能源如风能、太阳能的投资，同时注重提升能源效率和降低成本。

2. 政策与市场趋势

欧盟通过一系列政策文件，如《欧洲绿色协议》《欧洲气候法》，明确了低碳产业的发展方向和目标。这些政策旨在将绿色产业作为技术变革的驱动力，推动低碳经济的发展。欧盟设定了到 2030 年使温室气体排放量比 1990 年减少 60%的目标，并积极推广太阳能、水能等可再生能源。在北海地区建设的风场、海上风电设备已基本实现本地化制造。

此外，欧盟通过《能源效率指令》等政策提高能源链各环节的能效。欧盟还计划长期资助高效太阳能电池的开发，太阳能电池的研究与开发技术的转化率已逐渐超过 28%，并在路面光伏发电等领域处于全球领先地位。随着全球对低碳产品需求的增长，低碳产业正成为欧盟经济增长的新动力。欧盟也在积极推动全球绿色产业供应链的建设，以实现其碳中和目标。

B.5
2023~2024年欧盟低碳技术发展报告[*]

张明志　王成梁[**]

摘　要：　近年来，为实现《巴黎协定》目标，欧盟正加速向低碳经济转型，能源生产和供应设备的年支出逐年增长，特别是可再生能源发电领域的投资增长尤为迅猛，成为推动低碳转型的关键力量。但是，与目前发展的实际需求相比，欧盟在能源安全与供应稳定性、低碳投资、技术创新与研发能力等方面还存在不小的差距。为更好地促进低碳技术的研发与应用、赋能欧盟加快低碳经济的转型，并且为国内外相关领域的发展提供参考和启示，本报告提出以下对策建议：通过进一步完善和细化相关法规，在低碳技术研发、应用和推广方面提供更多的政策支持和激励措施以确保技术的合规性和市场的有序性；通过推动能源系统在电力、交通、建筑等多个领域的全面转型促进太阳能、风能等可再生能源的技术在欧盟能源体系中占据越来越重要的位置；通过对气候政策的收紧和碳市场的不断完善、优化碳配额的分配和交易机制为低碳技术的发展提供更多的经济激励；通过继续加大在低碳技术领域的研发投入，推动关键技术的突破和应用，加强与其他国家和地区在低碳技术领域的合作与交流，共同推动全球低碳技术的发展。

关键词：　低碳技术　低碳经济转型　技术创新　能源生产

---

* 本课题为山东省社会科学规划研究重点项目"'两业'融合驱动黄河流域经济绿色低碳转型的机制与对策研究"（项目编号：23BJJJ05）的阶段性成果。

** 张明志，经济学博士，山东财经大学经济学院副院长，教授，硕士生导师，研究方向为产业组织理论、绿色低碳发展理论与实践研究；王成梁，山东财经大学经济学院硕士研究生，研究方向为人工智能的经济影响。

引　言

随着全球气温的持续上升和极端气候事件的频发，低碳转型已成为实现可持续发展目标的必由之路。低碳技术作为推动经济转型的重要驱动力，其在能源、交通、建筑、工业等领域的广泛应用，对于减少温室气体排放、提高能源利用效率、促进经济增长方式的转变具有重大意义。欧盟作为世界经济的重要一极，其低碳技术的发展路径和实践经验对于全球低碳转型具有重要的示范和引领作用。本报告将围绕欧盟低碳技术发展的核心议题，从政策框架与实施策略、最新研发成果与应用实践、发展核心要点与特征、案例分析、主要挑战与未来展望五个方面展开深入分析。通过梳理欧盟在低碳技术领域的最新动态和趋势，揭示其成功经验与存在问题，为国内外相关领域的发展提供参考和启示。欧盟低碳技术的发展不仅关乎其自身的可持续发展，更对全球气候治理和低碳转型具有深远影响。通过推动低碳技术创新与应用，欧盟可以降低对化石能源的依赖，减少温室气体排放，提高能源利用效率，促进经济增长方式的转变。同时，欧盟低碳技术的发展将带动相关产业链的发展，创造新的经济增长点，为全球经济注入新的活力。

一　欧盟低碳技术的政策框架与实施策略

（一）政策框架

1. 法律基础

在法律基础部分，欧盟提出了一系列绿色低碳相关法规，主要包括《净零工业法案》《可持续产品生态设计条例》等。这些法律文件为低碳技术的发展提供了明确的法律保障和政策导向。其具体内容如下。

（1）《净零工业法案》

欧盟于2023年3月出台了《净零工业法案》（*Net Zero Industry Act*, NZIA）[①]，以提高欧洲清洁技术的竞争力，并推动欧盟工业向碳中和转型。该法案是欧盟对全球气候变化挑战的直接回应，也是对美国《通胀削减法案》[②] 的回应措施之一，旨在确保欧盟在全球绿色和清洁技术竞争中保持领先地位。该法案提出了到2030年欧盟战略性净零技术的本土制造能力将接近或达到年度部署需求的40%的目标，将太阳能光伏和光热、陆上风能和海上可再生能源、电池和储能、热泵和地热能、电解槽和燃料电池、沼气/生物甲烷、碳捕获和封存、电网技术、可持续的替代燃料和先进核能列为战略性净零技术。同时提出了改善净零技术投资条件的7项关键行动，包括简化行政和许可授予流程、加速二氧化碳捕获进程、促进净零技术市场准入、提升技能、促进创新、建立净零欧洲平台等。《净零工业法案》的出台将显著增强欧盟在清洁技术领域的本土制造能力，促进技术创新和产业升级。

（2）《可持续产品生态设计条例》

欧盟于2023年12月达成了《可持续产品生态设计条例》（*Eco-design for Sustainable Products Regulation*, ESPR）[③]，该条例于2024年4月23日由欧洲议会正式通过。该条例旨在提高产品的环境可持续性，促进欧盟循环经济的发展，并提高全球价值链的可持续性和弹性。其内容首先定义了“生态设计”，即将环境可持续性因素融入产品设计及价值链流程。该条例规定了产品必须遵守的生态设计要求，包括提高能源效率、使用可回收材料、限制使用有害物质等，并且引入了数字产品护照，向价值链参与者提供产品环

① 《欧盟正式通过〈净零工业法案〉》，中国能源新闻网，https：//cpnn. com. cn/news/gj/202406/t20240606_ 1707718. html，最后访问时间：2024年6月11日。

② 《【政策动向】美国〈2022年通胀削减法案〉文本梳理汇总（下）》，清华五道口国际金融与经济研究中心，https：//cifer. pbcsf. tsinghua. edu. cn/info/1109/2549. htm，最后访问时间：2022年10月25日。

③ 《欧洲议会通过可持续产品生态设计框架法规草案》，中华人民共和国商务部网站，http：//chinawto. mofcom. gov. cn/article/jsbl/zszc/202405/20240503512543. shtml，最后访问时间：2024年5月24日。

保信息的重要工具，并增强其信息的可追溯性。该条例的实施将促使企业对产品设计中的环境可持续性加强考虑，积极促进低碳技术的进一步发展，推动绿色转型。同时，该条例将提高市场透明度，促进消费者做出更低碳的购买决策，推动循环经济的发展。

2. 目标设定

欧盟设定了明确的低碳技术发展目标，以引导低碳技术的发展方向。这些目标包括：（1）到2030年将碳排放量减少55%（与1990年相比），并在2050年实现碳中和。（2）提高清洁技术的本土制造能力，确保到2030年欧盟战略性净零技术的本土制造能力接近或达到年度部署需求的40%。（3）推动可再生能源技术的发展和应用，确保到2030年可再生能源在能源消费中的占比达到一定水平。①

3. 政策工具

欧盟运用多种政策工具来推动低碳技术的发展②，其中包括通过制定和实施相关法律文件，为低碳技术的发展提供法律保障和政策导向；同时为低碳技术的研发和应用提供财政补贴，降低企业的研发成本和投资风险；并且对低碳技术相关企业给予税收优惠，鼓励企业加大在低碳技术领域的投入，加大研发投入以支持关键技术的突破与创新，全方位推动低碳技术的蓬勃发展。综上所述，欧盟通过立法和提供财政补贴、税收优惠、研发支持等多种政策工具，全面推动低碳技术的发展和应用，以实现其气候中和目标。这些政策工具不仅促进了欧盟内部的绿色转型，也对全球减碳环保标准产生了深远影响。

（二）实施策略

1. 技术创新与研发

欧盟在推动低碳技术的创新与发展上采取了多项举措。加大对低碳技术

① 《欧盟出台政策要求到2030年40%的低碳技术在本土生产!》，中国能源网，https：//www. china5e. com/news/news-1150086-1. html，最后访问时间：2023年4月6日。

② 《全球主要经济体减少碳排放的政策与启示——欧盟篇》，澎湃新闻，https：//www. thepaper. cn/newsDetail_ forward_ 15222720，最后访问时间：2021年11月11日。

的研发投入，确保关键技术的突破与创新。通过设立专门的研发机构和项目，如绿色氢能欧洲研究区试点项目，欧盟不仅聚焦氢能这一重要低碳能源，还涵盖了其他清洁能源、能效提升、碳捕获和封存及利用等多个前沿领域。这些项目旨在加速技术成熟，降低成本，提高市场竞争力。此外，欧盟积极构建产学研合作网络，促进科研机构、高校与企业之间的紧密合作。通过资源共享、联合攻关、成果转化等方式，推动低碳技术的快速迭代与商业化应用。这种合作模式不仅提高了研发效率，还促进了技术创新的跨界融合，为低碳技术的发展注入了新的活力。

2. 产业转型与升级

欧盟深知产业转型是实现低碳发展的关键，因此，通过《净零工业法案》等政策措施，欧盟积极推动工业领域的低碳转型和升级。该法案不仅提出了提高清洁技术竞争力的多项措施，如简化行政和许可授予流程、促进净零技术市场准入等，还明确了工业部门在实现碳中和目标中的责任与义务。在推动传统产业低碳化改造的同时，欧盟也鼓励新兴低碳产业的发展。通过政策引导和市场机制的作用，促进产业结构向更加低碳、环保、高效的方向优化升级。这种转型不仅有助于减少温室气体排放，还能提升欧盟在全球低碳产业中的竞争力和影响力。

3. 国际合作与交流

面对全球气候变化的严峻挑战，欧盟积极寻求与其他国家和地区的合作与交流。通过参与国际气候治理合作、签订双边或多边合作协议等方式，欧盟与其他国家共同分享低碳技术的成果和经验。这种国际合作不仅有助于降低技术研发的成本和风险，还能促进全球低碳技术的创新与发展。同时，欧盟鼓励跨国公司和国际组织在低碳技术领域投资。通过搭建国际合作平台、提供政策支持和金融服务等方式，欧盟吸引更多的国际资本和技术力量参与到低碳技术发展中来。这种开放合作的模式有助于形成全球低碳技术的创新网络，推动全球气候治理深入发展。

4. 公众参与与教育

公众是低碳技术发展的重要推动力量，因此，欧盟注重通过宣传教育、项目示范等方式普及低碳知识和技术，提高公众对低碳技术的认知度和接受度。欧盟利用媒体宣传、公益广告、科普讲座等多种形式，广泛传播低碳理念和技术信息，引导公众形成绿色消费和低碳生活方式。此外，欧盟鼓励公众在日常生活中采用低碳生活方式和消费模式。通过推广节能产品、绿色出行、垃圾分类等，降低个人和家庭的碳排放量。同时，欧盟开展了一系列低碳生活示范项目，如低碳社区、零排放建筑等，为公众提供可借鉴的低碳生活模式。这些措施不仅有助于推动低碳社会的建设，还能提高公众对低碳技术的信任度和支持度。

二　最新研发成果与应用实践

（一）最新研发成果

欧盟在低碳技术领域的最新研发成果与应用实践涵盖了多个方面，旨在推动欧盟实现其2050年碳中和的目标。以下是一些主要的研发成果与应用实践。

1.可再生能源技术

太阳能作为最广泛分布且清洁的可再生能源之一，一直是欧盟研发的重点。近年来，欧盟在太阳能技术方面取得了显著进展。

首先，欧盟通过资助多个研究项目，致力于开发更高效、更经济的光伏电池。这些项目不仅关注提高电池的光电转换效率，还注重降低生产成本，提高电池的耐用性和可靠性。例如，欧盟的“太阳能欧洲倡议”（Solar Europe Initiative）[①] 就旨在推动光伏技术的创新与发展，加速高效光伏电池的商业化进程。同时聚光太阳能系统（Concentration Solar Power，CSP）利用镜子或透镜将太阳光聚焦到一个小区域，产生高温热能，进而转化为电能

① 《促进光伏配套储能！欧盟委员会发布〈欧盟太阳能战略〉》，北极星储能网，https：//news. bjx. com. cn/html/20220719/1242332. shtml，最后访问时间：2022年7月19日。

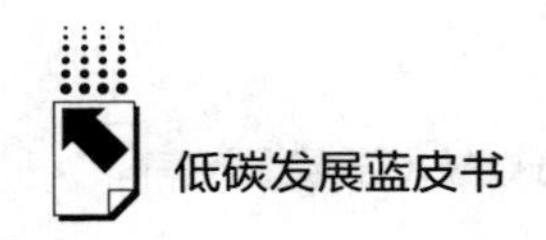

或热能。欧盟在 CSP 技术方面也取得了重要突破，开发出了更高效、更灵活的聚光系统，以及更先进的储能技术，以应对太阳能间歇性的问题。另外欧盟积极推动光伏建筑一体化（Building Integrated Photovoltaics，BIPV）技术的发展，即将光伏电池与建筑材料相结合，使建筑物本身成为发电站。这种技术不仅提高了太阳能的利用率，还美化了城市景观，减少了能源消耗和碳排放。

其次，风能是欧盟可再生能源的重要组成部分。近年来，欧盟在风能技术方面不断取得新突破。近年来，欧盟致力于开发大型海上风电场，以提高风能的利用效率和经济性。通过技术创新和规模效应，欧盟的海上风电技术不断取得进步，风电场的装机容量和发电效率均得到显著提升。在风力涡轮机技术方面，欧盟的研究重点包括提高涡轮机的发电效率、降低运行成本、增强可靠性和耐用性等。通过优化涡轮机的设计、材料和制造工艺，欧盟的风力涡轮机技术已经处于世界领先地位。同时，为了解决风电间歇性的问题，欧盟加大了对风电储能技术的研发力度。通过开发先进的储能设备和技术，欧盟成功地将风电与储能系统相结合，实现了风电的稳定供应和高效利用。

2. 储能技术

欧盟在电池储能技术方面持续深耕，不断推动锂离子电池等传统技术的发展。通过优化电池材料、改进电解质配方、提升电池管理系统的智能化水平，欧盟研发出了能量密度更高、循环寿命更长、安全性能更优越的锂离子电池产品。这些新型电池不仅适用于大规模储能电站，也为电动汽车、便携式设备等领域提供了更加可靠的能源解决方案。此外，欧盟积极探索固态电池等下一代电池技术。固态电池以其高能量密度、快速充电能力和卓越的安全性，被视为未来储能技术的重要方向。欧盟通过资助多个研究项目，推动固态电池关键材料的研发与制备工艺的优化，力求早日实现固态电池的商业化应用。

抽水蓄能作为一种成熟且经济的储能方式，在欧盟得到了广泛应用。为了进一步提升抽水蓄能技术的效率和灵活性，欧盟科学家在抽水蓄能电站的设计与建设上进行了诸多创新。例如，通过优化水库布局、改进水泵水轮机性能、提高自动化控制水平等，欧盟成功降低了抽水蓄能电站的运维成本，提高了其储能效率和响应速度。同时，欧盟探索了与其他可再生能源技术的互补应用模式，如风电与抽水蓄能的联合运行等，以进一步提升能源系统的整体效能。

压缩空气储能和液流电池作为新兴的储能技术，在欧盟也受到了高度关注。压缩空气储能利用地下洞穴或人工储气设施在用电低谷时储存压缩空气，在用电高峰时释放并驱动涡轮机发电。欧盟通过优化压缩空气储能系统的设计与运行，提高了其储能效率和经济性。液流电池则以其长寿命、高安全性和易扩展性等优点，成为大规模储能领域的有力竞争者。欧盟在液流电池电解液配方、电极材料以及系统集成等方面取得了重要进展，为液流电池的商业化应用奠定了坚实基础。

3. 智能电网技术

高压直流（High Voltage Direct Current，HVDC）输电技术正逐步成为欧盟智能电网的重要组成部分，以其高容量、低损耗和长距离传输，为可再生能源的大规模并网提供了强有力的技术支撑。欧盟在 HVDC 技术上的最新研发成果包括更高效的换流站设计、更高电压等级的 DC/DC 断路器以及新型交联聚乙烯电缆。这些技术创新不仅提升了 HVDC 系统的传输效率和经济性，还增强了系统的稳定性和可靠性，为跨国界的能源互联提供了可能。同时，智能电表作为智能电网的“神经末梢”，在数据采集、传输和分析方面发挥至关重要的作用。欧盟在智能电表技术上的最新研发成果主要体现在高精度计量、实时数据通信以及大数据分析能力的增强上。通过集成先进的传感器和通信技术，智能电表能够实时采集用户的用电信息，并将之通过加密的通信网络传输至数据中心。数据中心则利用大数据分析技术，对用户用电行为进行深度挖掘，为电网调度、需求侧管理和能源服务提供精准的数据支持。另外，随着分布式可再生能源的快速发展，分布式能源管理与微电网技术成为欧盟智能电网研究的热点。欧盟在这一领域的最新研发成果包括更加智能化的分布式能源管理系统、高效的能源路由器。这些技术使得分布式能源能够灵活接入电网，实现供需平衡和能源优化利用。

人工智能与机器学习技术的引入，为智能电网的智能化升级注入了新的动力。欧盟在这一领域的最新研发成果包括基于AI的电网故障预测与诊断系统、负荷预测模型以及优化调度算法等。这些技术能够实时分析电网运行数据，提前发现潜在故障并进行预警，同时根据负荷变化动态调整电网运行策略，实现能源的高效利用和电网的安全稳定运行。

4. 氢能技术

氢能技术以其独特的清洁能源属性和广泛的应用前景，成为欧盟关键的技术研发领域之一。其主要内容包括以下几点。（1）电解水制氢作为获取“绿氢”的主要手段，在欧盟得到了广泛关注和深入研究。最新研发成果集中在提高电解效率、降低能耗和延长设备寿命方面。质子交换膜电解和碱性电解技术是研发的主流方向，欧盟通过在材料科学、电化学工程等领域的创新，不断提升电解槽的性能。（2）氢能的大规模应用离不开高效的储存和运输技术。欧盟在这一领域取得了显著进展，包括开发新型储氢材料、优化储氢容器设计和推动氢能管网建设。（3）欧盟在氢能交通、工业脱碳和氢能发电等方面取得了重要进展。在氢能交通方面，欧盟正积极推动燃料电池汽车和氢能船舶的研发与商业化，旨在构建零排放的交通体系。（4）为了推动氢能技术的快速发展和广泛应用，欧盟不断完善氢能政策与市场机制。综上所述，欧盟在氢能技术领域的最新研发成果涵盖了电解水制氢、氢能储存与运输、氢能应用拓展以及政策与市场机制完善等多个方面。

5. 碳捕获、封存和利用技术

在欧盟致力于低碳技术发展的不懈探索中，CCUS技术作为一项关键性战略技术，正经历着前所未有的创新与突破。欧盟在碳捕获技术方面，尤其是针对大型工业源（如化石燃料发电厂、钢铁厂和化工厂）的高效捕集系统方面取得了显著进展。最新研发成果包括开发新型吸附材料、优化吸收剂配方以及提升捕集过程能效。例如，采用纳米技术和先进化学工程原理设计的吸附剂，能够显著提高二氧化碳的捕集效率和选择性，同时降低能耗和成本。此外，通过流程模拟和智能化控制系统的引入，欧盟实现了对碳捕获过程的精准调控和优化运行。

同时，CCUS 技术的另一大亮点在于将捕集到的二氧化碳转化为有价值的化学品或燃料，实现碳的循环利用。欧盟在这一领域的研究涵盖了多种转化路径，包括化学合成、生物转化和矿物碳化等。通过催化反应和生物发酵技术，二氧化碳可以转化为甲醇、乙醇等有机化学品，并将之作为工业原料使用。此外，将二氧化碳注入地下岩层或海洋沉积物中进行矿物碳化，也是一种能够长期储存并可能带来地质效益的利用方式。这些技术的研发和应用，不仅减少了温室气体的排放，还促进了循环经济的发展。

另外，封存是 CCUS 技术链条中的关键环节，其安全性和可持续性直接关系到技术的推广和应用。欧盟在封存技术方面进行了大量研究和试验，包括地质封存、海洋封存以及将二氧化碳转化为稳定矿物等。地质封存技术是目前最为成熟和可行的封存方式之一，欧盟通过地质勘探、监测和评估等手段确保封存场地的安全性和长期稳定性。同时，欧盟积极探索海洋封存技术的潜力，研究二氧化碳在海洋环境中的行为和影响。为了推动 CCUS 技术的快速发展和广泛应用，欧盟制定了一系列政策措施，包括提供财政补贴、税收优惠和研发资助等。此外，欧盟加强了与国际社会的合作与交流，共同推进 CCUS 技术的研发和应用。通过参与国际项目、共享技术成果和经验教训，欧盟与其他国家和地区共同推动全球低碳技术的发展。

6. 小型模块化反应堆技术

近年来，欧盟致力于推动能源结构的转型，以实现其雄心勃勃的气候目标，包括到 2040 年将温室气体净排放量较 1990 年减少 90% 以及到 2050 年实现气候中和。在这一背景下，小型模块化反应堆（Small Modular Reactors，SMR）技术因其灵活性、经济性和较短的建设周期，成为欧盟能源转型的重要选项之一。小型模块化反应堆技术以其独特的优势吸引了全球范围内的广泛关注。与传统大型核电站相比，SMR 具有标准化、模块化的设计特点，使得其可以在工厂内完成大部分制造工作，随后被运往现场进行组装和调试，这大大缩短了建设周期并降低了成本。此外，SMR 的功率范围广泛，从几兆瓦到几百兆瓦不等，可以满足不同工业和商业用户的需求，为能源密

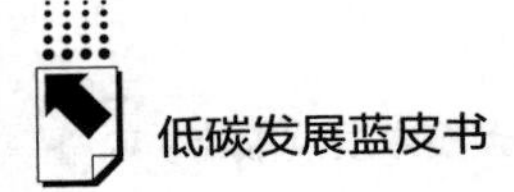

集型行业提供稳定的电力和热能供应。在欧盟，新成立的SMR联盟为这一技术的研发和推广提供了重要支持。该联盟面向广泛的利益相关者，包括供应商、公用事业公司、专业核公司、金融机构等，旨在加速SMR技术的开发和部署。通过加强国际合作与交流，欧盟正在推动SMR技术的标准化和商业化进程，以确保其能够在全球范围内得到广泛应用。

在技术研发方面，欧盟投入了大量资源用于SMR的安全性和经济性研究。通过先进的模拟技术和实验验证，研究人员不断优化SMR的设计方案，以提高其安全性和可靠性。同时，欧盟积极推动SMR与可再生能源的融合发展，探索SMR作为储能装置与风能、太阳能等间歇性能源结合的可能性，以进一步提高能源系统的灵活性和可持续性。值得注意的是，欧盟的SMR技术不仅在能源领域展现出巨大潜力，还在其他领域如工业脱碳、交通运输等方面发挥重要作用。例如，一些工业用户正在考虑使用SMR来替代传统的化石燃料燃烧设备，以减少碳排放并提高能源利用效率。此外，随着电动汽车和氢能等清洁能源的快速发展，SMR技术也有望在交通运输领域得到广泛应用。

（二）应用实践

欧盟低碳技术的最新研发成果正逐步从实验室走向实际应用，为全球的可持续发展和气候治理贡献着重要力量。这些技术不仅涵盖了能源生产、储存与转换的多个环节，还深入了工业、交通、建筑等多个领域，形成了广泛的应用实践。

在能源领域，小型模块化反应堆技术成为欧盟低碳技术创新的亮点之一。SMR以其模块化设计、快速部署和灵活应用的特点，为偏远地区、岛屿及工业密集区提供了可靠的清洁能源解决方案。例如，在芬兰，一个名为“Olkiluoto 3”的SMR项目正在积极推进[①]，该项目旨在展示SMR技术在安

① 奥尔基洛托核电站有关信息来自中国核电网，https：//www.cnnpn.cn/tag/293.html，最后访问时间：2024年5月1日。

全性和经济性上的优势，为未来大规模商业化应用奠定基础。此外，欧盟积极与全球伙伴合作，共同推动 SMR 技术的标准化和国际化进程，以促进其在全球范围内的广泛应用。欧盟在可再生能源技术方面也取得了显著进展。风能、太阳能和水能等清洁能源已成为欧盟能源结构的重要组成部分。以风能为例，欧盟近年来加大了对海上风电的投资力度，推动了海上风电技术的快速发展。在丹麦、德国等国家，海上风电场已成为重要的电力来源，为当地经济发展提供了强大的动力①。同时，太阳能技术也在不断进步，太阳能光伏和光热系统的效率不断提高，成本持续下降，使得太阳能成为越来越多家庭和企业选择的清洁能源。

在工业领域，碳捕获、封存和利用技术成为实现低碳转型的关键技术之一。欧盟在 CCUS 技术的研发和应用上走在了世界前列。通过捕集工业排放中的二氧化碳，并将其转化为有价值的化学品或进行地质封存，CCUS 技术显著减少了工业部门的碳排放量。例如，在挪威，一家名为“Longship”的 CCUS 项目正在实施②，该项目旨在捕集水泥厂等工业设施排放的二氧化碳，并将其永久封存于地下。此外，欧盟积极推动 CCUS 技术的国际合作，与多国共同探索 CCUS 技术的商业化路径。除此之外，欧盟致力于提升工业部门的整体能效水平。通过引入高效节能设备、优化生产工艺和推动能源管理系统升级等，欧盟工业企业的能效水平不断提高。在钢铁、化工等高能耗行业，欧盟实施了多项能效提升计划来推动这些行业向低碳、绿色方向转型。

在交通领域，电动汽车和氢能汽车成为欧盟推动低碳出行的重要手段。欧盟通过提供购车补贴、建设充电基础设施和推动电池技术创新等，促进了电动汽车的普及和发展。同时，欧盟积极发展氢能汽车产业，将氢

① 《欧洲海上风电或迎转机之年　规模与路径成为关键》，国际风力发电网，https：//wind. in-en. com/html/wind-2445889. shtml，最后访问时间：2024 年 3 月 28 日。

② 《挪威政府推出“长船”碳捕获和储存》，Bioenergy，https：//www. theabqteam. com/research-development/norwegian-government-launches-longship-carbon-capture-and-storage，最后访问时间：2024 年 6 月 1 日。

能视为未来交通领域的重要能源之一。在德国、法国等国家，氢能汽车已经实现了商业化运营，为交通领域的低碳转型提供了有力支持。除了车辆本身的低碳化外，欧盟还致力于发展智能交通系统以优化交通流量和减少排放。通过引入智能交通信号控制、车辆路径规划和实时交通信息服务等，欧盟智能交通系统有效缓解了城市交通拥堵问题，降低了交通排放对环境的影响。

在建筑领域，欧盟积极推动绿色建筑材料的研发和应用以及节能设计的推广。通过使用低碳、环保的建筑材料和采用节能设计（如高效隔热材料、太阳能热水系统等），欧盟建筑行业的能耗水平不断降低。同时，欧盟鼓励建筑行业的数字化转型和智能化升级，通过引入智能建筑管理系统和采用物联网技术等手段提高建筑能效和降低运营成本。

三　欧盟低碳技术的发展核心要点与特征

（一）明确的目标设定与战略规划

1. 量化与具体

随着全球气候变化的严峻挑战日益凸显，国际社会普遍认识到采取行动减少温室气体排放、推动绿色低碳转型的紧迫性。欧盟作为全球重要的经济体和气候治理的积极参与者，深知自身在应对气候变化中的责任与担当。因此，设定明确的目标成为欧盟推动低碳转型与绿色发展的首要任务。对欧盟组织来讲，在众多挑战和机遇中，明确的目标能够帮助欧盟聚焦关键领域和优先事项，确保资源和精力有效配置。同时通过设定具体的时间节点和量化指标，欧盟可以实时监测低碳转型的进展，及时发现问题并调整策略。明确的目标设定有助于增强国内外对欧盟低碳转型的信心和预期，为吸引投资、促进合作创造有利条件。

欧盟在绿色转型和低碳发展方面设定了清晰、量化的目标。例如，欧盟在《地平线欧洲战略计划》中明确提出了到2050年实现碳中和的目标，并在具体领域如能源、交通、建筑等设定了详细的减排目标。[①] 这些目标不仅具有挑战性，而且具有可衡量性，为政策制定和项目实施提供了明确的方向。在工业碳管理方面，欧盟设定了到 2040 年减少 90%的温室气体排放以及 2050 年实现“净零”的明确目标。同时，欧盟制定了到 2030 年每年封存 5000 万吨二氧化碳的具体目标，以推动碳捕获、封存和利用技术的发展。

2. 时间节点与阶段性目标

欧盟在设定目标时，注重时间节点的设定和阶段性目标的实现。例如，“Fit for 55”一揽子气候计划就提出了到 2030 年温室气体排放量较 1990 年减少 55%的阶段性目标。[②] 这种分阶段的目标设定有助于逐步推进减排工作，确保长期目标的实现。在工业碳管理战略中，欧盟也设定了三个不同阶段的发展目标，包括到 2030 年建设相关运输基础设施、到 2040 年使碳价值链具有经济可行性以及 2040 年后工业碳管理成为欧盟经济体系的一部分等。

3. 战略规划

欧盟在战略规划中注重跨部门的协同合作和综合施策。例如，在推动绿色转型和低碳发展的过程中，欧盟不仅关注能源领域的改革和创新，还推进交通、建筑、农业等多个领域的减排工作。这种跨部门协同的方式有助于形成合力，共同推动目标的实现。在工业碳管理战略中，欧盟也强调了跨部门合作的重要性。通过制定相关政策、法规和标准，以及推动技术创新和基础设施建设等，欧盟希望建立一个完整的碳价值链体系，从而实现工业排放的深度脱碳。

技术创新是实现绿色转型和低碳发展的关键。欧盟在战略规划中注重加大对技术创新的支持力度，通过设立专项基金、提供研发补贴等鼓励企业和

① 《地平线欧洲战略计划》，中国科学院科技战略咨询研究院网站，http://www.casisd.cas.cn/zkcg/ydkb/kjzcyzxkb/2024/zczxkb2022405/202406/t20240614_7189159.html，最后访问时间：2024 年 6 月 14 日。

② 《欧盟“Fit for 55”系列提案解析》，国际风力发电网，https://wind.in-en.com/html/wind-2404964.shtml，最后访问时间：2021 年 7 月 27 日。

科研机构开展技术创新活动。例如，《地平线欧洲战略计划》就强调了欧洲的公共研发与创新活动在绿色转型中的重要作用，并提出了在能源密集型产业、交通运输等领域开展技术创新的具体方向。同时，欧盟建立了完善的支持体系来推动创新技术的应用和推广。例如，通过提出碳去除认证框架提案、建立 CCUS 项目知识共享平台等，欧盟努力促进新技术的商业化应用和示范化推广。

欧盟在绿色转型和低碳发展的战略规划中注重国际合作与全球治理。通过参与全球气候治理、推动国际气候谈判等，欧盟与其他国家共同应对气候变化等全球性挑战。例如，在碳边境调整机制方面，欧盟就与其他国家进行了广泛的讨论和协商以推动该机制的实施和完善。

（二）加大科技创新与研发投入

欧盟在探索期（1991~2017 年）和成型期（2018 年至今）连续出台多项政策，大力发展负排放技术、碳汇技术等前沿技术，以应对气候变化的挑战。通过这些技术的研发和应用，欧盟在低碳技术领域取得了显著进展，为全球低碳转型提供了重要支撑。另外在近几年中，欧盟注重技术创新平台的建设，通过搭建产学研用协同创新平台，促进低碳技术的研发、转化和应用，这些平台汇聚了政府、企业、高校和科研机构等多方力量，共同推动低碳技术的创新和发展。

另外，欧盟通过财政资金支持低碳技术的研发和创新。例如，欧盟委员会在《欧洲绿色协议》中决定 10 年内至少资助 1 万亿欧元支持清洁能源安全转型，进行工业转型关键创新技术等领域的低碳科技研发与示范工作，启动《地平线欧洲战略计划》，针对气候变化、能源、可持续交通等领域的研发创新进行定向补贴。[①] 同时欧盟通过税收优惠和补贴政策激励企业加大对低碳技术的研发投入。例如，对利用可再生能源节能减排的高技术产品与服

---

① 《欧洲绿色协议：经济和社会转型，以实现改善气候的雄心》，《世界科学》期刊网站，https：//worldscience. cn/c/2021-11-26/638053. shtml，最后访问时间：2021 年 11 月 26 日。

务提供税收优惠；对绿色能源开发利用、碳捕获技术类项目开发等提供补贴和拨款支持。

（三）政策引导与市场机制

1. 立法推动

欧盟通过制定一系列法律条例推动欧洲实现碳中和目标，并促进低碳技术快速发展。具体包括以下措施。（1）《净零时代的绿色新政工业计划》[①]旨在简化和调整激励措施，以提高欧洲净零工业的竞争力。通过立法手段，欧盟明确了净零技术的战略地位，并设定了具体的发展目标。（2）欧盟排放交易计划（Emission Trading Scheme，ETS）改革提出到2030年，ETS所涵盖行业的总减排量应较2005年减少62%。[②] 这一改革逐步减少并最终取消了欧盟企业的免费碳配额，以提高企业的碳排放成本，进而推动减排。（3）碳边境调整机制（Carbon Border Adjustment Mechanism，CBAM）作为ETS的补充机制，于2023年10月开始试运行，逐步对进口商品加征碳关税，以保护本土企业的竞争力并防止碳泄漏。（4）欧盟通过了《航运绿色燃料协议》[③]，设定了航运业燃料温室气体排放强度逐年降低的目标，计划到2050年温室气体排放量减少80%。该协议还引入了额外的泊位零排放要求，并鼓励创新和开发新燃料技术。（5）在交通、工业和建筑领域，欧盟制定了具体的可再生能源利用和减排目标，如交通领域到2030年可再生能源利用占比须达到29%，工业领域到2030年工业氢消费总量中可再生能源制氢的占比应达到42%等。

2. 市场机制

欧盟建立了碳排放交易体系，通过市场机制促进碳排放的减少和低碳技

① 《欧盟发布〈净零时代的绿色新政工业计划〉，提高绿色产业的竞争力》，全球技术地图网站，http://www.globaltechmap.com/document/view?id=33301，最后访问时间：2023年2月3日。

② 《欧盟排放交易计划（ETS）及其改革简介》，Eureporter，https://zh-cn.eureporter.co/environment/co2-emissions/emissions-trading-scheme-ets/2022/06/02/the-eu-emissions-trading-scheme-ets-and-its-reform-in-brief，最后访问时间：2022年6月2日。

③ 《欧盟通过〈航运绿色燃料协议〉》，中华航运网，https://info.chineseshipping.com.cn/cninfo/news/202307/t20230727_1379532.shtml，最后访问时间：2023年7月27日。

术的推广。此外，积极推动碳金融的发展，为低碳项目提供资金支持。

欧盟碳排放权交易体系是全球最大的碳排放交易市场通过市场机制为碳排放定价，激励企业减少排放。随着 ETS 改革的深入，碳价预计将进一步上涨，从而增加企业的减排动力。同时 CBAM 的实施将进一步影响国际贸易，通过碳关税使进口商品的碳成本与国内产品保持一致，推动全球减排进程。另外，欧盟委员会通过了《国家援助临时危机框架》和修订了《通用集体豁免条例》，简化了资助项目审批流程，扩大了可再生技术的资助范围，并提议设立欧洲主权基金以支持低碳技术的研发和推广。在贸易与合作领域，欧盟通过成立关键原材料俱乐部、发展清洁技术、建立净零排放工业合作伙伴关系以及制定出口信贷战略等措施，加强与国际社会的合作，国际共同推动低碳技术的发展和应用。

（四）国际合作与经验分享

2023 年，欧盟在低碳技术领域的发展取得了显著进展，不仅通过一系列政策与立法推动本土低碳技术的创新与应用，还积极寻求国际合作，国际共同应对全球气候变化挑战。以下将重点介绍欧盟在低碳技术领域的国际合作与经验分享。

中欧双方在低碳技术领域展开了深入合作。在 2023 年，中国创新创业成果交易会中的“创新合作，集聚欧中绿色低碳发展新动能论坛”为双方搭建了重要的交流平台。[①] 论坛不仅展示了中国在绿色低碳环保、数字经济等领域的发展成果，还促进了双方在科技创新和产业合作方面的交流。在应对气候变化的具体行动上，中欧保持了密切沟通。例如，随着全球气候变化的日益严峻，中欧双方决定建立中欧环境与气候高层对话机制，旨在通过高层对话和交流，增进双方对环境与气候问题的理解和形成共识，共同应对全球气候变化挑战。这一系列举措对全球气候治理产生了重大且积极的影响。

---

① 南方 plus：《共筑绿色低碳未来！创交会欧中高端人才智库举办交流活动》，https：//static. nfapp. southcn. com/content/202311/19/c8314677. html，最后访问时间：2023 年 11 月 19 日。

欧盟与美国在低碳技术领域的合作也取得了重要进展。美国发布的交通部门脱碳蓝图和电动汽车充电网络建设新规，与欧盟的低碳交通政策相呼应。双方通过技术交流和政策协调，共同推动电动汽车和清洁能源技术的普及，减少交通领域的碳排放。此外，欧盟与美国在可再生能源和核能领域展开合作，共同推动清洁能源技术的研发和应用。这种跨国合作不仅有助于提升双方在低碳技术领域的竞争力，还为全球低碳转型树立了典范。

欧盟还与其他国家和地区在低碳技术领域展开了广泛合作。例如，与韩国在工业部门碳中和技术研究与创新方面的合作、与日本在燃料电池和核聚变技术方面的交流，以及与英国在净零排放技术和能源安全领域的合作。这些合作不仅促进了技术的相互借鉴和共享，还推动了全球低碳技术的整体进步。

（五）绿色低碳转型与可持续发展

技术创新是绿色低碳转型的核心动力。欧盟在可再生能源、电动汽车、氢能、储能技术等领域持续加大研发投入，推动关键技术的突破和应用。例如，在太阳能领域，欧盟实施了“屋顶太阳能计划”[①]，分阶段在新建公共和商业建筑、住宅安装太阳能电池板，显著提高了太阳能的利用率。在氢能领域，欧盟通过创建“欧洲氢能银行”[②] 和支持氢能基础设施建设等，推动氢能产业的快速发展。同时，欧盟注重跨学科技术的融合与创新，如通过数字化技术提升能源系统的智能化水平，实现能源的高效利用和低碳排放。在风电技术方面，欧盟不断推动技术创新，提高风电机组的效率和可靠性，降低运维成本。2023 年欧盟新增风电装机容量达 16.2 吉瓦，风能发电量占总发电量的比重首次超过天然气[③]。欧盟计划在未来几年内继续扩大风电装机

① 《欧盟积极推动能源绿色转型（国际视点）》，人民网，http://world.people.com.cn/n1/2024/0424/c1002-40222316.html，最后访问时间：2024 年 4 月 24 日。

② 《欧洲氢能银行：全球氢能发展的新型示范》，腾讯网，https://new.qq.com/rain/a/20240304A09IQE00，最后访问时间：2024 年 3 月 4 日。

③ 《欧洲风电市场或迎来“小阳春”》，人民网，http://paper.people.com.cn/zgnyb/html/2024-03/18/content_26048577.htm，最后访问时间：2024 年 3 月 18 日。

容量，以满足清洁能源转型的需求。

同时，在欧盟绿色低碳转型过程中，政策引领与立法保障起到了至关重要的作用。2023 年，欧盟委员会发布了多项重要政策文件和立法提案，如“REPowerEU”计划、《净零工业法案》以及电力市场设计改革相关法案等，这些文件明确了欧盟到 2030 年及到 2050 年的减排目标和具体行动计划。《净零工业法案》不仅提出了绿色产业产能的中长期发展目标，还细化了各产业的提振举措，推动构建新的监管模式，为绿色低碳转型提供了坚实的法律基础。

欧盟将绿色低碳转型作为产业转型升级的重要方向。通过推动传统产业的绿色化改造和新兴绿色产业的发展，欧盟实现了经济结构的优化和升级。在传统产业方面，欧盟鼓励企业使用低碳技术和清洁能源，从而减少碳排放和资源消耗。在新兴绿色产业方面，欧盟大力发展可再生能源、电动汽车、氢能等产业，培育新的经济增长点。同时，欧盟注重构建绿色低碳产业链和供应链，以提升产业的整体竞争力和可持续发展能力。

四　案例分析

（一）典型行业分析

2023 年，欧盟在推动低碳技术发展和实现碳中和目标方面继续展现坚定的决心和实际行动。欧盟委员会联合研究中心发布的《2023 年世界能源展望》详细分析了全球能源与气候政策对能源趋势及排放的影响，并探讨了向低碳经济转型所需的投资及新的工作岗位等议题。[①] 同时，欧盟在碳关税和碳排放交易体系方面的改革方案进一步落地，为低碳技术的发展提供了强有力的政策支持。

---

① 《国际能源署发布〈2023 年世界能源展望〉》，中国机械工程学会数字图书馆，https：//www.cmes.org/library/recom/2cf99b16260d4035ac17e1dc094abc96.html，最后访问时间：2023 年 10 月 24 日。

1. 可再生能源行业低碳实践

第一，欧盟提出了雄心勃勃的太阳能发展目标，旨在通过扩大太阳能光伏装机容量来减少对化石燃料的依赖。太阳能光伏技术持续进步，光电转换效率不断提高，成本在不断下降。欧盟通过政策支持和资金投入，促进了太阳能产业的快速发展。德国政府推出了屋顶光伏计划，鼓励居民在自家屋顶安装光伏系统。这一计划不仅促进了太阳能的分布式应用，还提高了能源的自给自足率。随着技术的进步和成本的降低，越来越多的德国家庭选择安装光伏系统，进而享受清洁能源带来的便利和收益。西班牙凭借其优越的光照条件，建设了多个大型光伏电站。这些电站采用了先进的光伏技术和智能控制系统，实现了高效稳定发电。同时，电站的运营带动了当地就业和相关产业的发展。这些项目不仅为当地提供了清洁的能源，还带动了相关产业的发展。

第二，风能是欧盟另一大重要的可再生能源来源。欧盟通过制定风能发展战略来鼓励风电技术的研发和应用。风电技术不断创新，风电机组的单机容量不断增加，发电效率显著提升。同时，海上风电技术得到了快速发展。荷兰库斯特·祖伊德海上风电场是世界上最大的海上风电场之一[①]，于2023年正式投入运营。该项目采用了先进的海上风电技术和设备，实现了高效稳定发电。该项目的成功运营不仅为荷兰提供了大量的清洁能源，还推动了海上风电技术的商业化应用。在同年，波兰达成了首个商业海上风电场的投资协议[②]，标志着波兰海上风电产业的正式起步。该项目的开发将促进波兰能源结构的优化和低碳化转型。这些项目在为当地提供了大量的清洁能源的同时，推动了风电技术的商业化应用。

2. 交通运输行业低碳实践

在电动汽车行业，欧盟同样致力于推动行业的低碳化转型。在电动汽车技术方面，欧盟企业不断加大研发投入，提高电池的能量密度，降低生产成

① 《欧盟积极推动能源绿色转型（国际视点）》，光明网，https://world.gmw.cn/2024-04/24/content_37282184.htm，最后访问时间：2024年4月24日。

② 《欧洲海上风电捷报频传》，国际风力发电网，https://wind.in-en.com/html/wind-2443539.shtml，最后访问时间：2024年2月29日。

本，并开发更高效的充电技术。同时，欧盟推动充电站的智能化和网联化，提高充电效率和用户体验。目前，欧盟多国已建立了较为完善的电动汽车充电网络，电动汽车销量持续增长。据欧盟委员会统计，到2023年底，欧盟电动汽车保有量已超过一定规模，电动汽车销量占新车销量的比例也显著提高。与此同时，欧盟利用智能交通系统和数字化管理工具提高交通运输的效率和环保性。通过智能交通信号灯、车路协同系统、智能物流平台等，欧盟实现了交通流量的优化和碳排放的减少，在智能交通领域不断探索新技术如自动驾驶技术、区块链技术在物流领域的应用等。这些技术不仅提高了交通运输的效率和安全性，还降低了碳排放和运营成本。

（二）碳关税与碳排放交易体系的改革

在2023年欧盟低碳发展的主要进展中，碳关税与碳排放交易体系（ETS）的改革占据了重要篇幅。这两项政策工具不仅是欧盟实现碳中和目标的关键手段，也是推动全球气候治理和低碳经济转型的重要力量。

首先，碳关税是欧盟“Fit for 55”一揽子减排计划的核心组成部分，旨在通过对从欧盟以外进口的高碳产品征收碳关税来防止碳泄漏，激励非欧盟国家提高气候雄心，并保障全球气候治理的公平性。该机制的目标是在2030年实现欧盟碳排放量较1990年降低55%，并于2050年实现碳中和。随着CBAM的覆盖范围不断扩大，范围从最初覆盖钢铁、水泥、铝、化肥和电力等行业，逐步扩展到氢气、特定条件下的间接排放以及某些下游产品，欧盟成为世界上第一个对其进口产品设定碳价格的贸易区。这一举措不仅将激励非欧盟国家提高气候雄心，还将推动全球贸易向低碳、绿色方向转型。同时，CBAM的实施将为欧盟本土产业提供公平竞争的环境，促进欧盟低碳技术的发展和应用。

其次，欧盟对碳排放交易体系进行了多次改革，逐步将更多行业纳入覆盖范围，包括航运、建筑、道路交通等。这些改革旨在实现更全面的减排目标，并推动相关行业低碳转型。欧盟通过调整配额分配方式、引入拍卖机制等，提高ETS的市场效率和稳定性。欧盟还加强了对市场操纵和欺诈行为的监管和处罚力度，确保市场的公平性和透明度。经过改革和优化，欧盟

ETS 已成为一个相对成熟和有效的碳排放交易体系。它不仅为欧盟实现减排目标提供了重要支持，还促进了低碳技术的发展和应用。未来，随着全球气候治理的深入和欧盟减排目标的不断提高，ETS 将继续发挥重要作用，推动欧盟乃至全球低碳转型和实现可持续发展。

（三）绿色氢能技术的突破与应用

面对气候变化的挑战，欧盟制定了雄心勃勃的减排目标，并将绿色氢能视为实现这一目标的重要途径。欧盟通过发布《欧洲绿色协议》、"REPowerEU" 计划等一系列政策文件，明确了绿色氢能的发展路线图，为技术创新和产业应用提供了强有力的政策支持和资金保障。[①] 这些政策不仅为氢能项目提供了财政补贴、税收优惠等，还建立了完善的监管框架和市场机制，促进了氢能产业的健康发展。工业是氢能的主要应用领域之一。欧盟通过推广绿色氢能技术，在钢铁、玻璃等难以脱碳的工业领域获得了显著的减排效果。例如，在钢铁生产过程中，使用绿色氢气代替炼焦煤作为还原剂，可以显著降低碳排放并提高产品质量。此外，欧盟积极推动氢能在化工、建材等其他工业领域的应用，推动整个工业体系的低碳化转型。绿色氢能技术还可以与可再生能源结合，实现储能和可再生能源的再分配。欧盟通过建设氢能储能系统、氢能发电站等，将可再生能源转化为氢能进行储存和再利用。这不仅提高了能源系统的灵活性和可靠性，还促进了可再生能源的广泛应用和可持续发展。

五　主要挑战与未来展望

（一）主要挑战

1. 能源安全与供应稳定性不足

由于供应紧张和市场需求变化，能源价格频繁波动，对工业生产和居民

---

① 《环球零碳丨揭秘欧盟 3000 亿欧元能源转型计划》，澎湃新闻网，https：//www. thepaper. cn/newsDetail_ forward_ 18241901，最后访问时间：2022 年 5 月 24 日。

消费都带来了压力。高昂的能源价格不仅增加了低碳转型的经济成本，还可能引发社会不满和政治动荡。俄乌冲突加剧了欧洲能源市场的紧张局势，天然气供应受到显著影响。这种不确定性使得欧盟在推动低碳转型时面临更大的能源供应风险，因为可再生能源（如风能、太阳能）虽然清洁但具有间歇性和不稳定性，难以立即填补传统化石能源留下的空缺。为了应对能源短缺，一些欧盟国家不得不暂时增加煤炭使用量，这与低碳转型的目标相悖。如何在保障能源供应的同时减少煤炭等化石能源的使用，是欧盟面临的重大挑战。为了提高能源自给自足能力和降低对外部能源的依赖，欧盟需要加速对可再生能源的开发和利用。然而，这需要巨额投资、技术创新和基础设施建设等多方面的支持。

2. 低碳投资不足

尽管欧盟在低碳技术领域的投资有所增长，但远远不能满足实际需求，特别是在风电、电动汽车等关键领域，投资缺口巨大。低碳技术的研发、示范和推广需要大量资金，但欧盟内部的资金来源有限，且分配不均。如何吸引更多的私人投资和国际合作资金，是欧盟需要解决的问题。许多低碳技术仍处于研发阶段或初步商业化阶段，投资回报周期长、风险高。这使得一些投资者望而却步，影响了低碳技术的投资热情。为了吸引更多的投资，欧盟需要进一步完善政策支持体系和市场机制、降低投资风险并提高投资回报率。

3. 技术创新与研发能力不足

在低碳转型过程中，欧盟需要突破一系列关键技术瓶颈，关键技术如高效储能技术、智能电网技术、碳捕获与封存技术等。这些技术的研发和应用将直接影响低碳转型的进度和效果。在全球绿色清洁产业竞争加剧的背景下，欧盟需要加强与其他国家和地区的合作与交流，共同推动低碳技术的研发和应用。同时，需要保持自身的技术领先地位和竞争力。但是与巨大的技术需求相比，欧盟在低碳技术研发方面的投入仍然不足。这限制了新技术的研发速度和商业化进程。低碳技术的研发需要大量高素质人才的支持。然而，目前欧盟在相关领域的人才储备不足，需要加大人才培养和引进力度。

综上所述，能源安全与供应稳定性不足、低碳投资不足以及技术创新与研发能力不足是欧盟在2023年低碳技术发展过程中面临的主要挑战。为了应对这些挑战，欧盟需要采取一系列措施，包括加强能源多元化和自给自足能力、加大低碳技术投资力度、完善政策支持体系和市场机制以及提升技术创新和研发能力等。

（二）未来展望

在当前全球气候变化和能源转型的大背景下，欧盟是低碳技术的先行者和推动者，其低碳技术的发展趋势对于全球应对气候挑战具有重要意义。2023年，欧盟低碳技术的发展将面临一系列新的机遇与挑战，其未来发展预测可以从以下几个方面进行阐述。

1. 政策推动与法规支持

欧盟在低碳技术领域的政策已经形成了较为完善的体系，并且在未来几年，欧盟将持续实施该政策体系。欧盟委员会将继续推动《欧洲绿色协议》的实施，确保到2050年实现碳中和的目标。这意味着欧盟将在低碳技术研发、应用和推广方面提供更多的政策支持和激励措施。随着低碳技术的不断发展，欧盟将进一步完善和细化相关法规，以确保技术的合规性和市场的有序性。例如，在碳交易市场方面，欧盟可能会进一步调整和优化碳配额的分配机制，提高碳市场的效率和透明度。

2. 清洁能源与绿色转型

欧盟计划到2030年使可再生能源占到欧盟最终能源消耗的40%，这一目标将推动清洁能源技术快速发展和应用[①]。太阳能、风能等可再生能源将在欧盟能源体系中占据越来越重要的位置，同时氢能等新型清洁能源将得到更多的关注和发展。欧盟将推动能源系统在电力、交通、建筑等多个领域全面转型。在电力领域，欧盟将加快智能电网和分布式能源系统的建设，提高

① 《欧盟通过最激进可再生能源指令，绿氢、光伏、风能迎来爆发》，澎湃新闻网，https://www.thepaper.cn/newsDetail_forward_24892355，最后访问时间：2023年10月11日。

电力系统的灵活性和可靠性；在交通领域，欧盟将推动电动汽车和氢能汽车等清洁能源交通工具的普及；在建筑领域，欧盟将推广绿色建筑和能效提升技术，降低建筑能耗和碳排放。

3. 碳交易市场活跃与碳定价机制完善

随着欧盟对气候政策的收紧和对碳市场的不断完善，碳交易市场将更加活跃。更多的企业和机构将参与碳交易，通过买卖碳配额来管理碳排放成本。这将推动碳价格的合理波动，并为企业提供更多的减排动力。欧盟将进一步完善碳定价机制，确保碳价格能够真实反映减排成本和收益。通过优化碳配额的分配和交易机制，欧盟将提高碳市场的效率和公平性，为低碳技术的发展提供更多的经济激励。

4. 加大技术创新与研发投入

技术创新是低碳技术发展的核心驱动力。欧盟将继续加大在低碳技术领域的研发投入，推动关键技术的突破和应用。通过设立专项基金、提供研发补贴等方式，欧盟将吸引更多的科研机构和企业参与低碳技术的研发工作。同时，欧盟将加强与其他国家和地区在低碳技术领域的合作与交流，共同推动全球低碳技术的发展。通过共享研发成果、联合研发等方式，欧盟将提高低碳技术的创新能力和国际竞争力。

专题报告

B.6
2023~2024年中欧低碳合作报告

高 媛*

摘 要： 在工业化转型与全球气候变暖的现实背景下，中国与欧盟自20世纪90年代起就已开展气候变化对话，至今已建立较为稳定的低碳合作对话机制。然而，受“逆全球化”浪潮与欧洲能源危机影响，中欧低碳合作关系在近些年呈现一定的新趋势，双方在低碳发展领域的竞争明显增强。本报告通过梳理中欧低碳合作关系的历史沿革，结合全球气候治理的国际格局，从现实需求、合作基础、互补优势及外部竞争等方面挖掘中欧低碳合作的可能机遇，总结双方在欧盟内部架构、中欧竞争模式、美欧联合限制及中国技术瓶颈等方面所面临的挑战。基于相关分析，提出加强中国制度规则体系建设、提高中国低碳技术自主研发能力、发挥多层次气候对话机制作用及探索“中欧+X”低碳合作模式等建议，为深化中欧低碳合作关系提供可能方向与可行路径。

关键词： 气候变化 中欧低碳合作 全球气候治理 绿色发展

* 高媛，山东财经大学经济学院讲师，经济学博士，硕士研究生导师，研究方向为国际贸易、国际经济合作等。

当前，全球气候变暖已经成为世界各国共同面临的挑战，低碳转型的经济发展模式正逐渐成为世界各国经济转型的主要特征。在此背景下，国家主席习近平在第75届联合国大会上明确表示："中国将提高国家自主贡献力度，采取更加有力的政策和措施，二氧化碳排放力争于2030年前达到峰值，努力争取2060年前实现碳中和"。[①] 党的十八大以来，以习近平同志为核心的党中央把生态文明建设摆在全局工作的突出位置，坚定绿色发展目标，将低碳转型落到实处。近年来，中国除了提高国内绿色规制强度外，还不断加强同发达国家与发展中国家之间的低碳合作。中国同美国、欧盟等经济体多次就气候变化展开深入交流，互换双方在关键领域与核心问题方面的意见，为全球气候治理提供中国方案。同时，停止新建境外煤电项目，大力降低能源消耗强度，为全球提供更多的绿色消费产品，积极推动并支持发展中国家绿色转型，在低碳合作与发展中展现大国担当。

中国与欧盟作为世界两大率先响应低碳发展的经济体，一直致力于全球气候治理与低碳经济转型，在携手推动绿色转型与气候治理中发挥了重要的示范引领作用。过去几十年间，中欧双方就应对气候变化、促进绿色低碳转型、加快新能源发展等问题多次交换意见，在部分核心观点领域达成共识，建立了例如中法能源对话、中德能源工作组会议、中瑞能源工作组会议、中芬能源合作工作组会议、中丹海上风电交流、中国—中东欧能源项目对话与合作中心等一系列低碳发展合作机制，逐步构建了双边乃至多边的绿色合作伙伴关系，形成了绿色友好、互利共赢的发展局面。然而，受到逆全球化浪潮的影响等，欧盟自身在绿色新政的执行与推广上稍显乏力，其成员国财政资金紧张严重掣肘欧盟绿色新政的推行，致使欧盟出现低碳发展与绿色转型的结构性瓶颈。同时，全球气候治理规则与国际低碳标准演进较快，世界主要经济体纷纷参与到全球气候治理规则与国际低碳标准的制定与更新谈判中来，代表本国利益争夺全球气候治理谈判的话语权。在这场全球气候治理规

① 习近平：《实现"双碳"目标，不是别人让我们做，而是我们自己必须要做》，人民网，http：//politics. people. com. cn/n1/2022/0523/c1001-32428031. html，最后访问时间：2024年5月23日。

则与国际低碳标准话语权的争夺赛中，美国、欧盟、中国均表现出了强劲的国际竞争力，中国积极参与全球气候治理的态度及有关低碳发展的中国方案与欧盟形成了明显的竞争关系。因此，在百年未有之大变局下，中欧低碳合作呈现了怎样的新特点、中欧低碳合作当前又面临如何的机遇与挑战、未来中欧低碳合作的可行路径在何方等问题值得深入探究。掌握中欧低碳合作的发展趋势、研判中欧低碳合作走向，有助于中国通过低碳合作更深层次地参与全球气候治理，进一步倒逼国内低碳转型与绿色发展。

一　中欧低碳合作的历史沿革与最新进展

中欧低碳合作时间较长，合作经验丰富。相较于世界其他经济体，欧盟更早地关注低碳发展并在其成员国内部推行了一系列绿色经济发展政策，在应对气候变化与加快低碳发展方面积累了大量经验，从而使其在日后的全球气候治理与绿色政治外交中迅速地占据了领导者地位。虽然中国等发展中国家已经意识到了气候变化的重要性及参与全球气候治理与谈判的必要性，但由于国内低碳发展政策起步较晚，中欧在不同时期低碳经济发展的目标存在差异，中欧低碳合作呈现阶段性特点，中欧双方在低碳合作关系中所扮演的角色有所不同。

（一）合作萌芽阶段（21世纪之前）

“低碳经济”一词最早在2003年由英国政府出版的能源白皮书中被国家政府提及。① 该报告为应对气候变化和能源产量下降制定了长期规划，讨论了更新能源基础设施的必要性及碳排放交易计划的重要性，考虑了新能源政策的目标、燃料组合和刺激可再生能源的增长等问题，由此反映出欧盟对低碳经济发展这一问题非常重视，具有先入优势。在中欧低碳合作的萌芽阶段，欧盟成员国同其他发达国家的基本情况大致相似，即已基本实现了城市

① “Energy White Paper,” *Our energy future-creating a low-carbon economy*, 2003.

化与工业化，碳排放的峰值期已大致度过。但同一时期的中国正处在城市化扩张与工业化转型时期，对能源类基础设施的建设与使用需求量较大，碳排放较多。在这一阶段，中欧双方对于碳排放的认识存在差异，对于能源消耗与气候变化的关注点也不同。因此，中欧低碳合作主要表现为欧盟对中国的“单边援助”，这种单边援助由政府主导，形式较为单一，关注问题也较为集中，双方虽有一定的合作意向，但由于就气候问题的立场不同，仍未形成双边对等合作的局面。

20 世纪 90 年代，欧盟同中国就气候变化议题有过官方沟通文件。在文件中欧盟表示对中国快速工业化所造成的环境影响感到担忧，希望中国处理好工业化所产生的环境问题，并提出欧盟可以对此提供一定的援助[①]，中欧合作关系是不对等的，这种不对等合作关系一直持续到了中欧建立气候变化伙伴关系前。2001 年，欧盟在对华政策文件中重申了中国应重视气候变化议题，认为中国作为能源消耗大国对气候变化产生了较大影响，中国应当制定相应政策应对气候变化，欧盟对此可以提供援助。[②] 此时，中国国内正为加入世界贸易组织、进一步开放国内市场做准备，各地区均处于城市化与工业化的快速发展时期，气候变化与低碳合作并非中欧国际合作的主流议题。

（二）初步探索阶段（2001~2009年）

21 世纪初期，中国对气候变化问题的重视程度逐渐提升，欧盟对中国的单边气候援助逐渐转为中欧双方的对等国际协调。2003 年，中欧双方建立“全面战略伙伴关系”，2005 年，中欧双方共同发表《中国和欧盟气候变

---

① Commission of the European Communities, “Communication from the Commission Building a Comprehensive Partnership with China,” COM（1998）181 final, March 25, 1998, http://eurlex. europa. eu/smartapi/cgi/sga_ doc? smartapi! celexplus! prod! DocNumber&lg = en&type_doc = COMfinal&an_ doc = 1998&nu_ doc = 181.

② Commission of the European Communities, “Communication from the Commission to the Council and the European Parliament-EU Strategy towards China: Implementation of the 1998 Communication and Future Steps for a More Effective EU Policy,” COM（2001）265 final, May 15, 2001, http://eurlex. europa. eu/legal content/EN/TXT/? uri = CELEX: 52001DC0265.

化联合宣言》，建立了“气候变化伙伴关系”，中欧关于气候变化的双边对话与多领域合作逐渐得到拓展，气候变化议题也由能源消耗、污染治理拓展到碳达标、碳排放及低碳经济转型等领域。[①] 在这一阶段，欧盟对华政策文件将中欧应对气候变化合作置于“加强多边体系，合作应对全球挑战”框架之下，中欧气候变化合作不再是之前的单边合作，开始转向国际合作。[②]

在双边“气候变化伙伴关系”的指引下，2006 年，中欧双方就《中欧气候变化伙伴关系滚动工作计划》（以下简称《计划》）达成一致，《计划》约定，中欧双方就能源消耗、低碳技术展开交流合作，共同探究碳金融等新型金融模式在气候治理领域的应用等，《计划》约定中欧双方就气候变化议题进行定期更新与讨论，以确保双方在气候治理领域顺畅地开展国际合作。在后续时间里，中欧双方就《计划》涵盖议题多次交换意见，在中欧多地举办气候变化研讨会，签订了一系列低碳技术合作谅解备忘录，为后续形成稳定且有力的双边磋商机制奠定基础。

（三）合作深化阶段（2009~2015年）

中欧双方在经过较长时间的“气候变化伙伴关系”探讨与气候治理双边磋商后，对全球气候治理与低碳经济发展都有了一定的新认识，对于彼此之间“气候变化伙伴关系”也产生了一些新的思考，对部分气候治理问题的意见交换也愈显深入。然而，2009 年的哥本哈根气候大会成为中欧低碳合作的转折点，欧盟并未预料到中欧双方在《京都议定书》条约方面的分歧，对其自身领导力的下降与中国在气候治理领域的快速崛起感到惊讶。加之全球金融危机的冲击，欧盟部分成员国气候政策推进缺乏资金支持。因此，在这一阶段里，中欧双方的气候合作并非一路高歌猛进，而是在负面冲击下极力深化。

---

① 《赵欣舸、裘菊：在中欧关系新阶段把握应对气候变化合作新机遇》，中欧陆家嘴国际金融研究院网站，https：//cliif. ceibs. edu/article/19854，最后访问时间：2024 年 5 月 1 日。

② 金玲：《中欧气候变化伙伴关系十年：走向全方位务实合作》，《国际问题研究》2015 年第 5 期。

中欧低碳合作关系的进一步深化从根本上得益于双方各自气候主张与国内政策的转变。在这一时期，欧盟的气候外交重点主要集中于提高其在“后京都时代”全球气候治理与谈判中的地位与作用，因此，欧盟在气候外交领域需要中国这样的具有代表性的发展中国家的支持。同时，欧盟内部低碳政策与气候政策趋于成熟，多项低碳技术标准与能源消耗评估框架已初具规模，欧盟希望借助国际气候市场推广自己的技术与标准，从而在全球气候治理领域占据更大的市场。2010 年，欧盟将中欧双方“气候变化伙伴关系”的对话机制升级为部长制，为气候治理双边磋商机制加固了保险，使得双方就气候变化问题互换意见更为顺畅，低碳领域的合作也更趋战略性与全局性。同一阶段，中国国内对气候变化的认识逐步加深，气候治理政策发生转变。2007 年，国务院印发了《中国应对气候变化国家方案》，明确了中国已充分认识到应对气候变化的重要性和紧迫性，提出“全面落实国务院确定的各项节能降耗措施，通过调整产业结构、推动科技进步、加强依法管理、完善激励政策和动员全民参与，大力推进节能耗降”①。

尽管在 21 世纪初期，中欧双方已经形成了较为稳定的气候治理双边磋商机制，但在 2009 年哥本哈根气候变化大会上，中欧双方未能就《京都议定书》后续条约达成一致，这对中欧低碳合作关系造成了一定的冲击，也使得欧盟开始重新审视自己在全球气候治理问题上的领导力，以及发展中国家在国际气候问题谈判中的作用。此次大会后，中国等发展中国家在应对全球气候变化问题上的声音越来越密集，国际现实与国内需求迫使欧盟进一步提高其对气候变化问题的关注度与领导力。2012 年，丹麦在担任欧盟轮值主席国期间，将绿色能源问题列入优先考虑议程并展开政治推动，提高了欧盟在国际气候谈判中的竞争力，为其下一个阶段与中国在低碳合作领域的竞合关系埋下伏笔。

① 《国务院关于印发中国应对气候变化国家方案的通知》，中国政府网，https：//www.gov.cn/gongbao/content/2007/content_ 678918.htm，2007-06-03，最后访问时间：2024 年 5 月 1 日。

（四）竞争加剧阶段（2015~2022年）

2015年，第21届《联合国气候变化框架公约》缔约方大会在法国举行，此次大会所形成的《巴黎协定》成为1992年《联合国气候变化框架公约》与《京都议定书》后全球气候治理领域又一里程碑式的成果，《巴黎协定》明确了减缓全球气候变化、气候治理资金、透明度等问题的基本原则，为未来20年的全球气候治理提供了方向指引。在哥本哈根气候大会受挫后，欧盟改变其全球气候治理领域的"强硬"形象，转而借助圆桌研讨会、气候倡议活动等表现其"亲和"态度，广泛与除中国之外在气候变化领域具有一定前瞻性与进步性的发展中国家搭桥结盟，形成能够确保其领导地位并有利于其提案通过的国际气候谈判"朋友圈"。最终，由欧盟牵头发起的"雄心联盟"在第21届《联合国气候变化框架公约》缔约方大会上发挥爆发性作用，不仅美国在《巴黎协定》谈判的最后阶段宣布加入该联盟，而且该联盟很好地促成了各项问题的谈判，在孤立中国的同时向新兴工业化国家施加了不小的压力，一度引领全球气候治理的走向。

面对欧盟在全球气候治理领域的孤立举措与气候变化的迫切需求，中国加深了对当前气候变化问题走向的认识，为进一步落实《巴黎协定》成果，中国明确提出"将提高国家自主贡献力度，采取更加有力的政策和措施，二氧化碳排放力争于2030年前达到峰值，努力争取2060年前实现碳中和"[①]，以实际行动践行全球气候治理的大国责任。欧盟感受到中国日益增强的气候变化国际领导力，迅速调整其气候外交战略，相继出台了《欧洲绿色新政》与"Fit for 55"一揽子计划，设定了碳排放目标与碳减排措施，并将低碳国际合作重心由发展中国家转向碳中和领先国家，势必争夺全球气候治理的话语权。令人始料未及的是，"逆全球化"浪潮卷土重来，单边主义抬头，代表性事件英国"脱欧"与特朗普政府宣布退出《巴黎协定》打

① 习近平：《实现"双碳"目标，不是别人让我们做，而是我们自己必须要做》，人民网，http://politics.people.com.cn/n1/2022/0523/c1001-32428031.html，最后访问时间：2024年6月1日。

乱了较为稳定的全球气候治理格局，使得全球气候治理领域出现了领导力真空。加之新冠疫情影响，欧盟内部绿色新政推行资金紧张，各成员国对绿色新政的态度褒贬不一。在内忧外患下欧盟不得不重新审视与中国的低碳合作关系，并调整其气候外交策略。

（五）“竞合”并存阶段（2022年至今）

2023 年，正值中欧建立“全面战略伙伴关系”20 周年，中欧双方在气候变化与低碳合作领域既有过深层次的沟通交流，也就国际气候谈判问题有过明显的竞争对立。在中欧低碳合作关系演变的过程中，一方面，全球气候治理格局发生了巨大的转变，在特朗普政府主导下美国宣布退出《巴黎协定》，全球气候治理出现了明显的大国领导力缺失现象，而这一现象无疑为中、欧等具有一定低碳经济发展经验的国家和地区创造了绝佳的外部机会，势必会导致中欧之间国际气候谈判话语权争夺的加剧。另一方面，2021 年，拜登政府宣布美国时隔 4 年重返《巴黎协定》，全球气候治理的谈判桌上欧盟最大的竞争者再次出现。而欧盟成员国内部面临绿色新政推进困难的局面，这使得本想以进攻为主要气候外交战略的欧盟开始思考联盟防守策略，在低碳合作领域向中国表达了一定的合作态度。另外，欧盟始终没有放弃自己在全球气候治理中独特的突围方式，即试图通过碳关税与碳交易的改革创新向全球推广其低碳技术与标准，以此占领国际低碳市场，这无疑为中国等发展中国家的低碳经济转型再施压力。

合作方面，中欧双方在应对能源危机、实现绿色和数字化转型等问题上有着巨大合作潜力，在构建新型能源体系、推广低碳零碳技术方面产业互补性强、市场空间广阔。[①] 中欧双方的低碳合作有高层次对话，中国与欧盟成员国间的合作也取得了一定的进展。2023 年，中欧举行了第四次环境与气候高层对话，就中欧气候政策、绿色合作、全球气候合作等议题展开交流，

① 《国家发改委：深化中欧绿色低碳发展合作》，央视新闻客户端，https：//content-static.cctvnews.cctv.com/snow-book/index.html? item_ id=1150754334913785567，最后访问时间：2024 年 6 月 5 日。

双方就气候变化与低碳合作已形成了稳定的政府间对话机制。同时，中国在绿色政策推广过程中，十分注重加强与欧盟的联系。2023 年 10 月，在第三届“一带一路”国际合作高峰论坛绿色发展高级别论坛上，《绿色“一带一路”十周年创新理念与实践案例》成果正式亮相，在 18 个实践案例中，中欧合作案例占据 4 项。[①] 另外，中国与欧盟成员国之间的低碳合作也呈现多样化推进的特点。2023 年 8 月，中国与丹麦共同发布了《中华人民共和国政府和丹麦王国政府绿色联合工作方案（2023-2026）》，中丹将进一步加强在环境、水资源、科教等领域的绿色合作[②]。同年 11 月，中法两国在中国首都北京正式成立并启动了中法碳中和中心，该中心是中国与欧盟成员国政府间合作的重要成果，也是政府间碳中和沟通合作的首个碳中和中心，有利于推动中法科研机构在碳中和领域开展更长效的科技交流。[③]

竞争方面，新能源开发与新能源汽车制造本应是低碳合作中的重要领域，欧盟作为全球传统车企集中分布的地区，其在汽车制造与新能源开发等方面具有较为充足的经验，中国在新能源电池加工方面能力较强，中欧双方在新能源汽车领域具有非常明显的合作潜力。然而，中国当前已在新能源汽车制造与销售领域实现了“弯道超车”，并逐渐成为全球最大的新能源汽车销售商及欧盟第一大新能源汽车与零部件进口国，对欧盟的汽车制造与销售产生了较大的冲击。面对来自中国新能源汽车的冲击与压力，欧盟不愿自身在新能源汽车领域“大权旁落”，选择以加征关税的方式对从中国进口的电池电动汽车征收临时关税。欧盟委员会对 3 家抽样中国汽车生产商征收的关税分别为：比亚迪 17.4%、吉利 20%、上汽集团 38.1%。中国其他参与调

---

① 《〈绿色“一带一路”十周年创新理念与实践案例〉发布》，“人民网”百度百家号，https://baijiahao.baidu.com/s?id=1780597921517293245&wfr=spider&for=pc，最后访问时间：2024 年 6 月 5 日。

② 《中国与丹麦共同发布〈中华人民共和国政府和丹麦王国政府绿色联合工作方案（2023-2026）〉》，外交部网站，https://www.mfa.gov.cn/web/wjbzhd/202308/t20230818_11129004.shtml，最后访问时间：2024 年 6 月 5 日。

③ 《中法碳中和中心启动仪式在京举办》，中国科学技术部网站，https://www.most.gov.cn/kjbgz/202312/t20231206_188929.html，最后访问时间：2024 年 6 月 6 日。

查但尚未抽样的电池电动汽车生产商将被征收21%的加权平均税[1]，这无疑加剧了中欧之间的竞争。

中欧双方出现这种时而合作深化、时而竞争加剧的局面确在意料之中。近年来，中国从中央政府到地方政府层面出台了一系列应对气候变化的法律法规与政策文件，低碳转型成果有目共睹。中国不再是20世纪低碳合作中欧盟绿色政策的学习者与追随者，已转变成当今全球生态文明建设的重要参与者与贡献者，为发展中国家参与全球气候治理与推进绿色转型起到了良好的示范作用，正逐步引领气候变化与低碳合作的方向。面对中国在气候变化领域的快速成长，欧盟采取绿色贸易壁垒等恶性竞争措施只能得到“两败俱伤”的结局，对于国际气候议题谈判毫无益处，更不利于其全球气候问题领导力的发挥与内部绿色政策的推行。在中欧“竞合关系”愈演愈烈的今天，中欧双方应继续加强在气候变化领域的意见互换，放弃用贸易竞争手段换取国际问题话语权，就低碳技术开展跨国交流，在双方共同利益领域达成深层次合作，从政府间至企业间由上至下地完善中欧低碳合作机制，助推中欧双方在全球气候治理领域发挥“双赢”合力。

二 中欧低碳合作的机遇

面对全球气候变暖的现实危机，中欧作为全球气候治理的主导国家具有较多相似的现实需求，在合作机制与产业规划等方面能够达成一定的共识，合作基础较好且表现出了明显的低碳合作互补优势。同时，中欧双方在全球气候变化问题上均面临了来自美国的竞争，对当前美国部分气候政策感到不满。因此，中欧低碳合作潜力巨大，深化双方低碳合作有利于形成“双赢”局面。

---

① European Commission, “Summary of the Proposed Duties for Information Purposes Only,” https://commission.europa.eu, 2024-06-12.

（一）现实需求推动中欧合作进程

面对全球气候变暖的现实情况，气候变化已不再是国际谈判的小众话题，而是世界主要国家和地区重点甚至首要关注的核心问题，全球气候治理与国际气候谈判也成为各国争夺话语权的主要领域，特别是对于新兴工业化国家而言，气候变化与气候治理是其经济发展模式转型之路上必然需要面对并解决的问题。对此，中欧双方都制定了较为严格的气候治理目标，在碳排放、可再生能源使用及能源消耗等领域给出了明确的量化任务。严峻的全球变暖现实与严格的气候治理目标使得中欧双方需要对气候变化与低碳发展注入更多的精力，而中欧低碳合作不仅能够使两国提高对气候变化与低碳发展的关注度，并且能够通过双方合力产生“1+1>2”的治理效果。

同时，中欧双方在能源安全与开放发展方面具有相似的现实需求，双方的低碳发展政策存在弥合可能。对于欧盟来说，俄乌冲突充分暴露了其在能源安全与能源消费领域的短板，即传统能源严重依赖于进口。面对俄乌冲突引发的能源短缺与价格上涨的欧洲能源危机，欧盟各成员国已深刻认识到掌握能源自主权的迫切性与发展可再生能源的必要性，并据此调整国家能源战略，这为中欧双方在能源安全、能源消费与可再生能源发展等领域的合作创造了可能。对于中国来说，能源安全问题一直是关注重点，能源自主权是中欧共同面临的难题，通力合作或成为攻克这一难题的有效途径。并且，中欧都是开放型经济体，是全球化的重要推动者，在百年未有之大变局下，开放经济与全球化依旧是实现低碳转型与绿色发展的必由之路。中欧需要通过高水平开放进一步促进低碳技术的交流与合作，为全球气候治理贡献大国智慧。

另外，微观企业主体需要中欧双方进一步深化低碳合作，打通低碳技术研发与应用瓶颈，打破绿色贸易壁垒，共同营造良好的能源与低碳产品消费环境。自欧盟对来自中国的新能源汽车产品发起反补贴调查以来，约有80%的中国企业对欧盟合作积极性降低，约有70%的企业表示反补贴调查会导致欧盟本地员工就业危机，不利于欧盟绿色经济发展。[1] 事实上，中国企业为全球新能源产品的研发与销售做出了一定的贡献，相关产业发展带动了欧盟当地就业，欧盟若任由绿色贸易壁垒推行，必将损害中欧双方企业乃至欧盟市场消费者的利益。中欧双方应“坐下来”磋商，就新能源汽车研发制造、可再生能源消费等问题交换意见，充分开展全球价值链与产业链上下游的分工协作，发挥双方在不同生产环节与工序上的比较优势，共同开发全球市场。

（二）中欧双方低碳合作基础较好

2005 年，中欧双方共同发表了《中国和欧盟气候变化联合宣言》，建立了“气候变化伙伴关系”，低碳合作经验较为丰富。在之后的近 20 年间，不仅中欧双方建立了政府间有关气候变化与低碳发展的高层次对话机制，两国政府领导人多次就气候变化与绿色发展议题交换意见，而且中国与部分欧盟成员国、中欧双方城市之间都已有一定的低碳合作基础，中国同德国、法国、丹麦等欧盟成员国间的低碳合作成果显著。对于中欧双方来说，完善现有对话与合作机制的难度较低、成本较小，对推进双方气候变化政策施行、提高全球气候治理影响力具有重要作用。现有较为稳定的研讨会、圆桌论坛及研究中心等对话机制，也为中欧双方有效加强低碳合作助力。

中欧双方除了在战略层面具有合作机遇外，产业层面的合作基础也为双方进一步开展低碳国际合作提供了方向。一方面，欧盟对来自中国的光伏、电动汽车产品依赖度较高。2022 年，欧洲国家从中国进口了 86.6GW 光伏组件，占其进口总量的 80%以上，欧洲最大的汽车租赁公司（SIXT）也是中国电动车的主要进口商之一[2]。另一方面，中国低碳产业的发展获得了来

---

① 《共建“共赢”链，业界期待中欧加强新能源汽车领域合作》，东方财富网，https：//finance.eastmoney.com/a/202406223110798843.html，最后访问时间：2024 年 8 月 22 日。

② 《专家谈丨能源低碳转型加速，中欧合作潜力巨大》，腾讯网，https：//view.inews.qq.com/k/20230726A07TOR00？no-redirect=1&web_channel=wap&openApp=false，最后访问时间：2024 年 6 月 11 日。

自欧盟的大量投资，相关资金与技术的合作助推中国制造走向海外市场。中欧双方不仅具有现阶段的产业合作基础，对于低碳产业发展的未来规划也呈现一定的弥合趋势。受俄乌冲突影响，欧盟将能源安全摆在了低碳发展战略的首要位置，加快发展低碳清洁能源、抢占未来低碳技术产业制高点是其当前低碳发展的重要目标。对欧盟而言，实现传统能源消费向可再生能源消费转变是其解决地区能源安全问题的根本所在，也是引领全球绿色经济走向的关键举措。中国则是欧盟应对能源安全、通货膨胀等挑战，提升竞争力的重要伙伴。在产业规划上，中国一直将非化石能源发展放在能源发展的首位，对于可再生能源发展有着清晰的产业发展规划。因此，中国能够同欧盟一道应对能源安全与气候变化危机，为推动全球低碳转型与绿色发展贡献合力。

（三）中欧低碳合作互补优势明显

中欧双方在应对气候变化、开展低碳产业合作等方面具有较为明显的互补优势，二者完全可以依据低碳产业链形成紧密的上下游链条关系，开创中欧低碳合作的共赢局面。作为全球气候变化问题的领导者，欧盟已经设定了雄心勃勃的气候和能源目标，并尝试通过一系列政策和立法来实现这些目标。2021 年，欧盟出台了具有里程碑意义的《欧洲绿色新政》，提出欧盟于 2030 年温室气体排放量比 1990 年减少 55%，于 2050 年成为世界上第一个净零排放大陆等短期与中期碳排放目标。为落实这些目标，2023 年，欧盟工业部门发布了《净零时代的绿色新政工业计划》以确保《欧洲绿色新政》落地，这一计划主要靠三大法案推动：2024 年 3 月通过的《关键原材料法案》、4 月通过的《欧盟电力市场改革方案》及 5 月通过的《净零工业法案》。其中，《净零工业法案》的核心在于降低他国在欧盟本土可再生能源领域的作用，提高欧盟在可再生能源领域的本土制造能力，但欧盟在该领域的制造生产并不具有比较优势，特别是太阳能板、电池等产品高度依赖中国进口。2023 年，欧盟依靠来自中国的太阳能板将太阳能装机水平相较 2022 年提高了 40%。[①] 因此，欧盟国家已认识到中国可再生能源产业的生产制造能力，也明确了其可再生能源发展离不开中国绿色制造的支持，并就《净零工业法案》达成共识，同意中国继续参与其多项可再生能源计划。

对于中国来说，中国具备全球领先的可再生能源生产制造能力，与欧盟达成低碳合作不仅能够进一步扩大本国的可再生能源产品生产规模与销售市场，而且能够同欧盟形成紧密的低碳合作关系，更好地应对全球气候变化。在此过程中，中欧双方也可以就可再生能源研发的先进技术进行交流合作，一方面有助于欧盟可再生能源与碳排放最新标准在全球的推广传播；另一方面有助于中国进一步提高可再生能源产品的技术含量，促进中国在可再生能源全球价值链上的地位攀升。同时，中国可以在中欧低碳合作中借鉴欧盟碳市场建设的经验，为国内气候变化政策的进一步完善提供方向。因此，中欧低碳合作是存在明显互补优势的，双方在绿色领域的合作符合共同利益，合作潜力较大。

（四）外部竞争为中欧合作创造机会

尽管美国在 2017 年宣布退出《巴黎协定》，但 2021 年拜登政府上台当即宣布重返《巴黎协定》。美国再次回到全球气候变化问题的谈判桌上来，对全球气候治理的领导力格局产生了冲击，中欧在国际气候外交中的竞争力不免受到美国的影响。尽管欧盟在气候变化政策方面与美国有一定的弥合趋势，美欧双方也借助对话平台就碳排放核算规则与绿色产业补贴问题交换了意见，为引领国际气候谈判走向起到了一定的积极作用，但是，美欧双方在气候战略目标方面仍然存在分歧。美国开展气候外交的目的是在全球气候治理中继续推行“美国优先”原则，以双边、区域合作机制建立“小团体”；欧盟气候政策的目标则是实现自身碳减排，促进欧盟在低碳能源领域的研发

① 《能源转型依赖中国组件，脱钩断链成本太高！欧盟官员：中国太阳能设备还得用》，中国国际贸易促进委员会网站，https：//www. ccpit. org/france/a/20240317/20240317u262. html，最后访问时间：2024 年 6 月 12 日。

与标准制定，在维护单一市场的同时保障自身气候战略的独立性。显而易见的是，“美国优先”原则与欧盟单一市场的自主气候战略存在一定的冲突，美欧仍是国际气候谈判桌上的主要竞争者。2022年，美国拜登政府签署了《通胀削减法案》，其绿色产业补贴政策引起了欧盟各成员国的极大不满，认为其本质是吸引绿色产业就业与投资回流美国本土，并非促进全球气候治理。为此，欧盟推出《绿色协议产业计划》作为对美国这一法案的回应，美欧在气候变化政策领域的“针锋相对”愈发明显。

对于中国来说，近年来中国凭借过硬的制造能力与较大的成本优势迅速占领了全球新能源汽车销售市场的主导地位，这引起了美国对其本国新能源产业发展的担忧。面对中国在新能源领域的快速崛起，美国政府采取了一系列限制性政策，如限制进口、制定差异化补贴条款及提高关税税率等压制中国新能源产业发展，并在全球气候变化论坛多次公开表示对中国新能源产业崛起的担忧，诟病中国在低碳转型过程中的产能过剩问题，在全球范围散播“中国威胁论”。这一系列举措与拜登政府承诺的“为全球气候变化做出美国贡献”截然相反，这些原则不能实现促进全球新能源产业发展的目的，仅是维护了美国在全球气候治理领域的优先原则。面对美国政府气候外交战略中的“美国优先”原则及贸易保护主义行为，中欧双方应借机加强低碳合作，完善中欧低碳合作对话机制，在全球气候变化问题上争取达成更多共识，共同引导国际气候谈判走向，为全球气候变化治理贡献大国力量。

三　中欧低碳合作的挑战

中欧低碳合作既存在机遇又面临挑战，为了维持稳定的中欧低碳合作关系，欧盟成员国就气候变化问题须统一态度，中国、欧盟及美国三方在全球气候治理中的竞争也值得关注，三方在国际气候谈判与气候变化政策领域的博弈将直接影响中欧低碳合作的发展走向。同时，中国应提高自身低碳发展能力，缩小中欧低碳转型差距。

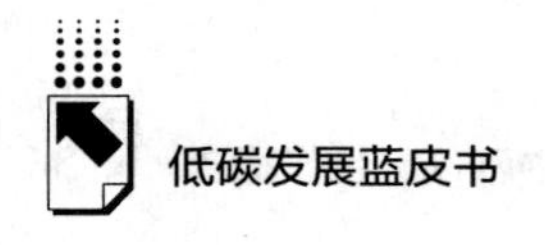

（一）欧盟成员国对低碳合作与绿色发展态度不一

尽管《欧洲绿色新政》对于欧盟低碳经济发展具有划时代的意义，且所提出的碳排放高标准为全球致力于气候变化问题的国家和地区做出了较好的示范，但欧盟成员国对于这一政策的态度是复杂多变的，《欧洲绿色新政》在欧盟成员国的推行也面临了诸多困难。

《欧洲绿色新政》不仅是针对环境保护的立法，也涉及了农业、工业、生物多样性、环境等经济发展的诸多方面，其实施对欧盟整体经济的走向都会产生影响，且《欧洲绿色新政》的最终落地需要各成员国出台更多的配套政策，其中就包括以大量财政资金为基础的产业补贴。然而，受到全球性新冠疫情的影响，欧盟各成员国出现了财政紧张现象，实现经济复苏成为部分欧盟成员国亟待解决的问题，落实《欧洲绿色新政》的重要性排序逐渐落后。加之俄乌冲突影响，欧盟内部传统能源价格大幅上涨，大宗商品通货膨胀严重，部分成员国对现有的《欧洲绿色新政》持怀疑态度，并认为应出台新的绿色政策以应对欧盟能源危机。在欧盟内部，法国与比利时曾公开呼吁暂缓出台新的绿色立法，西班牙极右翼政党则强烈抨击了《欧洲绿色新政》，欧洲保守党正在尝试将环境政策作为其首要攻击目标，欧盟内部政治格局变化与主流政党之间的博弈将严重影响欧盟总体绿色政策的演进方向。

面对这一现实情况，中欧低碳合作关系的开展不再是简单的中国与欧盟之间的谈判，而是升级为中国与欧盟各成员国之间有关气候变化问题的沟通，这对于中欧低碳合作关系的深化无疑是难上加难。再加上当前部分发达国家和地区“逆全球化”浪潮卷土重来、贸易保护主义抬头，受此全球氛围影响，欧盟成员国对中欧低碳合作或有可能再设障碍。在现今政治经济博弈格局下深化中欧低碳合作关系充满变数，中欧双方企业对于低碳合作关系建立后相关合作事宜在各欧盟成员国的推行也存在信任不足的担忧。

（二）中欧全球气候治理话语权竞争明显

当前，全球经济发展迟缓，欧盟地区受地缘政治问题影响，对于中欧合作的态度更趋谨慎，导致未来中欧低碳合作充满变数。一方面，从欧盟自身来看，其国内气候政策与国际气候战略把提升自身低碳产业竞争力放在首位，这使得其在开展对外合作时首先考虑的是能否提高其能源自主权与产业自主性等问题。欧盟当前国内气候变化政策的实施主要有两个目的，一个是完成碳减排与能源转型目标，实现能源自主；另一个是提高其在全球产业链和供应链中的自主性，稳固链主地位。欧盟主要依靠《欧洲绿色新政》的实施实现第一个目的，实施保障主要是《净零时代的绿色新政工业计划》等支撑法案，主要措施是利用可再生能源替代传统化石能源，加强本土可再生能源产品的生产制造能力等。为实现第二个目的，欧盟设置碳边境调节机制，在全球推行碳关税政策，并对来自中国的投资严格审查，对来自中国的新能源产品发起反补贴调查等。这些都将对中欧低碳合作的推进产生阻力，进而对中欧关系产生负面影响。

另一方面，从欧盟对中国的态度来看，中欧对待气候变化问题在战略层面存在定位分歧，使得欧盟不断调整其对华战略，时而将中国视作合作伙伴，时而认为中国是其产业发展与制度构建的竞争者，并据此在低碳产业领域采取了一系列“脱钩”政策，以保障其低碳产业的本土化发展。例如，在新能源电动汽车与电池产品领域，2024 年 6 月 12 日，欧盟委员会发表声明称，从 7 月 4 日起对从中国进口的电动汽车征收临时反补贴税，中国主要新能源汽车与电池制造商比亚迪、吉利、上汽集团等均在被制裁之列。[①] 欧方罔顾事实和世界贸易组织规则的做法引起了中国政府与企业的强烈不满，不利于中欧建立良好稳定的低碳合作关系。再加上，中国近些年在低碳产业领域高歌猛进，欧盟完全没有预想到 20 世纪在全球气候治理中还是追随者地位的中国能够异军突起，能够成为当前国际气候问题谈判的贡献者与引导者，能够对它在全球气候变化方面的国际领导力带来挑战。

---

① European Commission, “Summary of the Proposed Duties for Information Purposes Only,” https://commission.europa.eu, 2024-06-12.

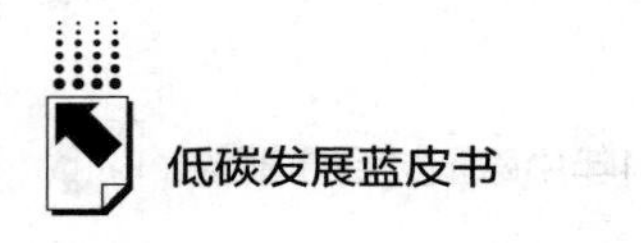

（三）美欧在低碳产业领域的联合“围堵”

尽管拜登政府的“美国优先”原则引起了欧盟成员国的不满，其《通胀削减法案》也一度引发欧盟与美国的政策对弈，但不可否认的是，美欧双方在竞争关系之外在气候治理、绿色产业与气候变化对话机制方面达成了一定的共识。全球气候治理是欧盟与美国的一个长期议题，近年来，美欧双方就气候变化问题开展过多次高层会晤，并在多次会晤中显示出对于气候变化问题的重视和合作的愿望。为此，美欧之间搭建起了机制化的低碳合作平台，2022 年 10 月，美欧成立针对《通胀削减法案》的特别工作组，旨在减少双方就《通胀削减法案》的分歧。2023 年 3 月，美欧启动“清洁能源激励对话”机制，承诺以激励协调而非损害对方的方式开展清洁能源领域的合作。借助这些合作机制，美欧达成《联合声明》，在减少化石能源消费、促进可再生能源发展及净零排放等领域形成紧密合作关系。

鉴于美欧之间低碳合作关系的深化，二者在部分气候变化问题的对华态度上也存在一定的相似性，即虽对华表现出了一定的合作意愿，但美欧联手“围堵”的趋势也不可忽视。一方面，在制度与规则领域，美欧就碳关税出台各自的调节机制与法案，试图联手构建以发达国家为主的“碳关税俱乐部”，将中国等碳关税研究起步较晚的新兴经济体排除在外。借助“碳关税俱乐部”，美欧通过主要部门联合制定标准与进行技术合作的方式，继续提高部分发达国家工业化转型的先行优势，制定有利于自身的低碳产业标准，将碳关税转化为绿色贸易壁垒，抢占全球低碳产业链的有利位置，导致新兴经济体在全球低碳价值链中的“低端锁定”。另一方面，在核心产业领域，美欧对中国新能源汽车与相关产品发起贸易制裁，以此限制中国新能源产业发展。中国对于新能源汽车的产业补贴公开、透明，符合世界贸易组织的规则，美国却以此为据对从中国进口的新能源汽车产品采取歧视性贸易政策，严重违背了世界贸易组织的原则，不利于新能源产品在全球范围的推广。欧盟则是以征收反补贴税的方式打压在欧具有较高市场占有率的中国车企，以此保障本土车企不处于落后状态。美欧同中国之间在气候变化领域的竞争乃至美欧的联合“围堵”行为，为中欧低碳合作的开展笼上了一层阴霾，中方与欧方竞合关系的交替导致中欧低碳合作前途未明。

（四）中国国内低碳转型亟待突破瓶颈

相较于欧美等低碳发展经验较为充足的国家，中国实现工业化与城市化转型的时间较晚，历史上对于气候变化问题的关注度不够，经济发展对于传统化石能源的依赖度较高，新型低碳技术研发与应用的经验不足，目前尚未形成有关碳市场、碳关税及碳边境的体系化法律法规。绿色发展制度建设、可再生能源应用与低碳技术研发是当前中国低碳转型与绿色发展进程中亟待解决的现实问题。

绿色发展制度建设方面，近些年来，中国政府陆续出台了有关环境保护、能源消费、低碳减排的多项法律法规，已初步形成了绿色发展有法可依的局面，各地方政府对于低碳转型与绿色发展的配套政策也较为完善，地方财政激励政策到位，但与美欧等低碳发展经验较为充足的国家相比，中国当前的绿色发展制度建设仍存在一定的差距，对于全球气候变化的前沿问题关注度不够，对于国际气候谈判与治理的规则熟悉度不足。面对欧美国家在碳市场、碳关税及碳边境等低碳发展前沿领域的规则制定与制度建设，中国极易落入其国际气候谈判与治理的规则陷阱，致使在全球气候治理中处于不利地位。可再生能源应用方面，中国传统经济发展严重依赖化石能源消费，对于可再生能源的应用不足。众多大型基建设施依照化石能源应用设计建造，可再生能源基础设施建设仍在进展阶段，在工业生产与居民生活方面，人们对于化石能源的消费习惯一时难以彻底改变，这些现实与习惯在一定程度上限制了可再生能源应用的速度，不利于中国加快低碳转型。低碳技术研发方面，中国虽已拥有全球领先的可再生能源生产制造能力，是国际部分低碳产品最大的加工制造商，但是在低碳技术研发领域进展较慢，对于低碳转型的核心技术难以突破。欧美等低碳发展经验较为充足的国家除了以国际气候谈判规则与限制性贸易政策对中国实施围堵外，还会通过科技领域的技术打压与标准筛选对中国低碳技术研发进行限制，解决低碳技术研发“卡脖子”问题迫在眉睫。

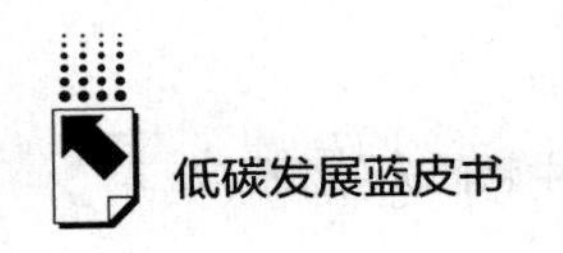

四　深化中欧低碳合作的可行路径

在全球气候外交多方博弈的背景下，中欧低碳合作潜力较大，可合作领域较广，在不断竞合的低碳合作关系中，合作仍应成为主基调，中欧双方低碳合作势在必行。在深化中欧低碳合作的进程中，中国自身应加强有关低碳发展前沿领域的制度建设，掌握相关国际低碳规则制定的话语权，推进国内低碳技术自主研发，密切中欧低碳技术合作与交流，防止中欧低碳合作地位不对等。中欧双方应持续发挥现有对话机制作用，就低碳合作达成更多共识。中欧应积极探索将第三方纳入中欧合作中来。

（一）加强低碳发展前沿领域的顶层设计，以制度规则保障合作

通过梳理2000年以来中国已公布的低碳发展政策发现，中国低碳发展政策的关注主题呈现由污染防治向节能减排再向可再生能源与绿色技术研发转变的特征，这一政策演进过程反映出中国的低碳政策正在跟随全球低碳发展趋势。但令人遗憾的是，现有政策中鲜有涉及碳边境、碳市场与碳关税的法律法规，反映出中国对于当前全球低碳发展前沿问题的关注度仍有待提升，这也是目前中国国内低碳发展制度与规则建设的短板所在。目前，美国、欧盟等低碳发展先行国家或地区已经开始了碳边境、碳市场与碳关税核算的应用试点，已初步形成了有关碳关税计算与碳边境界定的标准与办法，并已成立仅有部分发达国家在内的“碳关税俱乐部”，意图铺开其在全球低碳发展领域的制度与规则未来版图，将中国排除在全球气候治理谈判桌之外，这不利于中欧合作的持续深化。

面对如此紧张的国际环境与迫切的国内现实，中国应提高对全球气候变化前沿议题的关注度，从顶层设计着手，出台有关碳市场、碳边境与碳关税等的宏观规划，完善碳排放交易制度，在宏观规划指导下加快完善并细化各地区、各行业相关低碳发展政策，加快国内低碳发展制度体系建设。在开展对外低碳合作与国际气候谈判时，中国应在自己擅长的议题领域积极发声，

争取同合作伙伴国家达成更多共识，为全球气候变化提供中国方案。同时，借助“以我为主”的双边、区域合作平台，试点推行低碳发展规则，总结低碳转型经验与案例，为抢占制定国际低碳发展规则的话语权做好前期准备。

（二）推进中国国内自主创新与低碳发展，以先进技术推进合作

当前，中国在可再生能源生产制造与新能源产品销售领域特别是太阳能、风力发电、光伏发电等领域已保持全球领先地位，中国对外合作项目众多，装机能力较强，是众多发达国家可再生能源设备与新能源产品的最大供货商之一。但是，中国在碳捕获、新型储能及可再生能源制氢等领域仍面临较为严峻的技术难关，如不攻克这些技术难关，中国将再次成为发达国家低碳产品的加工工厂，长期被锁定在低碳产业链的生产环节而无法实现链条地位攀升。长此以往，中国在国际低碳合作中将无法保障生产合作的自主权，在中欧低碳合作关系中也容易位于追随者地位而无法实现对等的合作。

中国应分环节、分步骤地实现低碳技术突破。首先，实现关键领域低碳节能转型，提高能源利用效率与可再生能源应用水平。全球气候变化中的温室气体排放主要来自化石能源消耗，中国等新型工业化国家对于化石能源的需求量较大，将实现关键领域低碳节能技术的研发放在首位有其合理性与必要性。在提高能源利用效率的同时，应加速可再生能源基础设施建设与应用技术研发，推广应用可再生能源。其次，通过突破负碳排放等技术，对生产活动中剩余碳排放进行控制。在降低化石能源消费依赖、提高能源效率及可再生能源应用水平后，生产活动中仍有部分碳排放难以捕获与减排，这就需要借助更为先进的负碳排放技术，例如采用碳排放捕捉、固碳增汇等方式，在控制剩余碳排放量的同时实现对二氧化碳的净消耗，降低碳排放量并提高碳汇能力。最后，着眼于低碳发展前沿技术研发，构建中国低碳发展自主技术体系。提高对低碳发展前沿技术的关注度，着力研发碳捕获、新型储能及可再生能源制氢等先进技术，鼓励多渠道研发活动的开展，加速形成以自主

研发为核心的中国低碳发展技术体系，进而借助国际低碳合作机制推广中国低碳新技术与新工艺。

（三）发挥现有高层对话与经贸机制作用，减少分歧助推合作深化

欧盟在新能源产品领域对中国企业发起反补贴调查、征收临时关税的行为不仅重创了中国企业的投资积极性，而且不利于中欧低碳合作关系的深化，出现这些行为的根本原因是中欧双方低碳发展战略存在分歧，在低碳发展政策与产业规划等关键领域没有形成共同利益。

对此，中国应借助现有的多层次对话与经贸机制，积极与欧盟就有关问题互换意见，争取减少相关分歧从而恢复良性低碳合作关系。多边层面，通过《联合国气候变化框架公约》、清洁能源部长级会议等平台，向世界展现中国在新能源开发与可再生能源应用领域的成果与贡献，为全球低碳发展提供制造与技术支持，向国际舞台展示中国积极致力于全球气候变化问题的大国形象。区域层面，借助共建“一带一路”峰会等对话平台，就中欧关心议题互换意见，制定并试行低碳发展规则，协助欧盟低碳前沿技术在更大范围推广。双边层面，利用中欧之间现有的高层对话机制、地方政府合作机制及智库专家研讨机制等，加强同欧盟在新能源产品销售与可再生能源技术研发方面的沟通合作，明确二者在新能源产业链上的互补优势，使欧盟充分认识到现有贸易制裁行为不仅不利于中欧低碳合作关系，反而会造成欧盟可再生能源产业发展成本的增加，从而使欧盟停止这种“损人且不利己”的行为。

（四）探索“中欧+X”低碳合作模式，推进低碳发展的多边进程

中欧双方的低碳合作成果不应只停留在双边合作层面，中国也无意借助低碳发展成果在相关领域建立小团体，本着构建人类命运共同体的全球价值，中国应积极推动中欧低碳合作成果的多边化，在谋求本国低碳转型的同时促进更多国家绿色发展。

为此，在合作模式上，中欧可先尝试将第三方纳入中欧低碳合作框架，

探索以“中欧+X”的低碳合作模式，扩大低碳合作朋友圈。例如，依托共建“一带一路”，试点“中欧+中亚”“中欧+东南亚”“中欧+非洲”等三方合作模式，向第三方推广中欧低碳合作的成功经验与优秀做法，进而在全球范围内开展更为广泛的低碳合作。在合作内容上，也可根据所纳入的第三方的不同进行气候变化议题区分，选择更容易达成共识的议题先行谈判，例如，“中欧+非洲”低碳合作可更多就低碳技术援助、绿色基金支持及可再生能源基础设施建设等问题展开交流。在形成较为稳定的对话机制后，就低碳发展的核心议题交换意见，争取实现“有一项成果，推广一项成果”。在合作层次上，双边合作直接向多边化转换可能存在一定的阻力，中欧双方可先就低碳转型的热点话题展开讨论并及时公布谈判结果，以此吸引对有关议题感兴趣的国家或地区加入合作谈判，初步形成一个较为自由的低碳合作诸边协议，而后再实现由诸边向多边的转化，最终在多边框架下达成低碳合作的共识，从而推广全球气候治理标准与规则。

国别报告

B.7
2023~2024年德国低碳发展报告

谢申祥　张儒皓*

摘　要：　近年来，德国在应对气候变化与推动低碳经济转型方面展现出高度的战略自主性和政策连续性。通过欧盟气候变化行动计划、国家能源效率行动计划以及能源与气候一揽子计划三大核心政策框架，德国为实现绿色低碳转型提供了坚实的政策基础。德国设立气候内阁以加强顶层设计，构建了涵盖能源、建筑、交通运输、工业、农业等多领域的低碳发展体系，推动实现2045年碳中和目标，比原计划提前5年。在具体措施方面，德国通过碳定价、低碳投资以及具有法律约束力的减排标准，为实现中长期温室气体减排目标提供了系统支持。尽管已取得显著成效，特别是能源行业的碳排放显著下降，但建筑与交通运输等领域的排放问题仍然严峻，限制了低碳转型的步伐。德国需要进一步加大政策创新和资金支持力度，以实现包括可再生能源扩展、智能电网建设和电动汽车普及在内的更高效能的低碳发展。德国在

* 谢申祥，山东财经大学党委副书记，兼任经济学院院长，经济学博士，二级教授，博士生导师，博士后合作导师，研究方向为宏观经济；张儒皓，山东财经大学国际商务专业硕士研究生，研究方向为低碳经济。

低碳转型方面的实践为全球其他国家提供了重要参考。

关键词： 能源转型　气候中和　绿色经济　低碳政策

一　德国低碳发展历史演进

德国作为世界主要制造业大国和欧盟经济实力最强成员国，在应对气候变化的长期实践中，不断探索并形成了一套有效促进经济绿色低碳转型的战略和以行动计划、具体措施、法律体系为战略的核心内容，并成立了气候内阁以加强统一领导。欧盟气候变化行动计划、德国国家能源效率行动计划、德国能源与气候一揽子计划三大成套政策框架，共同提供强有力的政策支持。

（一）三大政府中长期计划起主导作用

1. 欧盟气候变化行动计划（ECCP）

欧盟委员会于 2000 年开始实施欧盟气候变化行动计划，其中 2000～2004 年为第 1 期。该计划致力于形成系列政策措施以减少二氧化碳排放，并保证欧盟按《京都议定书》要求实现减排目标：至 2012 年（原）欧盟 15 成员国相比 1990 年温室气体排放减少 8%。ECCP 和欧盟第 6 期环境行动计划（2002～2012 年），在目标和内容方面有重合之处。第 1 期 ECCP 实施后，到 2003 年，当时欧盟 25 国温室气体排放比基准年（大部分为 1990 年）减少 8%或更多。2005 年 10 月，欧盟委员会发起第 2 期 ECCP，目前第 2 期计划仍处于实施阶段。连同第 1 期在内，欧盟委员会将 ECCP 已经和正在实施的措施分归到交叉减排、能源供应、能源需求、运输，包括废弃物管理在内的工业、农业林业、研究和开发（R&D）、结构和团结基金 8 个类别之中。

2. 德国国家能源效率行动计划（EEAP）

为贯彻欧盟“能源最终使用效率和能源服务”指令（2006/32/EC），2007年9月27日，德国联邦经济和技术部（以下简称“经济部”）提出了国家能源效率行动计划（EEAP）。该计划提出其基本目标：2008～2016年，德国在欧盟碳排放交易体系之外的最终能源消耗部门5年期能耗总量下降9%。计划被分归到私人房屋、商业、（部分）工业和（包括公共部门在内的）服务业、工业、交通运输业、交叉领域6类不同能源消耗部门。

3. 德国能源与气候一揽子计划（IECP）

2007年8月，德国内阁提出能源与气候一揽子计划。计划认为，此前德国已实现温室气体年排放相比1990年减少18%，而通过测算发现，实施该计划能促使2020年相比1990年温室气体排放总量降幅超36%，从而，该计划启动实施能为实现2020年减排40%的目标做出重要贡献。该计划包括29项关键事项；另为配合计划推进，2007年12月，德内阁提出14项法规修订建议。

（二）绿色低碳转型行动框架

1. 行动计划

2010年德国政府决定：在2050年前将温室气体排放量降低80%～95%（与1990年相比）。基于这一长期目标，德国以《巴黎协定》为背景、以在21世纪中期基本实现气候中和为指导原则，于2016年11月通过了“实现国民经济现代化的战略”——《气候行动计划2050》，从三个方面构建了德国绿色低碳转型的战略框架。

2. 气候内阁

德国政府鉴于在2009年哥本哈根气候大会上承诺的2020年减排40%的目标较难实现，于2019年3月成立气候保护内阁委员会，通过建立起政府与各应对气候变化关键部门的对话机制，为确保德国实现应对气候变化战略目标提供了坚实的制度保障。

3. 具体措施

《气候保护方案2030》为德国实现2030年温室气体减排目标给出了具体计划方案。该方案旨在通过各种措施（包括碳定价、低碳投资、支持减排行为、具有法律约束力的标准和要求）实现具体的气候目标，涵盖能源、建筑、交通运输、工业、农业等多个领域。

4. 法律体系

2019年11月，德国联邦议院通过《联邦气候变化法》，首次以法律形式确定中长期温室气体减排目标。另外，通过出台或修订具体行动领域内的相关法律法规，进一步确保气候保护战略及措施在行业内顺利推进，如修订《增值税税法》，规定2020年起降低远程交通火车票增值税税率；修订《机动车税法》，规定2021年起实施新的车船税评估基准；出台《煤炭退出法》，逐步减少煤炭发电。

二　德国低碳发展主要目标

德国是世界上积极实施能源转型的国家，早在1990年便实现了碳达峰。根据德国联邦环境署的数据，从1990年至2020年，德国温室气体的排放量不断下降，排放总量从12.49亿吨控制到7.39亿吨，降幅达40.83%。德国用了30年的时间将温室气体排放量减少了5.1亿吨，并为实现到2030年再减排3.01亿吨的目标留下了10年的时间。

2021年5月12日，修订后的《德国联邦气候保护法》提出了在2045年实现碳中和的“两步走”路线图。一是到2030年，德国实现温室气体排放总量比1990年的水平减少65%。二是德国在2045年实现碳中和，即温室气体净零排放，比2019年的计划提前5年。这部法律为保障德国实现碳减排目标提供了严格的法律框架，明确了各个产业部门在2020~2030年的刚性年度减排目标。2020年9月，作为落实《德国联邦气候保护法》的重要行动措施和实施路径，《气候行动计划2030》（见表1）出台，将减排目标在建筑行业、能源、工业、交通运输、农业5大部门进行了目标分解，规定了部门减排措施、减排目标调整、减排效果定期评估的法律机制。

德国的气候政策（见表2）以应对气候变化和促进能源转型为核心，基于减少温室气体排放、推动可再生能源发展、提高能源效率以及实现可持续发展的多重目标，以《气候行动计划》《气候变化法案》《气候行动方案》为基础，其中《气候行动计划》描述政府气候政策目标和原则，《气候变化法案》为气候行动政策提供法律依据，《气候行动方案》为各个部门设定年度减排目标，并明确相关的政策、激励机制和法规。

表1　德国《气候行动计划2030》目标

总体目标	到2030年温室气体排放量比1990年至少减少65%(不包括土地利用)
	到2040年温室气体排放量比1990年至少减少88%(不包括土地利用)
	到2045年实现温室气体中和
交通运输	到2030年在德国注册700万~1000万辆电动汽车
	到2030年与运输有关的排放量比1990年减少至40%
	到2030年,总共将有100万个充电站可用
	到2030年,德国政府和德国铁路公司将在轨道基础设施上投资860亿欧元(自2019年9月起)
农业	到2030年,农业部门每年产生的二氧化碳排放量不得超过6100万吨
能源	到2030年,二氧化碳排放量不得超过1.83亿吨
	到2030年,燃煤发电厂的发电量将仅为17GW,可再生能源占德国电力消耗的65%
	到2030年,海上风电场的发电量达20GW
	最迟到2038年,煤炭将不再发电
工业	到2030年,工业必须将其排放量减少约一半(与1990年的水平相比)
	到2030年逐步淘汰煤炭,可再生能源发电量占电力消耗的65%
	到2030年最终能源消耗比2008年减少26.5%
建筑行业	从2026年起,将不再允许在可以安装更气候友好型供暖系统的建筑物中安装燃油中央供暖系统
	到2030年建筑物中50%的热量以气候中和方式产生
	到2030年建筑行业年二氧化碳排放量降为7200万吨

资料来源：德国联邦政府，https：//www.bundesregierung.de/。

表 2　德国气候政策

政策(计划)	类型	时间
《2022 年即时气候行动计划》	总体	2021
《联邦气候保护法》	总体	2019
《气候行动计划 2050》	总体	2016
《2020 年气候保护行动纲领》	总体	2014
《国家自行车计划 3.0》	交通运输	2021
《农业和园艺部门能源效率和二氧化碳减排联邦方案》	农林业	2021
《国家氢能战略》	能源	2020
《煤炭退出法》	能源	2020
《国家能源气候综合计划》	能源	2019
《可再生能源法》	能源	2000

资料来源：气候政策数据库。

三　德国低碳发展现状

2023 年，德国温室气体排放量降至 6.73 亿吨二氧化碳。这意味着与 1990 年基准年相比，排放量下降了 46%，降至 20 世纪 50 年代以来的最低水平。与此同时，二氧化碳排放量比《德国联邦气候保护法》规定的年度 7.22 亿吨目标低了约 4900 万吨。与 2022 年相比，二氧化碳排放量减少了 7300 万吨，主要原因有两个。一是燃煤发电降至 20 世纪 60 年代以来的最低水平，仅燃煤发电就减少了 4400 万吨二氧化碳排放。其原因是电力需求大幅下降、从邻国进口电力增加（其中约一半来自可再生能源）以及电力出口相应减少和绿色发电略有增加。二是工业排放大幅下降。其主要原因是能源密集型企业的生产危机和经济衰退。初步数据[①]显示，虽然总体经济产出下降了 0.3%，但 2023 年能源密集型生产下降了 11%。

根据 Agora 的计算，只有约 15%的二氧化碳减排量代表了长期节约，这主要来自可再生能源的扩张、效率的提高以及改用二氧化碳含量较低或气候

① 数据来源：Agora Energiewende，https：//www. Agora-energiewende. org。

友好的燃料或替代品。根据分析，大约一半的减排量受短期因素影响，例如与危机相关的产量下降和电力消耗减少。因此，该智库指出，2023 年的大部分减排量无论是从工业角度还是气候政策角度来看都不可持续，部分工业生产从长远来看可能会转移到国外，排放量可能会再次上升。

2023 年，建筑和交通运输领域的二氧化碳排放量几乎保持不变，这意味着这些行业分别连续第 4 次和第 3 次超出了气候目标。由于这两个领域减排不足，德国到 2024 年将无法实现所谓的《努力共享条例》中欧洲商定的气候目标。联邦政府必须通过从其他欧盟成员国购买排放权来补救未能实现目标的情况，否则将面临罚款的风险。

“2023 年是德国气候保护双倍提速的一年：能源行业在气候政策方面取得了成功，可再生能源产量创历史新高，这使德国距离 2030 年目标更近了一步。然而，我们并没有看到工业减排的可持续发展。与危机相关的生产下滑正在削弱德国作为工业基地的地位。如果只是将排放转移到国外，对气候不会有任何好处。建筑和交通领域在结构性气候保护方面也落后。”① 为了永久取代电力结构中的二氧化碳密集型发电，2024 年必须进一步提高可再生能源扩张的积极动力。在建筑领域，2024 年的目标是持续推进已决定措施的实施。在交通运输领域，政治决策对于气候友好型交通的突破至关重要。

（一）煤炭价格下降，消费价格回升

2023 年，德国总体发电排放量减少了 4600 万吨二氧化碳，降至 1.77 亿吨二氧化碳，与 1990 年相比减少了一半以上。与 2022 年相比，排放量下降了 21%，这主要是由于燃煤发电量急剧下降：褐煤发电量可减少 2900 万吨二氧化碳，而硬煤发电量可减少 1500 万吨二氧化碳。Agora 报告列举了这一发展的三个原因。首先，由于化石燃料危机，与 2022 年相比，电力消耗大幅下降了 3.9%。其次，整个欧洲强大的可再生能源发电意味着德国进口

① Agora Energiewende，“Germany's CO_2 emissions drop to record low but reveal gapsin country's climate palicies”，https：//www. agora-energiewende. org，2024-01-04.

更多的电力，而不是在国内燃煤电厂生产更多的电力。在这一年中，德国向国外出售了约 58 太瓦时的国内发电，并进口了 69 太瓦时。49%的电力进口来自可再生能源，尤其是水电和风能，24%来自核电。最后，可再生能源的发电量增长了 5%。能源行业（包括炼油厂和区域供热以及电力部门）的总排放量为 2.1 亿吨二氧化碳，比 2022 年减少 4600 万吨二氧化碳。

2023 年德国能源市场宽松，电力和天然气价格均较 2022 年下降。由于电力供应商通常会延迟将下降的电价转嫁给交易所，现有客户的价格仍然很高，新客户尤其能够从降价中受益。2023 年天然气价格也有所下降，但仍高于危机前的水平。“与石油和天然气等化石燃料的价格相比，电价受到的税收和征税负担更大。这减缓了家庭转向电动汽车或热泵等气候友好型技术的速度。”① “为了消除这种不平衡，有必要对税收和征税制度进行改革。这些变化将使低电价在风能和太阳能发电高峰期惠及消费者成为可能。”②

（二）可再生能源份额首次超过50%

创纪录的太阳能扩张水平也导致了电价下降——2023 年新增光伏发电 14.4 吉瓦，比 2012 年峰值增加了 6.2 吉瓦。尽管 2023 年日照时数较少，但太阳能系统发电量为 61 太瓦时，比 2022 年多发电 1 太瓦时。因此，光伏发电的扩张远远高于 2030 年的目标。有利的天气条件和数量略有增加的风力涡轮机，促使风能发电也创下纪录。风能仍是最大的电力来源，发电量为 138 太瓦时，发电量超过德国燃煤发电厂的总发电量（132 太瓦时）。然而，陆上风电的扩张明显过小，仅为 2.9 吉瓦。为了实现 2030 年的法定扩张目标，从 2024 年起每年扩张必须增加到平均 7.7 吉瓦。另外，批准数量有所增加：批准的风电项目发电量比 2022 年增加了 74%，达到 7.7 吉瓦。总体而言，可再生能源在 2023 年总电力消耗中的份额首次超过 50%。

---

① Agora Energiewende，“Germany's CO_2 emissions drop to record low but reveal gapsin country's climate palicies”，https：//www.agora-energiewende.org，2024-01-04.

② Agora Energiewende，“Germany's CO_2 emissions drop to record low but reveal gapsin country's climate palicies”，https：//www.agora-energiewende.org，2024-01-04.

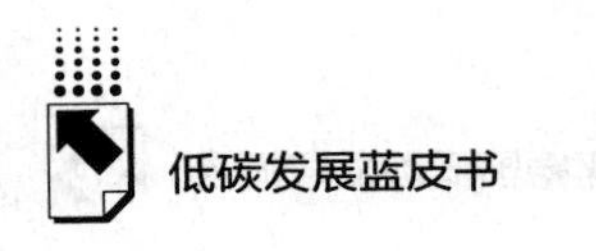

（三）交通运输和建筑越来越落后于其气候目标

在交通运输和建筑行业，二氧化碳排放量到2023年下降幅度不大。因此，这些行业仍然远远未达到其气候目标。建筑物产生了1.09亿吨二氧化碳，而不是法律规定的1.01亿吨二氧化碳最大排放量。这意味着建筑行业连续第4次未能实现年度目标。与2022年相比，二氧化碳排放量减少了300万吨。这主要是由于使用燃气供暖的家庭持续节省能源，特别是在第一季度，第一季度气温温和，供暖需求较低。总体而言，与能源危机年份2022年相比，2023年家庭天然气使用量减少4%。不过，第四季度家庭取暖消费略有增长。

Simon Müller认为"在新的供热法和城市供热规划法确定了政治路线之后，一致的实施很重要。这是建筑行业最终有效减少排放的唯一途径"。[①]与此同时，化石燃料供暖未来将变得越来越昂贵，"联邦政府还必须通过新预算全面支持其供暖政策以便所有收入群体都能负担得起气候友好型供暖"。

交通运输行业连续第3次未能达到《德国联邦气候保护法》规定的行业目标。与2022年相比，排放量仅下降了2%。根据Agora计算，德国的交通运输行业排放了1.45亿吨二氧化碳，与1990年相比仅减少了11%。这意味着交通运输行业排放量比法定最高排放量1.33亿吨二氧化碳多出1200万吨二氧化碳。到2030年拥有1500万辆电动汽车的目标仍然遥不可及：电动汽车在新注册汽车中的份额与2022年一样保持在略低于20%的水平。根据Agora的研究，需要连贯的总体概念来使德国的交通走上气候保护的轨道，这包括调整与汽车相关的税收、关税和补贴，确保当地公共交通的扩张。

2023年农业排放量约为6100万吨二氧化碳，超过了6700万吨二氧化碳的气候目标。远超既定目标的一个关键原因是一氧化二氮排放量计算方法

① Agora Energiewende，"Germany's CO_2 emissions drop to record low but reveal gapsin country's climate palicies"，https：//www.agora-energiewende.org，2024-01-04.

的改变，这导致统计数据中温室气体排放量下降，但这尚未反映在行业目标的调整中。与 2022 年相比，温室气体排放量减少了约 100 万吨二氧化碳，这主要是由于猪和牛数量的减少以及氮肥的减少。

（四）低碳目标的实现需要坚实的资金基础

尽管碳排放与 2022 年相比有所减少，但距离实现 2030 年气候目标仍有很大差距。为了缩小这些差距，在 2024 年引入额外的气候保护措施至关重要。此外，在卡尔斯鲁厄预算裁决之后，气候保护相关融资变得更加困难。到 2024 年，德国政府面临的任务是确保气候中和所需的投资。

四 德国能源转型

近年来，德国政府出台多项措施加速推动能源转型，其能源转型目标是到 2030 年实现可再生能源发电量占总发电量的 80%。

如图 1 所示，2023 年，德国电力消耗中的 61%来源于低碳能源，其中包括风能（占 30%）、太阳能（占 12%）、生物能（占 10%）、水能（占 8%）和核能（占 1%）。与此同时，化石燃料仍然占据了 36%的比例，其中包括煤炭（占 25%）和天然气（占 11%）。可再生能源发电总装机容量增加了 17 吉瓦，较 2022 年增长 12%。与此同时，2023 年德国使用煤炭的总发电量较 2022 年减少近 1/3，目前占总发电量的 26%，为多年来最低值。

1. 温室气体排放

到 2023 年，温室气体排放量（GHG 排放量）将下降到 6. 73 亿吨二氧化碳当量为 70 年来最低水平，与 1990 年相比，减少了 46%。这意味着 2023 年的排放量比《德国联邦气候保护法》规定的目标低 4900 万吨二氧化碳当量。能源和工业部门的排放量大幅下降。交通运输和建筑部门的排放量则停滞在较高水平，分别连续第 3 次和第 4 次未能达到部门目标。排放量下降的主要原因是欧洲电力贸易平衡发生了变化，出口减少，进口增加；尤其是能源密集型工业生产下降；电力和天然气消费的节省。

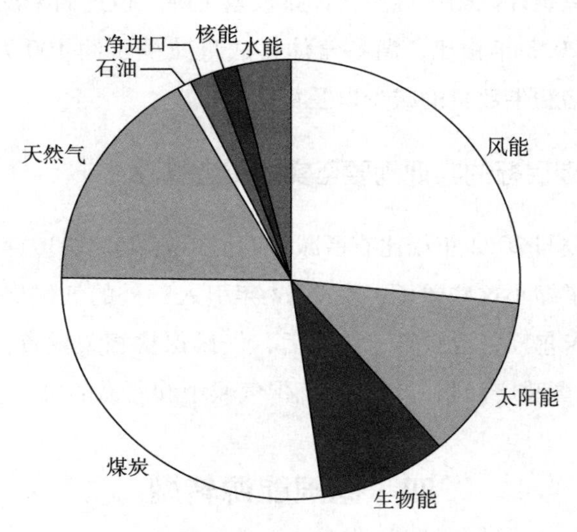

图 1　2023 年德国电力消耗

2. 第二次气候危机

2023 年出现了新的极端气候：全球平均气温比工业化前平均水平高出 1.4℃，仅略低于《巴黎协定》规定的 1.5℃目标；海洋温度也比以往任何时候都高；南极的冰量降到了历史最低点，瑞士阿尔卑斯山的冰川仅在 2021~2022 年就减少了 10%，因此，海平面也达到了新高。鉴于这些事态发展，2023 年 12 月世界气候大会的最后文件首次明确提出了逐步淘汰化石燃料的目标。

3. 能源价格和能源消耗

尽管危机中最大的价格峰值已经过去，但其影响仍在显现：由于转而使用全球交易的液化天然气，天然气价格仍是危机前的 2 倍左右；此外，对全球发展的敏感性和价格波动性也在增加。CO_2 的价格在 2023 年略有下降，但在第四季度仍保持在每吨 80 欧元左右的高水平，并继续使化石燃料的使用变得更加昂贵。高昂的价格导致化石燃料的一次能源消耗量下降了 9%，而可再生能源的一次能源消耗量基本保持不变。2023 年的一次能源消耗总量为 2997 太瓦时。

4. 可再生能源

可再生能源在总用电量中的占比首次超过50%：风能、太阳能、水能和生物能发电268太瓦时（总用电量），比2022年增加13太瓦时（5%）。截至2023年底德国约有370万套光伏系统在2023年发电62太瓦时，约占德国用电量的12%。风力发电新增2.9千兆瓦，继续远远落后于《可再生能源法》的扩张。不过，也出现了趋势逆转的迹象：新的陆上风力涡轮机许可证数量翻了一番。从邻国进口的近50%的电力也自可再生能源。

5. 传统发电

电力需求的下降和来自邻国的廉价电力导致传统发电厂的发电量大幅减少。发电产生的二氧化碳排放量减少了18%，为1.77亿吨二氧化碳当量。常规发电总量为247太瓦时，比2022年减少24%。燃煤发电量在这一降幅中占最大比例，为48太瓦时。这意味着，在最后3座核电站关闭的这一年，燃煤发电量达到了20世纪60年代以来的最低水平。

6. 工业

与2022年相比，工业排放量下降了12%，降至1.44亿吨二氧化碳当量。主要原因是能源密集型行业的生产大幅下降。截至2023年10月底，人们对能源密集型行业产品的需求疲软和能源价格高昂使该领域的生产水平比2022年同期有所下降。

7. 建筑

建筑部门的排放量仅减少了300万吨二氧化碳当量，为1.09亿吨二氧化碳当量，这意味着该部门连续第4次未能达到目标。排放量略有下降的主要原因是气候温和，供暖能源需求进一步减少。在《建筑能源法》修订版存在很大不确定性的背景下，燃气和燃油供暖系统的销售量约为90万套，比2022年增加了约40%。同时，2023年是热泵创纪录的一年：热泵系统的销售量约为35万套，是2021年的2倍多。80%的新建建筑计划采用热泵或区域供热连接。

8. 交通运输

2023年，交通运输部门已连续第3次未能达到《德国联邦气候保护法》

规定的目标。尽管推出了德国车票，但联邦公路和高速公路上汽车交通量的增加抵消了经济形势导致的卡车交通量的小幅下降。电动汽车在新注册汽车中的比例停滞不前，截至 11 月底仅为 18%，远低于到 2030 年实现拥有 1500 万辆电动汽车目标所需的指标。如果没有更多的方法，交通部门几乎不可能实现减排目标。

9. 能源转型的基础设施

电力网络发展计划和氢核心网络计划是气候中和能源系统基础设施的首个具体计划。到 2045 年，需要投资约 3100 亿欧元来使陆地和海上输电网的线路从 37000 公里扩展到 71000 公里。德国政府和 FNB 天然气公司为氢核心网络确定了 9700 公里的氢管道，投资额将近 200 亿欧元，这些管道将在 2032 年之前建成，为发电厂和工业供应氢气。2023 年，愿望与现实仍相距甚远：上半年仅有 127 公里的输电线投入使用。在同一时期，总长度达 1950 公里的氢网络项目的审批程序已经启动，而前 6 个月只有 114 公里氢管道建成。

10. 能源政策的发展与展望

2023 年，气候政策取得了一些重要进展但同时面临更多挑战。围绕《建筑能源法》的争论影响了公众对气候政策措施实际执行和社会平衡的信心。随着联邦宪法法院最迟做出预算判决，气候保护投资的融资问题成为 2024 年的一个关键问题，尤其是在现行措施与 2030 年气候目标之间存在相当大差距的情况下。

五　德国低碳产业发展状况——以新能源汽车行业为例

电动汽车是全球气候友好型交通的关键与可再生能源产生的电力相结合，使电动汽车的运行产生的二氧化碳排放量显著减少。此外，未来电动汽车将能够作为移动储能系统来补偿风能和太阳能的波动，从而支持间歇性可再生能源的扩展和市场整合。德国政府正在通过一系列全面的措施促进电动汽车的发展，包括支持研发、提高电动汽车的购买溢价、扩大充电基础设施

过60000欧元的新电动汽车补贴4000欧元，插电式混合动力汽车补贴3000欧元，补助总额不超过12亿欧元。

然而，从2023年开始，有关电动汽车的补贴逐渐缩减。标价40000欧元以下的新电动汽车环保奖金最高补贴3000欧元，超过65000欧元的车辆无法享受补贴。此外，德国经济部在2023年决定完全取消对插电式混合动力车的补贴，认为这类车辆已经与传统内燃机汽车一样具备市场竞争力，且其环保效益有限。

（三）来自德国和欧洲的可持续电池

德国在电动汽车的可持续电池发展方面取得了显著进展，尤其是通过推动绿色能源生产和先进的电池技术创新来支持可持续发展。

德国的电池制造企业Northvolt积极致力于降低电池生产的碳足迹。Northvolt在德国北部的海德建立了第三座超级电池工厂，利用当地丰富的清洁能源（如风能）进行生产，目标是提供低环境影响的高性能锂离子电池，并通过大规模生产降低成本。此外，德国的BASF公司在推动电池材料可持续发展方面处于领先地位。BASF利用其在先进电池材料和回收技术方面的专长，建立电池材料生产和回收的闭环系统，确保锂离子电池中的关键材料（如钴、镍、锂）能够被有效回收并再利用。这不仅减少了对新原材料的依赖，还大幅降低了电池生产过程中的碳排放。

在欧盟层面，电池新法规进一步推动了电池行业的可持续发展。《欧盟电池管理条例》要求从2027年起，所有电池必须通过电池护照系统进行注册，确保其碳足迹、回收含量等信息透明化。

六　德国低碳技术发展

德国公司在电动汽车以及其他道路车辆、电池、建筑和太阳能光伏领域的低碳能源技术发明申请专利最多，同时，在铁路运输、公路车辆（电动汽车除外)、风力发电和电动汽车领域拥有最高的专业化程度。在2000~2019年德国清洁能源技术排名中，罗伯特·博世排名第1，其次是西门子、大众、戴姆勒和巴斯夫。斯图加特地区由于在电池领域的创新，是世界上18个领先的创新集群之一。

（一）欧盟创新基金

欧盟创新基金是欧盟为支持低碳技术和创新而设立的重要资金支持，旨在帮助欧洲实现《巴黎协定》气候目标。该基金主要资助与减少温室气体排放相关的项目，包括可再生能源、碳捕获和封存（CCS）、能源储存以及低碳产业。基金规模预计到2030年达到约100亿欧元。

（二）气候与转型基金（KTF）

德国政府希望通过气候与转型基金为能源转型和气候保护提供资金，并减轻公民的负担。计划从2024年到2027年提供约2118亿欧元用于促进环境友好、可靠和负担得起的能源供应和气候保护。其中，约635亿欧元用于减轻公民和企业的负担，约607亿欧元用于建筑补贴，约186亿欧元用于发展氢能产业，约138亿欧元用于促进电动汽车发展，约125亿欧元用于铁路基础设施建设。

（三）项目资金投入

与德国低碳技术相关的正在进行项目截至2022年投入资金情况见表3。

表3　与德国低碳技术相关的正在进行项目截至2022年投入资金

研究方向	截至2022年投入资金
能源转型现实实验室	4050万欧元
氢能旗舰项目	1.7014亿欧元
建筑和社区能源	1.0016亿欧元
工业、商业、贸易、服务业能源效率	6930万欧元

续表

研究方向	截至 2022 年投入资金
流动性和交通能源研究	2816 万欧元
光伏发电	7014 万欧元
风能	8919 万欧元
生物能源	4800 万欧元
地热能	1864 万欧元
水电和海洋能源	31 万欧元
火电厂	3072 万欧元
电力网络	6128 万欧元
电力存储	1923 万欧元
能源系统分析	1909 万欧元
能源数字化转型	563 万欧元
二氧化碳技术	4509 万欧元
能源转型与社会	1595 万欧元
能源转型材料研究	205 万欧元
核反应研究	2077 万欧元

资料来源：《2023 年联邦能源研究报告》。

七　中德低碳合作

快速推进的城市化进程对城市规划和能源供应提出了挑战，甚至对环境造成严重后果。在“中国生态城市”项目中，中德两国正在共同寻找具体的解决方案，以实现“城市能源系统”中的这些气候保护目标。该项目由中国城市研究学会（CSUS）和德国能源署（DENA）监督。目前，中国的25 个试点城市正在测试来自德国的解决方案，将经验和最佳实践方法传授给中国其他城市。

建筑、交通、能源、水、废物以及信息技术构成了项目实施的核心领域。建筑领域包括高效的新建筑和旧建筑改造、楼宇自控系统、可再生能源与多功能构建集成、装配式建筑和能源住宅。交通领域包括道路管理系统、电动汽车和感应充电基础设施、有轨电车系统、智能路灯等。能源领域包括高温超导、社区热电联产系统、双向冷热联供管网、生物能、地热能等。水领域包括水厂节能改造、废水余热回收、沼气发电等。废物领域包括废物分类回收系统、食物垃圾燃料生产等。信息技术领域包括建筑管理技术、能源系统、智能生活、智能计量等。

B.8

2023~2024年法国低碳发展报告*

郇彩霞　杨　萌　郭峻辰**

摘　要：　近年来，法国在低碳发展领域采取了多项举措以应对气候变化、实现碳中和目标。通过制定《国家气候变化适应战略》《能源转型促进绿色增长法》《国家低碳战略》等政策，法国确立了在2050年前实现碳中和的宏伟目标，并推动能源结构向低碳化转型。2023年，法国温室气体排放量显著下降，这得益于其能源转型政策的落实。该国电力系统的去碳化进展尤其突出，电力生产中约92%的能源来自低碳能源。可再生能源发电量的持续增长不仅促进了法国的低碳发展，还为欧洲其他国家的减排贡献了力量。尽管如此，法国在减少对化石燃料的依赖、加速可再生能源发展方面仍面临挑战。为此，法国政府将继续加强政策落实，推动工业、交通、建筑等领域的脱碳进程，并通过中法低碳合作等方式，进一步提升技术创新与国际合作的水平，确保碳中和目标如期实现。

关键词：　碳中和　能源转型　低碳产业　低碳合作

一　法国低碳发展进程

法国作为全球最早宣布碳中和目标的国家之一，其低碳发展已经有了非

* 本报告为山东省社科规划研究重大招标项目“山东深化绿色低碳高质量发展先行区建设研究”（项目编号：24AZBJ03）、山东省社会科学规划一般项目“数字经济背景下山东建设绿色低碳高质量发展先行区的协同路径研究”（项目编号：23CJJJ17）的阶段性成果。

** 郇彩霞，经济学博士，山东财经大学国际经贸学院教授，硕士生导师，区域与国别研究院区域可持续发展研究中心主任，研究方向为区域与国别可持续发展；杨萌，山东财经大学国际商务专业硕士研究生，研究方向为低碳经济；郭峻辰，山东大学经济学院经济学专业本科生，研究方向为绿色金融。

常悠久的历史。在应对气候变化的长期实践中，法国已经逐渐探索并形成了一套极具法国特色的能源和气候战略，以此保障法国低碳经济的发展和碳中和目标的实现。具体来看，法国通过设定战略计划以及完善相关法律体系，为其低碳经济发展提供强有力的政策保障。

（一）战略计划

1. 国家气候变化适应计划

作为适应气候变化的先驱，法国于2006年通过了国家气候变化适应战略。为了提出具体和可操作的措施，为面对和利用新的气候条件做好准备，在国家全球变暖影响观察站（ONERC）的领导下，法国根据2006年制定的战略和2009年、2010年国家磋商工作组的建议，于2011年制定了2011~2015年有效的国家气候变化计划PNACC-1。PNACC-1是围绕20个主题制定的，共分为84项行动242项措施。作为第1个计划，80%的行动和约75%的措施已经启动，并取得了一些显著成果。法国作为气候变化适应规划最先进的国家之一，在第21届联合国气候变化大会取得成功后，启动了根据《巴黎协定》更新其适应政策的工作，通过其第2个国家气候变化计划（PNACC-2）。该计划是在全国范围内广泛征求意见的结果，来自各行各业和民间社会的近300名参与者参与其中，涵盖6个行动领域："治理"、"预防与恢复力"、"自然与环境"、"经济部门"、"知识与信息"和"国际"。该计划分为29个主题、58项行动和457个业务子行动，约有100个监测指标。它加强了地方和地区之间的联系，并涉及各经济部门，尤其关注受气候变化影响尤为严重的海外领土。另外，要推广以自然为基础的解决方案。其旗舰行动之一是建立一个资源中心来为所有相关人员提供了解和采取行动的手段。

2. 国家可持续发展战略

可持续发展的概念基于三大支柱：经济、社会和环境。法国为实现可持续发展制定了各种战略：《2003-2008年国家可持续发展战略》、《2010-2013年国家可持续发展战略》以及《2015-2020年国家生态转型可持续发展战略》。《能源转型促进绿色增长法》正在创造一种积极的生态动力，它正在消除障碍、释放主动性并赋予每个人行动的力量。《2015-2020 年国家生态转型可持续发展战略》将进一步增强这一动力。该战略是《2010-2013 年国家可持续发展战略》的延续，为可持续发展确定了新的方向。其战略内容主要包括确定 2020 年愿景、转变绿色增长的经济和社会模式以及促进所有人对生态转型的占有。

3. 国家能源和气候战略

为落实《巴黎协定》中到 2050 年实现碳中和的目标要求，法国政府于 2017 年 6 月正式提出气候计划，启动了对国家低碳战略和能源计划的修订工作，并制定了法国政府未来 15 年内实现能源结构多样化和温室气体减排目标的行动蓝图。2021 年 10 月，启动法国能源和气候战略的制定工作；2021 年 11 月 2 日至 2022 年 2 月 15 日，就气候政策大纲进行自愿公众咨询；2022 年 10 月 20 日至 2023 年 1 月 22 日，就能源组合进行全国性咨询，2023 年在议会辩论后通过第 1 部《能源和气候规划法》（LPEC）；2023 ~ 2024 年，在 LPEC 通过后，对多年能源计划（PPE）和国家低碳战略（SNBC）进行事先“监管”咨询，关于 PPE 和 SNBC 草案进行强制性咨询（高级能源委员会、国家能源转型委员会、公众咨询等）；2024 年通过第 3 版《国家低碳战略规划》、《第三版能源规划》和《第三版国家应对气候变化规划》。然后，编程法必须每 5 年审查 1 次，并在次年审查 SNBC 和 PPE 的第 4 版。

（1）国家低碳战略

国家低碳战略由《能源转型促进绿色增长法》（LTECV）提出，是法国应对气候变化的路线图。它为在所有活动部门实施向低碳、循环和可持续经济转型提供了指导。SNBC 于 2015 年首次通过，于 2018 年进行第 1 次修订。修订后的 SNBC 草案（SNBC 2）最终于 2020 年 1 月 20 日至 2 月 19 日开放公众咨询，新战略于 2020 年 4 月 21 日通过法令，包括 2019 ~ 2023 年、2024 ~ 2028 年和 2029 ~ 2033 年的碳预算。第 2 次修订后的 SNBC 草案（SNBC 3）于 2023 年发布。它旨在向“脱碳”经济和社会过渡（能源转型），即不再使用化石燃料，以减少或消除法国对气候变化的贡献。它为在所有活动部门实施向低碳、循环和可持续经济转型提供了指导。它确定了到 2050 年减少温室气体排放的轨迹，并设定了短期和中期目标。它有两个目标：到2050年实现碳中和，并减少法国消费的碳足迹。

（2）多年能源计划

多年能源计划是指导能源政策的工具，是由关于绿色增长的《能源转型法》创建的。多年能源计划是指导法国能源转型的战略文件。根据《能源转型法》（TECV）第176条的规定，该计划按行业设定了能源结构的轨迹，以及法国本土各种形式能源管理的行动重点，以实现该法规定的国家目标。第1个能源计划于2016年获得枢密院令批准。2018年和此后每5年审查1次。然而，从广义上讲，多年期能源规划过程涵盖了连续两个5年期。作为例外，第1个计划分别涵盖两个连续的3年和5年时期，即2016~2018年和2019~2023年。它支持或补充其他计划、方案或战略，包括国家低碳战略、气候计划、国家气候变化适应计划、国家生物质动员战略和空气污染物减排计划。

4. 国家能源研究战略

该战略由能源与气候总局和研究与创新总局于2016年联合制定，其基础是一个汇集了能源研究领域所有利益相关者的监督委员会。该战略明确规定了国家研究战略（SNR）中的能源部分，旨在确定在不同时间段和整个能源创新链中需要克服的研发挑战和科学障碍，以确保实现法律目标，同时还具有更广阔的国际视野。国家能源研究战略列出了大量研究途径，包括有待开发的技术、所需的基础科学以及支持未来创新的人文和社会科学。国家能源研究战略围绕4个战略方向构建针对能源转型的关键主题和变革动力，发展与工业结构相关的研发和创新。

（二）法律体系

1.《能源与气候法》

2019年11月8日通过的《能源与气候法》为法国气候和能源政策设定了雄心勃勃的目标。该法律阐述了法国能源和气候政策的框架、雄心和目标。它侧重于4个主要领域：逐步淘汰化石燃料，发展可再生能源；与热过滤器的斗争；引入新的工具来指导、治理和评估气候政策；电力和天然气部门的监管。该法律的目标和措施还包括：到2030年，化石燃料消耗量减少40%；在10年内对热过滤器进行翻新；为加强气候政策的治理，成立气候高级委员会，由该委员会负责独立评估法国的气候战略以及法国为实现其雄心壮志而实施的政策的有效性。该法律规定了受管制销售价格（TRV）的变化以及欧洲立法的转换。

2.《能源转型促进绿色增长法》

2015年8月17日的《能源转型促进绿色增长法》旨在使法国能够更有效地为应对气候变化做出贡献并加强其能源独立性，同时保证以具有竞争力的成本获得能源。《能源转型促进绿色增长法》为法国实施2015年12月12日通过的《巴黎协定》设定量化目标和行动手段。更具体地说，在住房、建筑和领土领域，它旨在减少建筑物的温室气体排放和能源消耗；加快住房能源改造；与家庭能源贫困做斗争；促进可再生能源和可持续建筑材料的使用；加强地方当局在动员其领土方面的作用，并重申该地区在能源效率领域的领导作用。

二　法国低碳发展主要目标

国家低碳战略提出了法国低碳发展的主要目标，即2050年实现碳中和，并减少法国人的碳足迹。该战略是使法国能够实现其环境承诺的路线图，也是能源转型的一部分，其最终目标是建立一个不再依赖化石燃料的低碳社会。

法国实现碳中和是一个雄心勃勃的目标。具体而言，这意味着法国将不得不大幅减少其温室气体排放量，使其小于或等于国家领土上吸收的温室气体量。吸收温室气体有两种途径：一是通过人类管理的生态系统（森林、草地、农田等）；二是通过某些工业过程（碳捕获、封存和利用）。这一主要目标只有温室气体排放最严重的部门首先完成固有目标才能实现。法国的碳中和意味着到2050年，我们的温室气体排放量与1990年的水平相比至少减少5/6，即从1990年的546 $MtCO_{2eq}$下降到2050年的80 $MtCO_{2eq}$。为了充分实现这一目标，SNBC旨在通过提高设备的能源效率，使我们的生活方式更加节俭，从而将能源消耗减半。此外，它致力于将农业部门的非能源排放减少 38%，将工业流程中的非能源排放减少 60%。由于碳中和首先建立在平衡的基础上，SNBC 规定了碳汇（土壤、森林、碳捕获和封存技术等）的增加和保障。

实现碳中和是在全国范围内对污染最严重的部门采取行动。减少碳足迹则是在更个性化的个人范围内进行的。碳足迹相当于与居民消费相关的所有排放量，也包括进口商品和服务的生产和运输涉及的排放量。为了减少碳足迹，SNBC 计划更好地控制进口产品的碳含量。这意味着尽可能在法国生产污染程度低于国外的产品，并通过碳定价等方式巩固国际标准。该战略还呼吁全面计算和显示碳足迹，对产品、服务和组织进行排放评估，同时考虑到间接排放。SNBC 计划在公民消费者和企业中发展低碳文化。法国低碳发展主要目标见表 1。

表 1　法国低碳发展主要目标

国家低碳发展战略		
总目标:2050 年实现碳中和,并减少法国人的碳足迹		
部门	目标(与 2015 年相比)	行动手段
建筑	2030 年:碳排放量减少 49% 2050 年:完全脱碳	使用无碳能源
		提高建筑物的能源效率
		提高人们节约意识
		推广低碳建筑和翻新产品
运输	2030 年:碳排放量减少 28% 2050 年:完全脱碳(国内航空运输除外)	提高轻型和重型车辆的燃油效率,内燃乘用车的目标是到 2030 年达到 4 升/100 公里
		实现汽车能源消耗的去碳化,到 2035 年,新型电动或氢动力乘用车的销量达到 35%,到 2040 年达到 100%
		鼓励远程办公、短路和拼车
		鼓励公共交通和积极的交通方式(自行车、滑板车等)
农业	2030 年:碳排放量减少 19% 2050 年:碳排放量减少 46%	发展农业生态学、农林业和精准农业
		发展生物经济,提供温室气体排放量较少的能源和材料
		改变食物需求(例如增加有机产品的使用)和减少食物浪费

续表

部门	目标(与2015年相比)	行动手段
森林、木材和土壤	2050年:实现碳汇最大化	增加碳储存
		实施积极和可持续的森林管理
		发展植树造林,减少土地开垦
		减少土地人工化程度
发电	2030年:碳排放量减少33% 2050年:完全脱碳	通过提高能效和节能(即更自觉、更合理地使用能源)来控制能源需求
		通过可再生能源实现能源结构的脱碳和多样化,以及2022年逐步淘汰燃煤电厂
工业	2030年:碳排放量减少35% 2050年:碳排放量减少81%	支持企业向低碳生产体系转型
		提高能源效率,增加无碳能源的使用
		通过循环经济控制材料需求
废物处理	2030年:碳排放量减少35% 2050年:碳排放量减少66%	从产品设计阶段就防止废物产生
		通过在消费者层面对产品进行再利用和维修来促进循环经济的发展
		提高废水和无害有机废物处理系统的效率
		在日常生活中加强回收利用

资料来源：维基百科。

三　法国低碳发展现状

2023年，法国温室气体排放量降至414.3公吨二氧化碳。与2022年相比，二氧化碳排放量减少了7.4公吨。法国温室气体排放量的下降与其说与减排努力有关，不如说与经济环境有关。与2022年相比，2023年前三季度的排放量有所下降，这主要是受能源危机的影响。在法国，一半的排放与交通和农业有关，交通是法国温室气体的主要来源，占全国总排放量的1/3，其中一半的排放与私家车有关。农业位居第二，排在工业和建筑业、住宅和第三产业建筑的使用以及能源生产之前。

在经历了1年的能源危机和节能计划之后，法国或多或少地坚持了其降低能源消耗的计划，但化石燃料，尤其是化石天然气和煤炭的消耗超出了预期，摆脱化石燃料和可再生能源的转型明显滞后，可再生能源在最终能源消费总量中所占的比例为 20.7%，而不是多年期能源计划预测的 24.3%。法国的能源系统依然脆弱，仍然严重依赖化石燃料。生态规划必须提供实现雄心勃勃能源转型目标的手段。

2023 年法国电力来源结构脱碳率创下了新纪录，达到了 92.2%。这主要归功于法国核电机组的效率、水力发电的功率快速提升以及可再生能源飞速发展。法国电力网络运营商 RTE 公布的 2022 年电力平衡表表明，可再生能源的蓬勃发展为我们能源结构的去碳化做出了重大贡献。2023 年，法国 91.6% 的电力生产来自低碳能源，这是一个前所未有的比例，法国成为在低碳电力方面最先进的国家之一。虽然法国仍然依赖其核电和历史悠久的水力发电，这两者在 2023 年法国电力来源结构中约占 76%，但可再生能源在这一能源转型中也发挥了至关重要的作用，并取得了一些令人瞩目的成就（见图 1）。

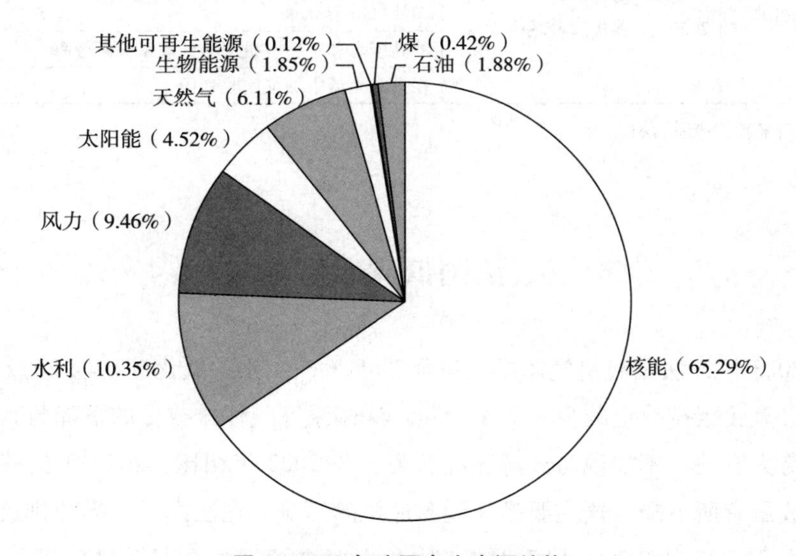

图 1　2023 年法国电力来源结构

资料来源：Ember，世界能源统计回顾（2024 年）。

2023 年，可再生能源和电力回收的总产量将达到前所未有的 135.2TWh。具体而言，水力发电量增长了 17%，达到 53.2TWh。其次是风力发电量48.6TWh，增长了26%。太阳能发电也做出了重大贡献，达到23.3TWh，增长了18.4%。可再生能源，主要基于生物质和沼气，以及废物回收，发电量为10.1TWh。总体而言，可再生能源占法国本土用电量的31.6%。能源转型带来的一个最积极的影响就是化石燃料的使用量大幅减少。得益于可再生能源，法国与电力消耗相关的二氧化碳排放量下降了2%，从而避免了46公吨二氧化碳的排放。这些好处延伸到法国境外，无碳出口为德国和意大利的减排做出了重大贡献。这些结果再次证实了法国可再生能源的发展对减少法国乃至欧洲温室气体排放的重大影响。

四 法国能源转型

作为《巴黎协定》的一部分，法国承诺减少其温室气体排放，特别是在能源部门。为了实现这一目标，同时使能源结构多样化，确保供应安全和维持竞争力，多年期能源计划确定了未来10年能源政策的路径，确定了使法国能够在2050年之前实现碳中和的行动的优先事项。无论是在运输部门、工业部门还是电力生产方面，法国都使用多种能源，例如核能、石油、可再生能源，能源比例每年都在变化，这被称为能量组合。如今，法国超过60%的能源结构仍然依赖化石燃料。为了实现其气候目标，法国必须使其组合脱碳，并用电力取代化石能源。

（一）法国2050年的能源转型目标

到2030年，逐步减少化石燃料的初级消耗，与2012年相比减少30%；到2050年，与2012年相比减少50%。到2020年，将可再生能源（RE）占最终能源消耗的比例提高到23%，到2030年提高到32%。到2050年，将温室气体排放量减少5/6（与1990年的数据相比），实现碳中和。到2025年，将核电在电力生产中的比例降至50%。到2050年，确保所有住房符合BBC（低消耗建筑）标准。

（二）法国各行业能源转型

1. 工业部门脱碳

20%的温室气体排放是由工业部门创造的，因此，工业部门脱碳对法国的能源转型有着十分重要的意义。对于工业部门来说，碳中和的目标是一个重大挑战，因为自第一次工业革命以来，化石技术和能源已经构建了发展历史，为了实现这一目标，必须在几十年的时间里对已有生产方法和工艺进行修改。工业脱碳对法国来说是一个战略机遇，因此应采取措施为其提供支持。为工业脱碳项目融资提供公共支持是法国“2030 计划”的重要组成部分。通过“2030 计划”，法国政府将筹集 540 亿欧元，通过技术创新和工业化，长期改造法国经济的关键领域（能源、汽车、航空航天），使法国不仅成为未来世界的参与者，而且成为领导者。

2. 交通的数字化和去碳化

“2030 计划”确定了加速交通脱碳和数字化创新的优先事项，涵盖所有交通方式，重点关注 3 个领域：设计未来的铁路并优化其运营；优化、保障大众运输及其多式联运接口，并使其低碳化；通过自动化和低碳化开发新的运输服务。

3. 发展低碳氢能

长期以来，氢气一直用于石油和化工行业，法国每年的氢气消耗量约为 90 万吨，这些氢气绝大部分是通过使用化石燃料的工艺获得的，每年排放数百万吨二氧化碳。因此法国政府于 2020 年宣布了发展低碳氢能的国家战略，并制定了法国“2030 计划”，这为法国提供了高达 90 亿欧元的资金，依靠其研究实验室和处于创新前沿的科学家，法国将有能力创建一个具有竞争力的可再生低碳氢能产业，并成为电解低碳氢能领域的世界领导者之一。该战略设定了 3 个目标：通过发展法国电解工业实现工业脱碳；利用低碳氢发展重型交通工具；支持研究、创新和技能发展。

4. 生物基产品和可持续燃料

生物基产品和可持续燃料加速战略旨在鼓励开发工业生物技术和生产可

替代石油基产品的生物基产品。这包括从可持续资源中提取的燃料。国家支持范围包括研发、创新、工业应用和培训。

5. 能源系统先进技术

能源系统先进技术战略旨在发展法国的新能源技术产业。该战略确定了3个优先领域——光伏发电、浮动风力发电和能源网络，这些领域都具有改变我们经济的强大潜力。

五 法国低碳产业发展状况——以木材行业为例

为尽快实现2050年碳中和目标和加速法国低碳转型，法国政府将木材行业置于其战略的核心。政府已宣布采取措施，加快木材行业对低碳转型的贡献。农业与食品部、住房部和工业部与林业部共同签署了2018年行业战略合同修正案。该修正案重新确立了木材行业在低碳转型中的3个主要目标：优化林业和木材行业的碳汇，支持生态和低碳转型；进一步调动林业部门和法国政府的积极性，根据法国的林业潜力，通过支持建立工业设施和迁移木材加工单位，促进法国工业的低碳发展开展行业内和行业间合作，提高技能，发掘林业和木材行业尤其是在农村地区的高就业潜力。

（一）鼓励混合材料的新建筑环境法规

新建筑环境法规（RE 2020）将为实现建筑行业去碳化的目标提供一个框架，特别是通过促进碳储存，促进木材和生物资源建筑的发展。林业和木材业表示已准备好迎接这一挑战，提出基于10项承诺的“2030年木材建筑雄心”计划：培训、开发产品、种植和补种、推广混合结构、降低成本、报废回收等。

（二）“2030年木材建筑雄心”计划

在实施RE 2020的同时，木材行业推出了“2030年木材建筑雄心”计划，帮助建筑行业企业实现碳中和。该计划包括保护环境、创造就业、培训、研发和投资等方面的 10 项承诺。为了在 2030 年实现 49%的碳减排目标，并在 2050 年实现完全脱碳，木材行业建议，使用木材或生物材料建造的房屋比例应从 2018 年的 6%提高到 2030 年的相当大比例。因此，木结构建筑行业建议，到 2030 年，独户住宅、小型多户建筑和小型商业建筑应采用木结构作为基准建筑体系。与此同时，对混合材料的需求应促使木材和生物源产品在其他类型建筑的建造中得到越来越多的使用。对于中高层建筑，木材行业认为混合不仅有必要，而且应该继续。到 2030 年，木材的使用量可达到 30%。

1. 培训

节能培训计划旨在支持建筑行业专业人员的技能发展，木材行业以该计划为榜样，2021 年推出一项“混合和低碳建筑培训”的重大国家倡议，以此作为 RE 2020 技能发展计划的支持工具。特别是，它建议提供木材和建筑行业专家的知识及其工具，以设计适合每一个公众需求的培训计划。它还致力于试验并推广所有木结构建筑部门的专业化管理方式和工具。

2. 发展就业

通过提高生产能力，法国致力于发展就业和创造附加值。2016 ~ 2018 年，木材行业的企业获得了超过 20220 个直接就业机会。在新冠疫情之前，在 2018 年和 2019 年财政年度创造了近 15 亿欧元的额外附加值。在 2021 年后的五年内，这将意味着约有 75000 个工作岗位，因为根据 RE 2020 规划的轨迹，将有 45000 个退休岗位和 30000 个新岗位需要弥补。

3. 提高产量

法国通过鼓励投资开发混合产品的初级和二级加工厂，将木材与其他材料结合起来，以满足市场对产量的要求。法国虽然已经开发出了创新的木材产品（层压材、胶合层压材等），但仍然落后于其他欧洲国家，如德国、奥地利、瑞典、丹麦和挪威。

4. 投资研发

从工程设计到创新产品和建筑系统设计的持续研发，可以促进木材和生物源建筑市场的发展。木材和生物源建筑不仅是建筑行业脱碳的领先市场，也是未来的市场。木材和生物源建筑的发展规模到2035年将达到166亿欧元，到2050年将达到171亿欧元，预计到2035年还将减少4000万吨建筑碳排放。

5. 扩大木材供应

在建设低碳住房时，优先考虑使用法国木材。法国所需的木材有63%是在法国森林中种植和采伐的，而法国森林只有60%被开发利用。为了提高法国木材资源的使用率，木材行业致力于从原产地管理和可持续森林管理两方面制定其产品的可追溯性保障措施。

6. 鼓励使用混合材料

通过在过去几年开展的示范计划的所有成就的基础上，迎接增加建筑公司之间材料多样性的挑战。在RE 2020的背景下，建筑行业已经确定了一系列可利用的行动杠杆，包括在新建筑中广泛使用节能翻新和混合材料、采用建筑生态设计、去碳化和工业化以及开发新技能。

7. 种植和补种

通过不断努力来确保法国森林的更新。木材行业对于在2021年和2022年种植5000万棵树苗的目标持肯定态度，并建议此后每个法国人每年种植1棵树，即在2035年之前每年种植约7000万棵树。

8. 降低成本

法国通过不断努力增加木材的使用量，并投资生产工具以降低成本。木结构建筑行业的生产力落后，有4.3万个工作岗位空缺，1/3的建筑工地没有达到最初的预算要求，建筑行业的创新水平较低。为了改善这种经济状况，建筑业希望支持数字化流程和协作工具的开发。为此，在创新方面，该行业致力于开发绿色产品，更新建筑业的产品种类（木结构产品、实心结构板、预制地板、新型生物绝缘材料等）；在数字化流程方面，设计快速、完美的实施方案，通过在现场组装先进的预制组件来降低建筑成本；扩大协作工具的使用范围，以大幅提高生产率。

9. 支持地方经济

法国致力于在法国各地区的中心地带发展标杆企业。木材业公司雇用的劳动力占法国工业部门劳动力的12.5%，这些劳动力一般都在农村工作，分布在全国各地，不容易搬迁。法国应邀请所有利益相关者（地方政府、房地产公司等）共同努力为现有建筑的建设和改造设定具有可持续竞争力的新标准。

10. 回收利用报废木材

法国致力于投资生物质发电厂，优化利用报废木材产品。在回收利用木材方面，木材能源占可再生能源的23%，使用木材能源是替代化石燃料的重要途径。事实上，使用木材能源时释放的碳是生物碳，因为它已被森林的可持续管理所抵消。

六　法国低碳技术发展

（一）低碳氢气

氢是一种强大的能源载体，可以为能源转型做出贡献，但前提是氢的生产必须是无碳的。目前，氢气主要用于工业生产氨、化肥、化学品和精炼，也被用作太空和移动领域的能源载体。法国每年生产近100万吨氢气，氢气使用的去碳化已成为能源转型的优先事项。当氢气的生产和使用都不排放二氧化碳时，氢气就被称为脱碳氢气或绿色氢气。使用脱碳氢气是高排放行业大规模脱碳的解决方案之一。脱碳氢气是一种主要由水和电产生的气体，可在化工和炼钢过程中替代化石燃料。

（二）生物质

生物质指所有可成为能源的有机物质。这些生物质来自森林、农业（专用作物、作物秸秆、中间作物和牲畜排泄物）和废弃物（绿色废弃物、家庭生物废弃物、餐饮、配送、农业食品和渔业废弃物、木材工业废弃物、污水处理厂污泥等）。生物质可用于生产高温热能，主要用于化工、食品和建筑材料行业，或用生物源化学物质替代石化基化合物。生物质能是太阳通过光合作用产生的大量能量储备，它以有机碳的形式存在，根据成分的类型，通过特定过程进行回收。生物质能回收可以产生 3 种形式的有用能量（热、电力、动力），具体取决于生物质的类型和所使用的技术。生物质的使用有 3 个过程：干法、湿法和生物燃料生产。

使用生物质能作为能源可以提高可再生能源在能源组合中的比例，减少对石油和天然气的依赖。构成生物质的有机材料种类繁多，这意味着许多国家都可以获得这种资源。因此，生物质能可使这些国家更加能源独立。使用生物质能还有助于减少温室气体排放，因为生物能源燃烧释放的二氧化碳会被植物生长过程中吸收的二氧化碳抵消。从垃圾填埋场回收沼气也有助于收集生物质产生的甲烷，这种气体具有很强的温室效应。

（三）工艺电气化

工艺电气化涉及所有工业部门，目的是用电气元件取代化石燃料电机和锅炉。电气化项目范围广泛，通过安装电炉实现热能电气化、涡轮机和蒸汽裂解装置锅炉电气化，这些都消耗大量电力。它使用的是脱碳电力，即由可再生能源产生的电力。

由于法国的电力组合是欧洲最无碳的电力组合之一，热能工艺尤其是低温热能使用或存在高效技术的某些特定工艺的电气化似乎是工业企业去碳化的主要杠杆。在 258 太瓦时的热能消耗中，有 240 太瓦时目前尚未实现电气化。到 2035 年，29%的热能消耗将实现电气化。到 2035 年，电气化将使法国直接工业二氧化碳排放量减少 21%。

（四）碳捕获、封存和利用

碳捕获与封存可以捕集工业生产过程中排放的二氧化碳，并将其封存在深层地质构造中。这一过程可防止碳排放到大气中。碳捕获与封存适用于目前尚无技术可替代的二氧化碳排放。它是一种过渡杠杆，可在所有部门特别是在石化和水泥行业使用。

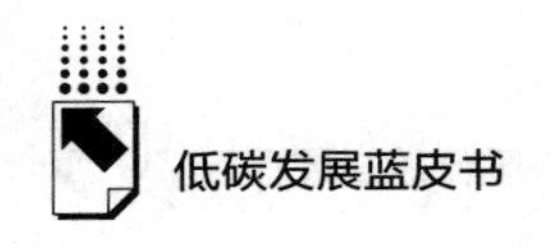

七　中法低碳合作发展现状及趋势

（一）中法低碳合作现状

中国位于东亚，是世界上人口最多的国家。中国幅员辽阔，自然和文化遗产丰富多彩。在过去的几十年里，中国经历了前所未有的经济和社会发展，成为世界第二大经济体。但是，中国也是世界上最大的温室气体排放国。空气、水和土壤污染严重，生态系统和生物多样性迅速恶化。面对这种情况，中国政府逐步调整了五年计划的方向，以促进保护环境和限制温室气体排放。

环境问题是中法两国战略对话的核心。近年来，法国开发署（AFD）在与中国财政部和国家发展和改革委员会的合作框架内，一直为中国提供支持。这一合作的目的是调动法国最具创新性的技术来支持中国向环境友好型经济转型。法国开发署向国家、地方政府、企业和公共银行提供贷款。自2004年以来，法国已资助了44个项目，总金额达18亿欧元。

（二）中法低碳合作趋势

应对气候变化、降低碳排放，是全球可持续发展的重中之重，也是联合国可持续发展目标之一。与此同时，气候变化和生物多样性保护已成为中法高级别战略对话中不可或缺的重点议题。在中法全面战略伙伴关系框架下，两国建立了应对气候变化伙伴关系，已经取得了重要合作成果。中法两国未来在低碳领域的合作将会坚持以下三点。一是抓住两国绿色转型契机，秉持公平、公正、非歧视原则，为电动汽车、绿色金融等绿色科研和产业合作营造更好环境。二是对接两国绿色倡议和规划，发挥互补优势，探讨开展更多第三方市场绿色合作。三是主持公道正义，为全球绿色转型和应对气候变化注入正能量、提供新方案，推动弥合分歧矛盾，共同构建公平合理的全球气候治理体系。中法两国在绿色低碳领域将会持续加强合作、分享经验、应对全球共同挑战，协力为保护地球、造福后代作出贡献。

1. 中法碳中和中心

为推动碳中和领域科技交流合作，中法两国建立了碳中和中心。中法两国于 1978 年签署政府间科技合作协定。多年来，中法科技创新合作持续深化，合作成果为推动两国经济社会发展和增进人民福祉提供了重要支撑。中法碳中和中心的建立是落实两国元首会晤共识、促进中法在碳中和领域开展科技创新合作的重要举措。

中法碳中和中心是中国与外国共同建立的首个碳中和中心。现阶段，双方以虚拟形式建设中法碳中和中心。中心聚焦农业、生物多样性和环境等方向，推动中法科研机构在碳中和领域开展长效科技交流与合作，举办中法碳中和中心年会、联合研讨会、学术会议和资助联合研究工作等，汇集众智、增进共识，让两国科技创新成果形成合力，为实现碳中和目标注入新动力。

2. 碳中和与农业

作为温室气体排放源之一，农业领域减排对实现碳中和目标具有重要意义。减少化肥、农药等农业投入品使用，加强农业废弃物管理，以及增强土壤的固碳能力是实现农业碳中和的重要途径。推动智慧农业发展，借助现代信息技术手段实现农业生产的智能化，可以提高农业投入要素的利用效率。开发环境友好型燃料与原料替代品、积极推动农业废弃物资源化利用，可以有效减少农业温室气体排放并提高土壤固碳能力。

3. 碳中和和生物多样性

生物多样性的维护有利于保护森林、草原和海洋等生态系统的完整性，也具有调节气候、增强土壤肥力、净化空气和水等生态功能。这些生态功能为人类社会经济活动提供了重要的支持。此外，生物多样性与生态系统碳储量正相关，生物多样性的维护有助于增强海洋和陆地生态系统对大气中碳的吸收和存储能力。保护和恢复生物多样性对减缓和适应气候变化、实现全球碳中和目标提供了基础支持。

4. 碳中和与环境

碳中和目标实现措施包括能源转型，森林保育，碳捕获、封存和利用等，通过降低大气中温室气体的总量来对抗气候变化并减缓全球变暖的趋势。环境领域的研究深入探讨气候变化原理，专注于解析排放源与自然调节系统之间错综复杂的相互作用机制，为制定更为精确和有效的减排策略提供坚实的理论基础。环境领域的研究推动新技术的研发和实践的创新，包括可再生能源的开发以及碳捕获、封存和利用技术的探索，旨在规模化降低全球人类碳足迹。

B.9
2023~2024年瑞典低碳发展报告

谢申祥　张儒皓*

摘　要： 瑞典自20世纪60年代起在低碳发展中积极推动环保立法，并引领国际气候行动，成为全球绿色转型的先行者。瑞典的低碳发展战略以《气候变化法》、气候目标及气候政策委员会为核心，确保政府行动与长期气候目标保持一致，目标是在2045年实现气候中和，其中包含至2030年交通实现无化石燃料和温室气体排放量比1990年减少63%的里程碑计划。自1990年以来，瑞典的温室气体排放已减少37%，2022年排放量降至4522万吨，主要归因于交通领域的排放降低、交通电气化、生物燃料使用增加等。瑞典在能源转型方面具有显著优势，目前拥有欧盟最高的可再生能源占比，电力系统几近脱碳。到2022年，超60%的电力来自水电、风能和生物质能。瑞典在碳捕获与封存（CCS）领域同样有前瞻性布局，并通过欧盟创新基金支持多项低碳技术项目，以推动绿色科技创新。此外，瑞典与中国的低碳合作成效显著，如烟台的中瑞哈马碧生态城项目展现了环保技术与城市可持续发展的深度结合，体现出瑞典在低碳技术应用中具有领先地位。

关键词： 气候中和　可再生能源　低碳发展　温室气体排放

* 谢申祥，山东财经大学党委副书记，兼任经济学院院长，经济学博士，二级教授，博士生导师，博士后合作导师，研究方向为宏观经济；张儒皓，山东财经大学国际商务专业硕士研究生，研究方向为低碳经济。

一 瑞典低碳发展进程

瑞典是世界上第1个于1967年通过环境保护法案的国家，并于1972年主办了首届联合国全球环境会议。从那时起，瑞典就在减少碳排放和限制污染的同时，设法大幅发展经济。目前，瑞典约60%的国家能源供应来自可再生能源，有旨在进一步减少温室气体排放的全面立法。瑞典低碳发展中的重要事件见表1。

表1 瑞典低碳发展中的重要事件

时间	事件
1967年	瑞典是第一个建立环境保护机构 Naturvårdsverket 的国家
1972年	瑞典主办了首届联合国全球环境会议,促成了联合国环境规划署的成立
1995年	瑞典是最早引入碳税的国家之一
1998和2002年	瑞典是最早签署和批准国际气候变化条约《京都议定书》的国家之一
2001年	《斯德哥尔摩公约》主要是瑞典的一项倡议,是一项旨在逐步淘汰持久性有机污染物生产和使用的全球条约
2017年	瑞典在全球低碳技术创新指数中排名第三
2020年	瑞典在全球创新指数中排名第二,在全球可持续竞争力指数中名列前茅
2021年	瑞典在联合国可持续发展报告和全球创新指数中排名第二,在全球可持续竞争力指数中名列前茅
2022年	瑞典超过60%的电力来自可再生能源
2023年	瑞典在全球创新指数中排名第二
2030年	目标:瑞典的交通部门没有化石燃料
2045年	目标:瑞典没有化石燃料,实现气候中和

资料来源：瑞典政府官网。

二 瑞典低碳发展主要政策目标

2017年，瑞典通过了气候政策框架。该框架由气候法案、气候目标和气候政策委员会组成。长期目标意味着瑞典最迟到2045年将不再向大气中排放温室气体，此后将实现负排放。该框架的目的是制定一个明确和连贯的气候政策，以确保企业和社会能够顺利实现所需的转型，以完成瑞典实现其气候目标所需的过渡。该框架在议会中得到了绝大多数人的认可，其设计方式可以应对政治变化。气候政策框架是瑞典努力履行《巴黎协定》的关键组成部分。

（一）气候法案

瑞典《气候变化法》于2018年1月1日生效。该法律要求当前和未来的政府有责任坚持基于气候目标的政策，并定期报告进展情况。《气候变化法》的一个核心前提是，气候政策和预算政策目标必须具备相互影响的条件。根据《气候变化法》，政府必须每年在预算法案中提交1份气候报告。该报告有助于对所有政策领域的总体气候影响进行跟踪和评估，并且必须包括对与目标相关的排放发展情况的描述。报告还说明本年度最重要的决定及其对温室气体排放的影响，以及对是否需要采取进一步措施的评估。《气候变化法》还规定，政府必须每4年制定1次气候政策行动计划。该行动计划旨在展示政府在所有相关支出领域的整体政策如何共同促进实现2030年和2040年的中期目标以及2045年的长期排放目标。如果政府认为现行政策工具无法实现所确定的目标，则行动计划必须说明原因以及政府打算采取的进一步措施。该计划还必须包括国家和国际层面的其他决定和措施如何影响气候目标的实现。

（二）气候目标

1. 长期目标

如表2所示，最迟到2045年，瑞典将不再向大气中排放温室气体，此后将实现负排放。该目标意味着到2045年，瑞典境内的温室气体排放量必须比1990年的排放量至少减少85%，这可以通过所谓的补充措施来实现，如可以将化石来源的二氧化碳的捕获和储存算作一项措施。

2. 中期目标

实现长期目标的里程碑包括所谓的非贸易部门（欧盟努力分担所涵盖的温室气体）的温室气体排放。欧盟碳排放交易体系涵盖的温室气体排放不包括在中期目标中。

2020 年的排放量应比 1990 年减少 40%；2030 年的排放量应比 1990 年减少 63%；2040 年的排放量（不包括土地使用部门的排放）应比 1990 年减少 75%。与长期目标一样，也可以通过补充措施在 2030 年和 2040 年之前实现部分目标，这些措施可帮助于 2030 年和 2040 年之前分别最多实现 8 个和 2 个百分点的减排目标。

表 2　瑞典与欧盟内部 2030 年及以后的能源和气候目标

瑞典	欧盟内部
最迟到 2045 年，瑞典将实现净零排放	到 2050 年实现气候中和
与 1990 年相比，2030 年的温室气体排放量应减少 63%（适用于欧盟排放交易体系未涵盖的活动）	与 1990 年相比，2030 年温室气体排放量减少 55%。到 2030 年，欧盟排放交易体系的排放量必须比 2005 年的水平减少 62%
2040 年的排放量应比 1990 年低 75%（适用于欧盟排放交易体系未涵盖的活动）	通过提高能源效率，将能源使用量减少 32.5%
与 2010 年相比，到 2030 年，国内运输（不包括国内航班）的排放量将减少 70%	可再生能源的份额必须至少占能源消耗总量的 42.5%
与 2005 年相比，到 2030 年，能源使用效率（通过降低能源强度）将提高 50%	可再生能源在运输部门的份额应为 29%
到 2040 年，电力生产将 100%无化石燃料	所有成员国的发电装机容量互联互通率至少为 15%

资料来源：根据资料自行整理。

（三）气候政策委员会

气候政策委员会是一个跨学科的专家机构，其任务是协助政府对政府提出的整体政策是否与气候目标相符进行独立评估。理事会将从广泛的社会角度强调已决定和拟议的政策工具的影响，并分析短期目标和长期目标是否能够实现，为成本效益提供良好条件，同时考虑到可持续性概念的 3 个方面

（生态、经济和社会可持续性）。该委员会由在环境、环境政策、经济学、社会科学和行为科学方面具有高度科学能力的成员组成。

在每年3月底之前，气候政策委员会必须向政府提交一份报告，评估气候工作的进展和排放趋势，评估政府的政策是否符合气候目标，以及该机构进行的其他分析和评估。此外，在政府提交气候政策行动计划3个月后，理事会必须向政府提交一份报告，对行动计划进行评估。

三 瑞典低碳发展现状

自1990年以来，瑞典的温室气体排放量减少了约37%。2022年，瑞典的温室气体排放量为4522万吨二氧化碳当量（不包括土地利用的变化和林业），与2021年相比下降了5.3%。与1990年相比，气候排放总量减少了37%。这意味着，最迟到2045年，瑞典要实现长期气候目标，还需要减少近50%的排放量。2022年排放量的减少主要是由于国内运输和机械的排放量减少。这些部门的排放量减少了约180万吨，这是由于向瑞典市场供应的燃料减少、生物燃料的使用增加以及道路运输电气化程度的提高。燃料供应量减少在某种程度上可能是瑞典燃料价格高昂导致邻国加油量增加。2022年，向市场交付的燃料有所减少，而交通里程略有增加。

瑞典的减排与强劲的经济增长同时发生，但2009年的全球经济危机和人口增长除外。这些因素通常与排放量增加有关，因为如果其他因素保持不变，经济活动和人口的增加会推高排放量。

自1990年以来，对减排贡献最大的是住宅和商业供暖部门。对发展贡献最大的措施是扩大区域供热网络以及随后从燃油锅炉到电力和区域供热以及热泵过渡。工业排放受经济影响，但自2010年以来有所下降，尽管2011~2018年的经济趋势强劲。2/3以上的剩余排放是与生产过程相关的排放物。减少此类工艺排放需要技术发展、对新工艺技术的重大投资以及增加电力包括用于生产氢气的电力供应。在电力和区域供热部门以及纸浆和造纸工业中，由于从煤炭和石油的燃烧迅速转向废物和生物燃料，排放量有所减少，后者主要以伐木残留物和林业残留物的形式出现。更高效的车辆等有助于降低道路交通的排放量。自 1990 年以来，废物部门的排放量一直在稳步下降，这主要是由于 21 世纪初引入的垃圾填埋禁令减少了有机废物的填埋量。

1990 年被用作计算瑞典气候排放量的基准年。瑞典在 1990 年之前就采取了一些对排放产生影响的措施。这些措施包括：无二氧化碳发电（水电和核电，以及近年来的生物电和风力发电）的历史性扩张；区域供热网络的扩展以及随后从燃油锅炉到电力和区域供热的过渡；在电力和区域供热生产中大量使用生物燃料和废燃料；工业中的燃料转移，以及减少填埋废物。瑞典 1990~2022 年温室气体排放量见图 1。

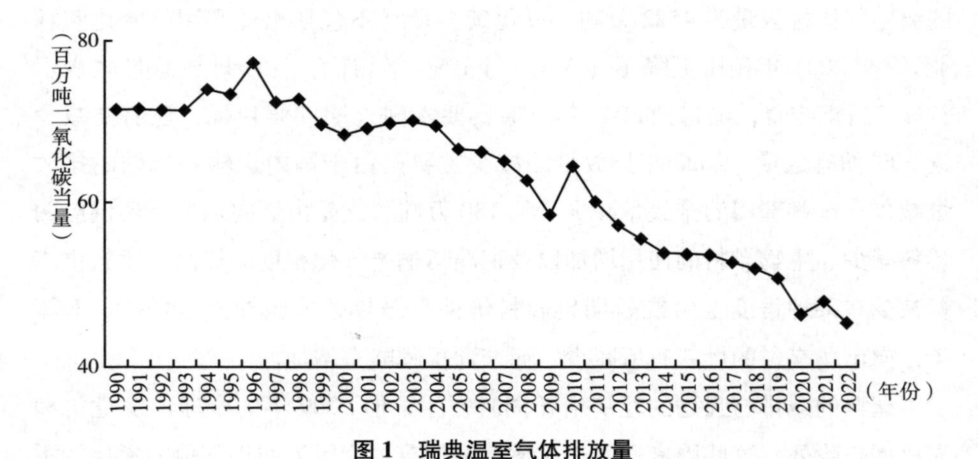

图 1　瑞典温室气体排放量

资料来源：瑞典环境保护署。

（一）工业温室气体排放

工业排放量约占瑞典总排放量的 1/3。与 1990 年相比，2022 年工业排放量减少了 26%。排放量为 1520 万吨二氧化碳当量（见图 2）。

该行业减少排放的主要原因是化工行业的维护停机和矿产行业的排放减少。如今，大部分工业排放由钢铁工业、矿产工业和炼油厂产生。排放主要为制造过程中的排放、燃料燃烧产生的排放和所谓的扩散排放（例如氢气生产和天然气管道泄漏的排放）。

最大的排放来自钢铁工业、矿产工业和炼油厂。主要排放源是焦化厂和钢铁生产过程中的工业废气燃烧；在钢铁工业高炉中作为还原剂的焦炭产生的碳排放；石灰石和白云石在矿产工业水泥生产中的煅烧；炼油厂工业废气的燃烧和炼油厂的逸散性排放（例如制氢和管道泄漏的排放）。

与工艺相关的排放量在较小程度上有所减少，因为传统的温室气体排放措施，如燃料替代措施（煤炭换天然气，化石能源换生物燃料和电力）和能源效率措施不会影响这些排放。

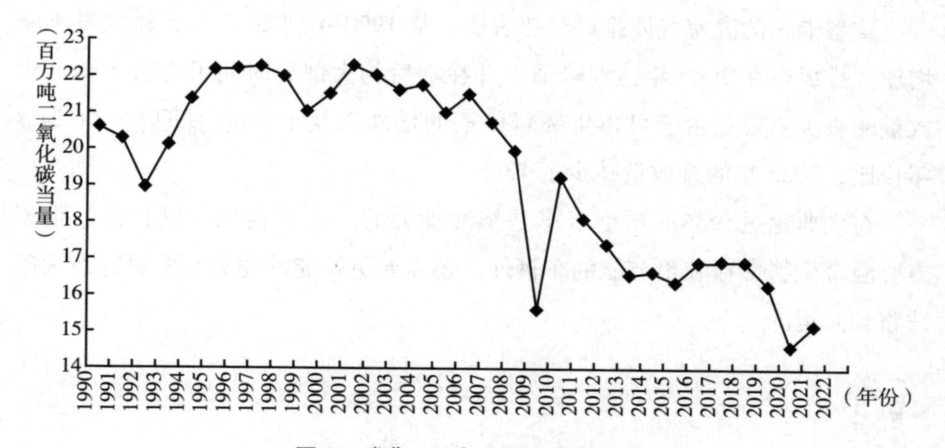

图 2　瑞典工业部门温室气体排放

资料来源：瑞典环境保护署。

（二）交通运输温室气体排放

瑞典国内运输温室气体约占瑞典总排放量的 1/3。2022 年，瑞典国内运输产生的温室气体排放量约为 1360 万吨二氧化碳当量。与 2021 年相比，2022 年的排放量减少了 10%（见图 3），这是由于向瑞典市场交付的燃料减少、生物燃料的使用增加以及道路交通电气化程度提高。

根据瑞典国内运输的中期目标，到 2030 年，排放量必须比 2010 年至少

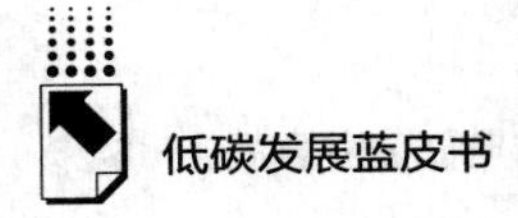

减少 70%，到目前为止，排放量已经减少了 34%。这意味着要实现 2030 年的目标，平均每年需要减少近 100 万吨的排放量。

1. 疫情防控期间乘用车排放量大幅减少

运输部门的大部分温室气体来自公路运输，其中乘用车和重型车辆的排放占主导地位。与 2021 年相比，2022 年乘用车的排放量减少了约 100 万吨二氧化碳当量，为 830 万吨。同期交通量略有增加，但由于生物燃料使用的增加、车辆能源效率的持续提高以及车队电气化程度的提高，排放量并没有显示出同样的发展。

2. 重型车辆的排放量有所减少

重型卡车的温室气体排放趋势表明，从 1990 年到 2007 年，排放量不断增加，排放量在 2007 年达到峰值，并在随后的大部分时间里有所下降。排放量的减少主要是由于可再生燃料份额的增加以及车辆能耗下降。与 2021 年相比，2022 年的排放量减少了 13%。

在瑞典超过 95%的重型卡车是柴油动力的。为了实现气候目标，除了需要混合生物燃料和更节能的车辆外，还需要更智能的物流，要更好地利用铁路和海运。

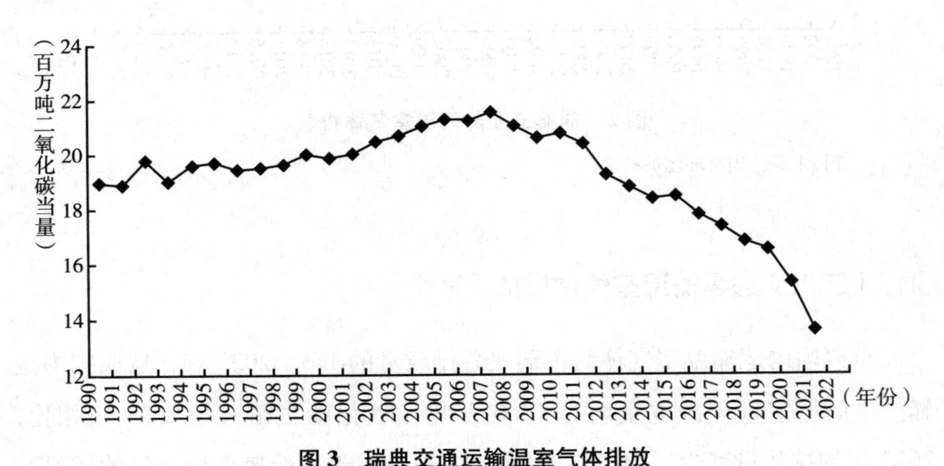

图 3　瑞典交通运输温室气体排放

资料来源：瑞典环境保护署。

四　瑞典能源转型

瑞典是低碳转型的领导者，可再生能源占比在欧盟中最高，拥有几乎完全脱碳的电力和热力系统，低碳技术同样世界领先，瑞典推动了电动汽车电池生产和世界上第1个无碳钢生产。除了地广人稀、地理条件优越之外，可再生能源生产、大规模核电发展、能源税和碳税的早期实施以及政府对可再生能源的支持是瑞典取得成功的关键。长期以来的共识与合作文化、环境政策整合以及能源和气候政策方面广泛的政治协议也发挥了重要作用。

瑞典使用的可再生能源份额不断增长，早在2012年，该国就达到了政府2020年可再生能源份额为50%的目标。电力部门的目标是到2040年实现100%的可再生电力生产。瑞典拥有丰富的流动水和生物质，这有助于提高该国可再生能源的份额。水力发电和生物能源是其最大的可再生能源，水力发电主要用于发电，生物能源用于供暖。

很少有国家的人均能源消耗量可以超过瑞典（2022年瑞典人均能源消耗总量为4.4 toe，比欧盟平均水平高出约50%，人均用电量为12000千瓦时，是欧盟平均水平的2.1倍），但与其他国家相比，瑞典的碳排放量较低。瑞典排放量低的原因是瑞典约70%的电力生产来自水力（41%）和核能（29%），瑞典目前有3座核电站、6座核反应堆在运行。2022年，瑞典超过60%的电力来自可再生能源、19%的电力来自风力发电。主要由生物燃料提供动力的热电联产（CHP）工厂约占电力输出的9%。

1. 风能

近年来，风力发电一直是全球增长最快的可再生能源，瑞典的产能也在不断扩大。2000年，瑞典的风力发电量为0.5TWh，2022年这一数字略高于33TWh（见图4）。瑞典现有4700多台风力涡轮机。

2. 生物能源

瑞典最大的生物质能来源是森林。瑞典的森林面积比大多数其他国家都大，占国土面积的69%。生物能源主要用于供暖（包括私人住宅和区域供

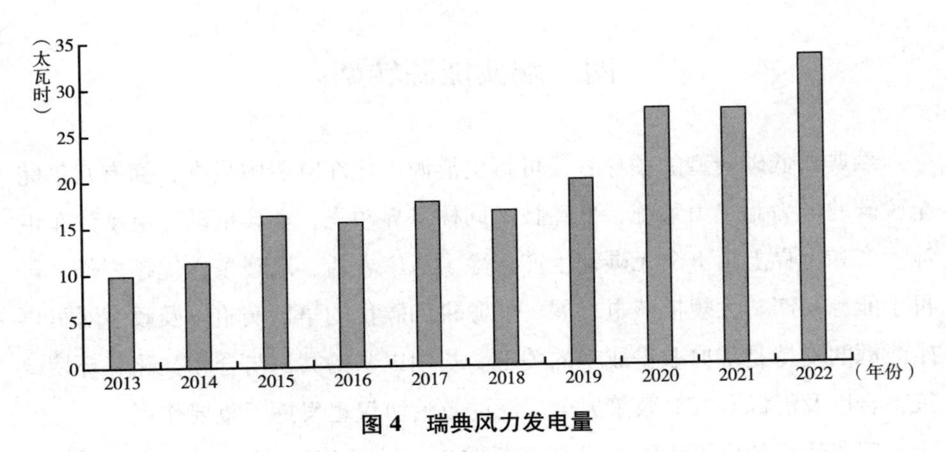

图 4　瑞典风力发电量

资料来源：Statista。

暖)，以及用于发电和工业过程。

3. 太阳能

瑞典太阳能电池市场仍然有限，太阳能发电占总发电量的 1%左右。

4. 波浪能

在向可持续社会过渡的过程中，波浪能可能是未来的一项重要技术，但它仍然相对不发达，无论是在瑞典还是在其他国家，该技术仍是一项挑战。

5. 热泵

热泵是利用地面、湖水或空气中的热量来传递热能。自 1990 年以来，瑞典的热泵数量急剧增加，这导致建筑物中用于供暖和提供热水的能源减少。

6. 乙醇

乙醇研究始于 20 世纪 80 年代，瑞典一直是该领域的世界领导者之一。乙醇是由甘蔗、谷物、甜菜或纤维素制成的。肥沃的土地被用来生产乙醇，所以与汽油相比，其环境效益一直备受争议。

7. 氢

使用氢气是减少二氧化碳排放的另一种潜在手段。与许多其他国家一样，瑞典正在研究使用氢气作为燃料等的可能性。

8. 体温

被动房是在没有传统供暖系统的情况下建造的，通过居住者和电器散发的热量保持温暖。瑞典第一座被动房于 2001 年竣工。从那时起，更多的建筑紧随其后。在斯德哥尔摩，经过斯德哥尔摩中央车站的通勤者的体温被用来为附近的建筑物供暖，南部城镇韦克舍也有被动式高层建筑。

五　瑞典低碳产业发展状况——以垃圾回收利用为例

瑞典是世界上在垃圾处理方面水平最先进的国家之一，瑞典的垃圾回收率达到了 99%。其垃圾循环利用已经发展成为一个产业，瑞典除处理本国垃圾之外，每年进口 80 万吨垃圾，利用垃圾为近 150 万户家庭供暖，为约 78 万户家庭供电。根据瑞典废物管理协会的数据，2020 年，87%的 PET 塑料瓶和 87%的铝罐以及 61%的包装材料被回收利用。此外，近 50%的家庭垃圾通过一种被称为垃圾焚烧发电（WTE）的方法转化为能源。

（一）完备的政策体系

1994 年，瑞典政府出台的《废弃物收集与处置条例》（*Waste Ordinance*），详细规定了瑞典生活垃圾的分类、收运与处理，是瑞典生活垃圾分类的开端；1999 年，瑞典政府出台的《国家环境保护法典》（*Environmental Code*），规定了生活垃圾管理的总原则、生活垃圾的基本概念以及政府在管理生活垃圾方面的职责，成为监管生活垃圾的主要法律。

瑞典的生活垃圾处理原则是以资源化、减量化为终极目标，实现最大限度循环使用，并以能源化为导向，最小限度地进行填埋处理。作为欧盟的成员国，瑞典的垃圾处理遵循《欧盟垃圾框架指令》（*EU's Waste Framework Directive*），并按照优先级分为 5 种层级：（1）减少垃圾的产生；（2）回收再利用；（3）生物技术处理；（4）焚烧处理；（5）填埋处理。在完备的法律基础上，瑞典已形成一系列有效的垃圾管理制度，包括城市垃圾强制规划、“生产者责任制”、生活垃圾征收填埋税、严格的垃圾填埋制度（包括禁止未分类的可燃垃圾和有机垃圾填埋）、食品垃圾生化处理目标。

（二）重视企业环保科技研发

瑞典的相关政府部门、产业委员会和投资机构共同推动了瑞典环保科技的创新和环保企业的蓬勃发展。瑞典经济和区域发展署、瑞典能源署、瑞典贸易委员会、瑞典环境技术委员会、瑞典国际发展合作署、瑞典工业发展基金会、中小企业投资公司等都为企业在融资、技术开发和市场拓展等不同方面提供有力支持。目前，环保技术已经成为瑞典科研机构和企业的优势。瑞典的环保技术与信息通信、工程、能源、电力、冶炼、木材、包装、汽车、石化、建筑、交通等工业与行业相互交织与融合，形成了较为完整且具有瑞典特色的产业集群。瑞典环境技术企业在环境技术创新、新能源利用、生态城市规划、环境工程咨询、垃圾能源化、工业与建筑节能、热泵与热交换、水处理与生物燃气、生物燃料、风力发电以及太阳能和海洋能利用等领域尤为领先。

（三）垃圾焚烧技术成熟

欧盟数据统计委员会的数据显示，瑞典制造的生活垃圾中，被填埋的非可再生垃圾只占1%，36%可得到循环利用，14%被制成化肥，另外49%被焚烧发电。垃圾焚烧作为瑞典目前最主要的垃圾处理方式，垃圾焚烧厂运营商依据法律要求，取得垃圾焚烧许可，设置自我监控系统并定期完成报告声明。目前瑞典通过技术投入使垃圾焚烧厂的有害气体排放量已大幅下降。

在瑞典，利用有机垃圾生产沼气是大型工程。瑞典当前的技术工艺可以将沼气提纯为甲烷含量达到97%以上的生物天然气，并将其注入公交车作为燃料进行使用。在将提纯后的沼气应用在交通领域方面，瑞典较为领先。瑞典目前超过50%的沼气都提纯并用作汽车燃料，首都斯德哥尔摩的公交车有一半以上使用沼气燃料。由此，以“垃圾产沼”为依托，瑞典就形成了生物燃气系统一体化解决方案。瑞典的沼气产业链很值得被推广到更多国家，这不仅是将垃圾进行资源化利用的高效方法，生产可再生能源更是对碳中和、控制气候变化等政策的有效实践。

六　瑞典低碳技术发展

（一）碳捕获与封存（CCS）

碳捕获与封存是瑞典为实现气候目标而采用的众多工具之一。瑞典能源署受政府委托，在瑞典推广和部署 CCS。欧盟（EU）承诺到 2050 年实现碳中和，到 2045 年，瑞典有望实现温室气体净零排放到大气中的目标，此后实现负排放。为了实现这些目标，使用生物质能源并结合碳捕获与封存技术就非常重要。

1. 捕获

例如，在热电联产厂或加工制造行业中，二氧化碳从烟气中分离出来。在被捕获后，二氧化碳在高压下被压缩成超临界状态而变成流体。

目前，瑞典没有商业性的大规模碳捕获。已经建造了较小的试验工厂，并进行了试验。在全球范围内，大约有 20 个主要设施在运营中。该技术仍在开发中，政府已为国家项目预留资金。瑞典的主管机构是瑞典能源署。

2. 运输

二氧化碳可以通过船舶、火车、管道或油轮运输到其永久储存地点或中间储存地点。

3. 储存

二氧化碳通常在到达永久储存地点的途中被中间储存。常见的中间存储站点是捕获站点或端口中的容器。永久封存是通过将海床以下数百至数千米的二氧化碳注入地质构造来完成的。在这里，二氧化碳最终变成石头。

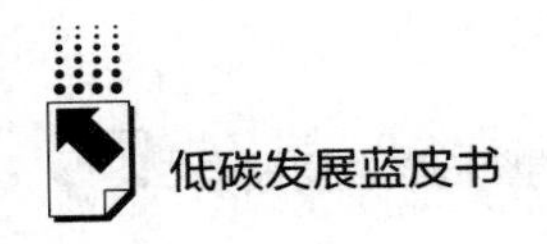

（二）欧盟创新基金

欧盟创新基金是欧盟的气候政策基金，专注于能源和工业。它旨在提高工业竞争力，同时将技术推向市场，使欧洲工业脱碳并支持它向气候中和过渡。它是履行《巴黎协定》规定的欧盟经济义务的重要金融工具。

欧盟创新基金资助的重点是能源密集型行业的创新低碳技术和工艺，包括可以代替碳密集型产品的产品；碳捕获与利用；碳捕获与封存设施的建设与运营；创新的可再生能源发电、储能。瑞典获得欧盟创新基金资助的项目见表3。

表3　瑞典获得欧盟创新基金资助的项目

项目名称	类别	技术路径
BioOstrand	能源密集型行业	生物燃料、可持续航空燃料
H2GS	能源密集型行业	氢基铁矿石直接还原
DAWN	可再生能源	光伏太阳能电池用薄膜
ANRAV-CCUS	能源密集型行业	利用可再生氢气和碳捕获生产甲醇
HySkies	能源密集型行业	来自 RES H2 和 CC 的合成航空燃料
Beccs tockholm	能源密集型行业	生物能源碳捕获与封存(BECCS)
HYBRIT Demonstration	能源密集型行业	氢基炼铁、500MW 电解槽、电弧炉
TFFFTP	能源密集型行业	与造纸机相连的生物合成气生产
Thermoplastic Lignin Production	能源密集型行业	替代聚乙烯的生物材料
Green Foil project	储能	锂离子电池用铝箔的制造
NorthFlex	储能	扩大锂离子电池储能系统(BESS)的规模

资料来源：瑞典政府官网。

七　中国与瑞典的低碳合作

2019年，瑞典商务促进局、Sweco、White Peak 和 Envac 成立了中瑞哈马比生态城联盟，以复制斯托克霍姆哈马比湖城项目，满足高度可持续性的高质量城镇化需求。哈马比地区最初是一个废弃的、被污染的工业区。经过多年的努力，建成了低能耗、高回收、与自然环境共存的新社区。废物被彻底转化为生物燃料，这有助于减少能源和水的消耗。

联盟首先选址烟台，因为山东省的城市与哈马比有共同之处。于是，烟台哈马比市诞生，它在减少环境影响方面具有显著的性能：可再生能源热水占室内用水的100%；暖通空调系统节能14.3%，运行阶段减碳10.3%；盥洗室用水效率达到全国二级；90%的园林绿化使用节水设备，如湿度和雨滴传感器；现场绿化率为46%。

B.10
2023~2024年比利时低碳发展报告

江筱倩　杨　萌　王奕颖*

摘　要：　近年来，比利时通过多项政策和战略的实施，有力推动了能源结构转型和温室气体减排，在低碳发展方面取得了显著进展。比利时的《2021-2030年国家能源与气候计划》和《能源与气候长期战略（LTS 2050）》确立了到2050年实现碳中和的目标，具体措施涵盖了电力、工业、交通、建筑和农业等多个部门。为了达成这些目标，比利时加大了对可再生能源的开发力度。比利时的二氧化碳排放量自2004年以来持续下降，2022年降至89.61亿吨，比1979年高峰期减少了36%。尽管如此，化石燃料在比利时能源结构中仍占主导地位。为实现2050年碳中和的目标，比利时需要进一步减少对化石燃料的依赖，加速推动特别是在工业和建筑部门的电气化和能效提升方面的能源转型。比利时采取的一系列举措为其低碳经济发展奠定了坚实的基础，也为全球实现碳中和提供了重要的经验借鉴。

关键词：　碳中和　国家适应战略　国家能源与气候计划

一　比利时低碳发展进程

比利时是一个联邦制国家，决策权由联邦政府和3个联邦政府地区（瓦隆、佛兰德斯和布鲁塞尔首都地区）以及3个社区（佛兰芒社区、法语

---

* 江筱倩，博士，山东财经大学外国语学院讲师，研究方向为区域国别；杨萌，山东财经大学国际商务专业硕士研究生，研究方向为低碳经济；王奕颖，北京化工大学文法学院英语专业本科生，研究方向为区域国别。

社区和德语社区）共享。因此，比利时设立了若干机构，以促进各级权力机构之间的协商与合作，并确保联邦政府及各区在合理利用资源，推广可再生能源、公共交通、交通基础设施、城乡规划、农业和废物等领域的行动协调一致。

能源、运输、工业、废弃物、住房和农业部门是比利时经济增长的重要来源。各部门在发展过程中都会产生一定的温室气体，而能源、运输、工业部门是比利时温室气体排放的主要来源，因此也成为其低碳发展的较大绊脚石。在过去几十年中，各部门的温室气体排放量都有所下降，主要原因是对燃料转换和能源效率的投资、金属工业的关闭以及从固体化石能源向低碳能源的转变。

比利时能源政策的重点是向低碳经济转型，同时确保安全供应、降低消费者成本、增加市场竞争以及继续推行欧洲能源系统一体化。在推动经济向低碳化转型的过程中，比利时制定了一系列的计划和战略。通过《2021-2030年国家能源和气候计划》寻求一个更可靠的能源系统，从而向低碳社会过渡；比利时支持欧盟到2050年实现碳中和，并根据欧盟的要求，制定了自己的能源和气候长期战略（LTS 2050）。

（一）国家适应战略

国家气候委员会于2010年12月通过了国家适应战略。该战略总结了气候变化对比利时的预期影响，并将制定一项国家适应计划。该战略的目标是确定并纳入所有相关领域，以便与不同的政策领域及其适应措施建立联系，从而产生协同效应。该战略确定了原则、大纲和路线图，为制定全面的国家适应计划奠定了基础。该战略有三个主要目标：一是确保比利时现有适应活动之间的一致性；二是在国家、欧洲和国际层面加强交流；三是制定国家适应计划。

（二）国家适应计划

国家气候委员会于2017年4月19日通过了《国家适应计划（2017-

2020年）》。根据国家气候委员会于2013年6月27日的决定，该计划旨在提供有关比利时适应政策及其实施情况的简明信息；确定国家措施，以加强不同政府（联邦、大区）之间在适应方面的合作并发展协同效应。它明确了国家层面需要采取的具体适应措施，以加强不同实体之间在适应问题上的合作与协同。该计划的第1次中期评估于2019年2月完成，反映出适应方面的初步积极趋势。2020年末所进行的最终评估重点关注最终实施情况，结果表明这一积极趋势得以持续。

（三）比利时《2021-2030年国家能源和气候计划》（NECP）

NECP是比利时的主要能源和气候政策文件，定义了联邦和地区政府为实现比利时2030年目标而采取的措施。NECP的措施重点是减少能源需求和增加可再生能源，特别是在发电和运输方面。通过欧盟碳排放交易体系（ETS）和要求电力供应商获得与可再生能源发电相关的绿色证书的计划来促进发电目标的实现，即减少排放和增加可再生能源份额。

2019年底，比利时向欧盟委员会提交了《2021-2030年国家能源和气候计划》的最终版本。除能源和气候外，联邦和大区层面还涉及交通、科学政策、金融、国防、农业等领域。它们共同关注向低碳社会的过渡，并为实现这一目标提供资金。该计划概述了比利时将如何为实现《巴黎协定》规定的长期温室气体减排目标做出贡献，其目的是使未来的比利时拥有一个更可持续、更可靠的能源系统。

2023年对《2021-2030年国家能源和气候计划》进行了更新，2023年4月21日和10月27日，联邦国家先后批准了联邦能源和气候计划的更新；2023年5月12日，弗拉芒政府批准了更新后的《弗拉芒2021-2030年能源和气候计划》（VEKP）草案；2023年3月21日，瓦隆政府批准了《2030年空气、气候和能源计划》；2023年4月27日，布鲁塞尔政府批准了《地区空气、气候和能源计划》。

（四）能源和气候长期战略（LTS 2050）

为了制定比利时的长期战略，每个地区都制定了自己的战略，这些战略在其政府层面获得批准。联邦一级打算与区域实体合作，支持它们向低碳社会过渡。各区域设想到2050年实现以下减排目标：瓦隆的长期战略旨在到2050年实现碳中和，与1990年相比，温室气体排放量减少95%；法兰德斯的长期战略目标是到2050年将所谓的非碳排放交易体系部门的温室气体排放量比2005年减少85%，并雄心勃勃地朝着碳中和迈进。关于欧盟碳排放交易体系所涵盖的部门，佛兰芒地区赞同欧盟为这些行业所设定的背景，并减少排放配额；布鲁塞尔首都大区的长期战略设定更接近欧洲，目标是到2050年在布鲁塞尔城市化背景下实现碳中和。联邦一级没有自己的减排目标，因为以百分比计算，所有比利时温室气体排放量已由各地区的排放量覆盖。

二　比利时低碳发展主要目标

比利时制定了2030年能源和气候目标，旨在实现能源转型和欧盟目标。比利时的《2021-2030年国家能源和气候计划》设定了2030年的目标：与2005年的水平相比，非ETS温室气体排放量减少35%；一次能源需求低于4270万吨油当量（2019年为4910万吨油当量，2020年为4390万吨油当量）；最终能源需求低于3520万吨当量（2019年为3580万吨当量，2020年为3330万吨当量）；可再生能源占最终能源消费总量的17.5%，占总发电量的比例达到37.4%，占供热和制冷需求的比例达到11.3%，占运输需求的比例达到23.7%；研发支出总额至少占国内生产总值的3%。

欧盟范围内2030年的温室气体减排目标已从40%提高到55%，比利时也承诺到2050年实现温室气体净零排放。因此，比利时必须提高减排、能效和可再生能源的目标，更新其NECP，增加目标和额外措施，以支持欧盟范围内55%的减排目标，以及实现2050年温室气体净零排放的目标。基于净零路径，综合考虑了已知的技术、现有的监管界限以及对行为变化的现实假设，分析了比利时不同经济部门的低碳目标以及这些部门脱碳所需要的条件。

（一）电力部门

电力部门需要逐步淘汰大部分传统化石能源，并使本地生产和进口的绿色电力替代它们。如果比利时愿意并有能力满足当地的所有需求，那么到2050年，当地的太阳能和风能生产能力至少需要提高10倍，前提是目前计划中的逐步淘汰核能计划得以实施。这将使比利时的能源进口比例从2019年的约98%减少到2050年的约55%。

（二）工业部门

工业部门需要逐步淘汰作为热源的化石燃料，转而使用电气化、蓄热和生物燃料。再加上提高能效的相关措施，比利时的一次能源需求量将减少约50%。我们的大型工业中心将需要利用热存储、直接电气化、碳捕获和封存（CCS）等新兴技术，以及地热循环蒸汽或钢铁工业直接还原铁等新技术，从而促进工业部门的脱碳化。

（三）运输部门

在交通方面，到2050年，电动汽车将完全取代内燃机客车，卡车将转向使用电动和燃料电池技术。公共交通需要进一步发展，增加火车的使用和减少客运车辆的行驶公里数等。

（四）建筑部门

对于建筑而言，要实现净零能耗，新建建筑和几乎所有现有建筑单位（570万个建筑单位中的550万个）就需要向A级能效认证发展。深度节能改造可使能耗降低60%以上，或有助于获得A级标签认证。这可以通过改善隔热性能、将化石能源转换为热泵技术和区域供热来实现。到2030年，能源改造市场的总规模要翻一番，则为获得A级标签认证所需的深度能源改造速度必须增加 24 倍，建筑单位从目前每年约 10000 个增加到 250000 个。此外需要进行持续创新，以开发更环保、更高效、更低侵入性、更经济实惠的材料和施工方法。

（五）农业部门

在农业、土地利用和林业方面，低碳方面的变化将包括饲料组合、化肥使用和电气化方面的技术转变，畜群规模的缩小，以及现有土地的优化利用。

三　比利时低碳发展现状

自 2004 年以来，比利时的二氧化碳排放量处于稳步下降的状态。2022 年比利时的二氧化碳排放量下降到 89.61 亿吨，与 2021 年相比，下降了 6 亿吨，与 1979 年的最大排放量 139.79 亿吨相比，二氧化碳排放量已下降近 36%，因此为达到 2050 年实现碳中和的目标，比利时需要采取更积极的政策来减少比利时对化石燃料的依赖并加快减排。从比利时相关的能源报告可以看出，比利时二氧化碳排放量占全球的比例整体处于不断下降的状态，整体在向低碳化的方向发展。

能源消耗是二氧化碳的主要来源，减少能源消耗必然有助于减少排放。然而，有些能源消耗对人类福祉和生活水平的提高至关重要，因此，各国需要尽可能地提高能源利用效率，在保持经济增长的同时，逐步降低单位产出的碳排放量，以实现低碳经济发展。能源强度则是衡量能源利用效率的重要指标，它有效地衡量了一个国家利用能源获取一定量的经济产出的效率。比利时的能源强度整体处于波动下降状态，如图 1 所示，2022 年，比利时的能源强度下降到 1.42 千瓦时/美元，与 2021 年相比下降了 0.13 千瓦时/美元。比利时能源强度的下降有利于其低碳发展目标的实现。

比利时的能源结构虽然在向低碳能源过渡，但仍严重依赖化石燃料，如图 2 所示。2023 年，化石燃料（石油、天然气和固体化石燃料）仍然占其

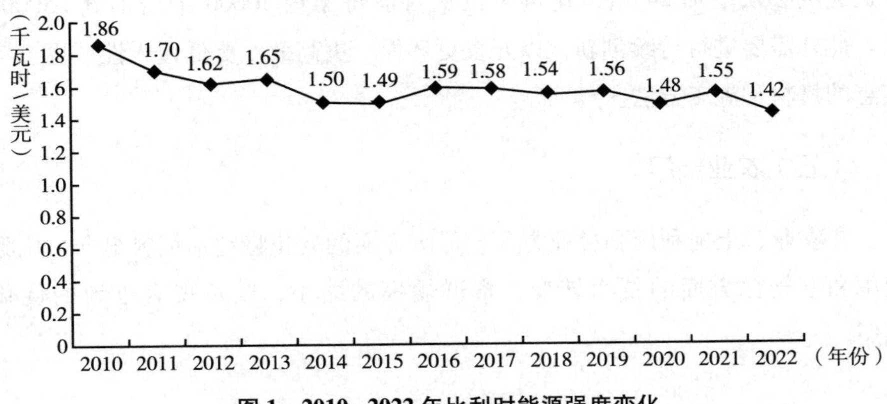

图 1　2010~2022 年比利时能源强度变化

资料来源：美国能源信息署（2023）；世界能源统计回顾（2024 年）；麦迪逊项目数据库。

能源供应的 74%。从 2010 年到 2023 年，可再生能源在比利时最终能源消费总量中的比例从 3%增加到 13%，可再生能源消费份额增加主要因为风能和太阳能光伏（PV），以及生物能源的使用增加。因此，比利时要达到 2050 年碳中和的目标，其能源结构仍然需要向低碳能源进一步调整。

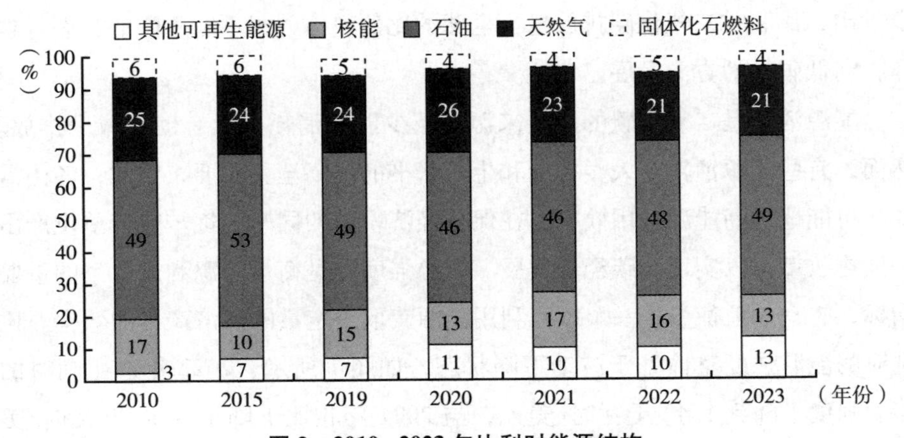

图 2　2010~2023 年比利时能源结构

资料来源：世界能源统计回顾（2024 年）。

比利时大部分温室气体排放来自航空、建筑、运输以及电力和热力等行业，而大部分化石燃料需求来自工业和运输业，但建筑业对天然气的需求量也很大。由于化石燃料在能源供应中所占的比例较高，比利时近年来的温室气体排放量减少有限。比利时2023年的电力消耗显示出令人鼓舞的低碳能源趋势，超过70%的电力来自低碳能源。这主要是由于核能有近40%的巨大贡献。风能和太阳能也分别有约17%和9%的显著贡献，相比之下，化石燃料（主要是天然气）在电力结构中的贡献是1/4左右，这意味着电力结构正在向低碳能源的方向发展。

四　比利时能源转型

比利时的能源行业是19世纪经济发展的推动力之一，煤炭开采的扩张促进了国家的早期工业化。但如今，比利时的石油、天然气和煤炭需求完全依赖国外，到2023年，这些能源消耗量分别占比利时一次能源消耗量的49%、21%和4%。比利时能源结构严重依赖化石燃料，同时，其人口密集、工业化经济发展需求高，面临较大的减排压力。在欧盟成员国中，比利时人均排放量排名第7。为此，比利时政府多次表达了发展可再生能源的决心。但由于内生发展动力不足，比利时仍面临无法实现减排目标的危机。根据麦肯锡测算，要向低碳能源过渡并实现减排目标，2023~2050年，比利时需要累计投资4000亿欧元；从2030年到2050年，比利时在节能降碳方面每年至少需要投资160亿欧元。

（一）电力来源

自2010年以来，比利时的能源结构不断优化。如图3所示，化石燃料在电力结构中的占比不断下降，从39%下降至28%，其中，天然气贡献显著，相较于2010年，其在电力结构中的占比下降了12个百分点。其他可再生能源在电力结构中的占比稳定在10%~32%，2023年首次超过30%。2023年，比利时的电力消耗状况显示出对低碳能源的严重依赖，低碳能源占总发电量的70%以上。核能处于领先地位，贡献了近40%，而风能则占了18%左右，太阳能增加到9%，生物燃料增加到5%。尽管化石燃料对气候和空气质量产生负面影响，但仍占发电量的28%左右，仅天然气就占21%左右。为了促进低碳发电，比利时可以专注于提高现有的核能和风能发电能力。

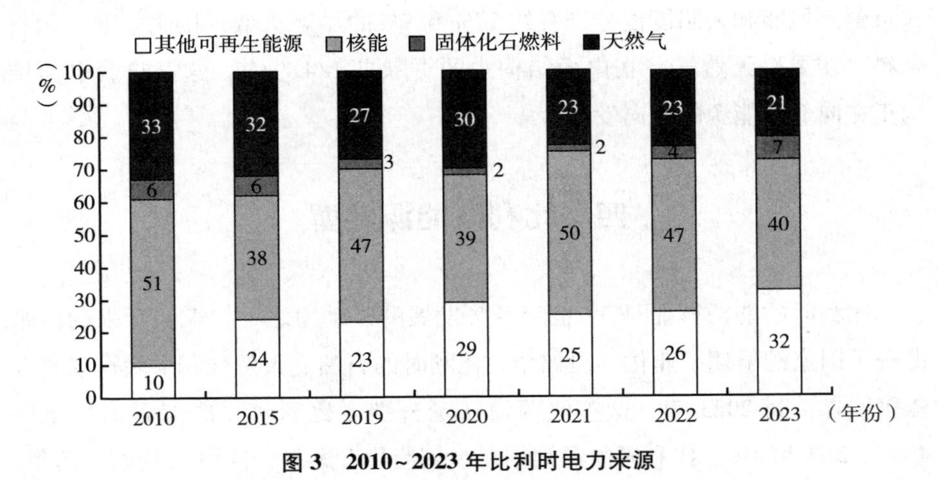

图3　2010~2023年比利时电力来源

资料来源：国际能源署、Ember。

（二）能源转型面临困境

从理论上来看，比利时可再生能源可开发潜力很大。保守测算显示，可再生能源可为比利时提供40%以上的电力，如果被充分开发，可再生能源无疑可以支撑比利时能源转型。但目前情况远不如预测乐观，能源转型十分复杂，能生产多少绿色电力不是唯一要考虑的问题，更要考虑电力怎样输送，如何精准了解需求并完成供给。可再生能源发电量很难预测，发电量取决于间歇性的气象条件，而化石燃料可随时取用且供应稳定，与可再生能源形成鲜明对比。

比利时在能源转型的过程中仍面临一些障碍：一是制造能力不足，所有绿色产品生产工厂都已饱和，如果不扩产，可能会导致能源转型进程推迟

5~10 年；二是新项目审批严格，新项目许可要经过比利时政府严格审查，政府需要在政策法律方面提供支持，以及构建必要的监管框架；三是电网消纳能力受限，到目前为止，比利时仍十分依赖化石燃料。对于比利时而言，建立国际能源共享平台和增加存储能力将是能源转型关键。

五　比利时低碳产业发展状况——以光伏产业为例

自 2012 年以来，比利时太阳能光伏发电量处于不断增长的状态，2023 年的发电量已是 2012 年的 3 倍多，呈现良好的发展态势。尤其是在 2017 年以后，光伏产业迅速发展，2023 年太阳能光伏发电年发电量已是 2017 年的 2 倍多（见图 4）。在能源价格不断上涨、全球气候变暖加剧的今天，光伏发电凭借其高效、安全、清洁、价低等诸多优点，成为能源转型中的新选择。因此，近年来，比利时政府向个人提供财政资助，鼓励居民以较低的成本安装光伏电池板，大力推广这一绿色环保、成本低廉、安全系数高的可持续能源。比利时光伏产业的蓬勃发展加速了该国能源转型的步伐，采用可再生能源摆脱传统化石燃料的进程不断加速。

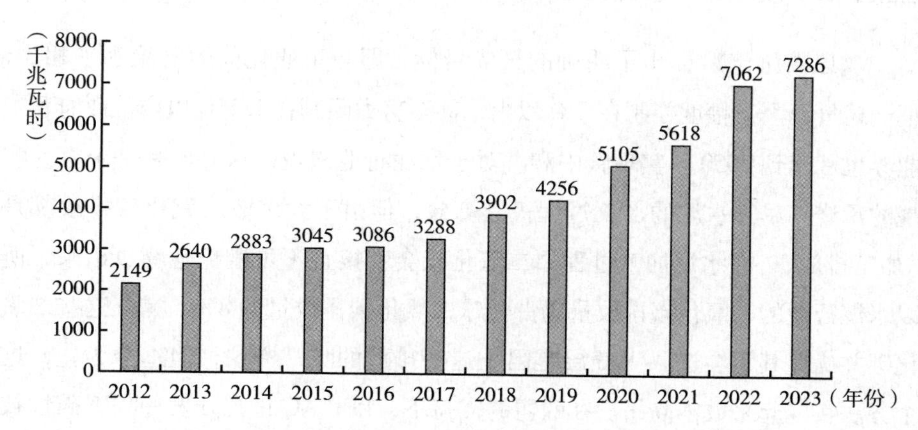

图 4　2012~2023 年比利时太阳能光伏发电年发电量

资料来源：比利时统计局。

六　比利时低碳技术发展

（一）碳循环和价值创造——钢铁行业

碳循环和价值创造是通过将炼钢副产品转化为有用的化学品（如合成石脑油或生物乙醇），实现钢气分离和碳的价值化。通过这项创新技术，可以分离一氧化碳和二氧化碳流，并对其进行有效利用。该技术将来自高炉的废气导入变压吸附装置，从而从其他气体中分离出一氧化碳。变压吸附装置主要输出的是富含一氧化碳的气体，该气体被导入分离试验装置，产生一氧化碳气流，该气流可以通过两种途径进行增殖：一是费托合成（Fisher-Tropsch）催化转化为乙烯；二是生物发酵制乙醇。该技术旨在通过实施一种具有成本效益的突破性解决方案，分离不可避免排放的二氧化碳和一氧化碳，从而展示钢铁行业减少30%以上温室气体排放的潜力。

（二）（Low Emissions Intensity Lime And Cement，LEILAC）技术——水泥行业

《巴黎协定》提出了明确的气候目标，即与工业化前的气温水平相比，把全球气温上升幅度控制在2°C以内，甚至努力限制在1.5°C以内。政府和工业界也承诺到2050年实现碳中和。对于水泥行业来说，这并不是一个容易实现的承诺。尽管水泥的加工过程极其高效，但由于大多数二氧化碳排放都是“加工排放”，在水泥加工过程中二氧化碳会直接且不可避免地释放出来，所以水泥行业的二氧化碳排放量仍占全球二氧化碳排放量的8%。捕获这些二氧化碳并确保其不会进入大气层是阻止这些排放的唯一方法，但迄今为止，这个方法实施起来成本高昂。在欧盟的支持下，LEILAC正在开发一项突破性技术，旨在使水泥和石灰行业能够捕获原料加工过程中的二氧化碳排放。

Calix工艺（音译为卡利克斯工艺，该工艺是由澳大利亚公司Calix开发的一种先进的热能技术）它通过一个特殊的钢制反应器间接加热石灰

石，改变了传统煅烧炉现有的工艺流程。这种独特的系统能够分离和捕获从石灰石中释放出来的纯二氧化碳，并将炉内废气分离。与其他捕集技术不同的是，新工艺不涉及任何额外的工序或化学品，仅涉及一种新颖的“煅烧炉”设计。因此，这是一种捕集水泥行业二氧化碳排放物的成本非常低的方法。

B.11

2023~2024年丹麦低碳发展报告*

邬彩霞　张　鑫　王萱仪**

摘　要： 丹麦是全球领先的低碳发展国家之一，早在20世纪70年代，丹麦就在降低碳排放、发展可再生能源等方面进行了积极探索并取得了令人瞩目的成就，其最终目标是到2050年实现温室气体零排放。为了实现这一目标，丹麦政府在提高能源效率、发展可再生能源和减少温室气体排放等方面实施了一系列政策措施，大力发展可再生能源，提高能源利用效率，自1990年以来，温室气体的排放量已经下降了39%。丹麦沃旭能源公司（Ørsted）是丹麦能源转型的典型代表，帮助丹麦提高了可再生能源发电比例，降低了丹麦对化石燃料的依赖，促进了丹麦能源结构转型。丹麦地处北海沿岸地区，风能资源丰富，以海洋风力为清洁可再生能源，可有效替代矿物燃料发电，海上风电产业在丹麦能源结构转型、温室气体减排等方面发挥着重要作用。除此之外，丹麦十分重视对低碳技术包括可再生能源技术、能源效率技术和碳捕获、封存和利用（CCUS）技术等的研发，中丹两国间的低碳合作为两国乃至世界绿色低碳合作发展提供了宝贵经验。

关键词： 能源战略2050　风能发电　电力市场自由化　碳强度

---

* 本报告为山东省社科规划研究重大招标项目“山东深化绿色低碳高质量发展先行区建设研究”（项目编号：24AZBJ03）、山东省社会科学规划一般项目“数字经济背景下山东建设绿色低碳高质量发展先行区的协同路径研究”（项目编号：23CJJJ17）的阶段性成果。

** 邬彩霞，经济学博士，山东财经大学国际经贸学院教授，硕士生导师，区域与国别研究院区域可持续发展研究中心主任，研究方向为区域与国别可持续发展；张鑫，山东财经大学国际商务专业硕士研究生，研究方向为低碳经济；王萱仪，厦门大学国际贸易专业硕士研究生，研究方向为环境与贸易政策。

一 丹麦低碳发展进程

丹麦是世界上公认的绿色低碳发展最为成功的国家之一，早在20世纪70年代，丹麦就在降低碳排放、发展可再生能源等方面进行了积极探索并取得了令人瞩目的成就。在丹麦能源消费总量中石油的比例在1972年时高达92%；1973年，石油输出国组织（OPEC）石油危机使石油价格倍增，丹麦的经济和能源供应也受到重创，这使丹麦开始重视能源安全问题，并在1976年出台政策对风能发电进行补贴，旨在降低丹麦对石油的依赖、提高供应多样性、减少能源消耗。丹麦能源署的成立以及“丹麦能源政策”的出台掀起了一波高潮，包括通过使用可再生能源增加能源领域的研发、减缓自然资源的损耗、满足能源需求等。1979年，丹麦议会通过了《天然气供应法案》和《供热规划法案》，开始进一步利用电厂余热和天然气。

自1984年起，议会通过与电力税相当的小型风力发电机上网补贴政策，创造了一个小型风力发电机的市场，国内对风力发电机的需求不断增长，促使不少小型工程公司着力开发容量较大的风机，大容量风机实现了工业化批量生产。1987年，Elkraft公司在丹麦东南部马斯内岛建造了当时欧洲最大的陆上风力发电场，该风力发电场的装机容量为3.75兆瓦，其中包括5台750千瓦的风力发电机。1990年3月，能源协议提出要扩大陆上风电的装机容量，即在1994年之前再增加100兆瓦，并提高天然气以及其他“环保燃料”的利用率，这是丹麦政府提出的建议，也是对2000年联合国环境展望的回应。1990年10月，在卢森堡召开了欧洲共同体理事会联合会议之后，丹麦国内也着手商定二氧化碳排放的目标，两周之后，北欧能源部长们在奥斯陆宣布了旨在应对温室气体排放的共同倡议。

20世纪90年代后期，欧盟及其成员国通过了第1项能源一揽子计划，设定了欧洲电力市场其中包括丹麦的电力市场自由化的目标。1996年，丹麦环境与能源部向电力公司提出了到1999年新增200兆瓦陆上风电和到2005年新增900兆瓦陆上风电的倡议，并引入了专项税，即公共服务税

（PSO）收取优先发电补贴。

21 世纪初，丹麦迎来了全新的电力部门，几乎在一夜之间，电力生产的所有权从垄断机制转变为基于市场的竞争机制。2005 年，丹麦创建了全国性的国有输电系统运营商（TSO）Energinet. dk。2006 年，6 家电力公司进行了合并，分别是 DONG、Elsam、EnergiE2、NeSa、Copenhagen Energy 和 Frederiksberg Utility，组建成 DONG 能源公司（DONG Energy A/S）。这一次大规模合并意味着仅 1 家企业就生产了当时丹麦 60%左右的电力，且拥有进一步投资建造海上风电项目的必要资本。DONG 能源公司率先发起绿色转型，并公布了自立的意向，该公司于 2009 年的年报是第 1 份提及电力生产碳强度的年度报告，自此，碳强度成为年度报告的焦点。

2011 年，丹麦政府发布了“能源战略 2050”协议，提出了到 2050 年彻底摒弃化石燃料的远大目标。具体而言，就是到 2020 年，排放量比 1990 年的水平下降 40%，50%的电力源自风能；到 2035 年，供热和电力全部源自可再生能源。丹麦还宣布到 2030 年，完全淘汰煤炭。2015 年，DONG 能源公司将业务进一步拓展到了国际海上风电市场，接管了美国的 1 个海上风电开发项目，该项目成为公司第 1 个在欧洲境外开发的项目，与此同时，DONG 能源公司成为全球最大海上风电场的主要投资方，截至 2016 年，DONG 能源公司的减排率达到了约 53%。2019 年 12 月，丹麦政府颁布了具有法律约束力的《气候法》，规定丹麦在 2030 年前以 1990 年为基线年减排 70%的二氧化碳，到 2050 年实现气候中和的目标。

丹麦的低碳发展历程展示了一个国家在减少对化石燃料的依赖并转向更可持续的能源解决方案方面取得的成功。丹麦政府始终将低碳发展作为国家发展的战略目标，并采取了一系列政策措施来推动低碳发展，与此同时，在可再生能源、能源效率等领域丹麦取得了一系列技术创新，为低碳发展提供了坚实的技术支撑，丹麦公众对低碳发展有较高的认知度和支持率，为低碳发展提供了良好的社会基础，丹麦在低碳发展方面的经验为世界其他国家提供了宝贵的借鉴。

二　丹麦低碳发展主要目标

丹麦是全球领先的低碳发展国家之一，其最终目标是到2050年实现温室气体零排放，为了实现这一目标，丹麦政府在提高能源效率、发展可再生能源和减少温室气体排放等方面出台了一系列的政策。1979年，丹麦通过第1部能源计划，该计划明确提出要减少对化石燃料的依赖，大力发展可再生能源，提高能源效率，降低能源消耗，重点发展风能。该计划的实施是丹麦能源发展史上的一个重要里程碑，引发了丹麦能源发展战略的转变，为丹麦实现低碳转型奠定了基础。丹麦在2008年通过了《能源协议》，该协议提出，到2020年将可再生能源占比提高到30%，与2008年相比能源消耗降低20%；到2050年实现温室气体零排放。2011年丹麦通过的《气候行动计划》提出，到2020年丹麦温室气体排放量比1990年减少40%，为实现目标，丹麦政府制定了一系列措施，鼓励公众使用电动汽车和乘坐公共交通出行，促进农业可持续发展，减少农业排放等。2019年颁布的《气候法》正式将温室气体实现净零排放的目标纳入法律，丹麦成立了专门负责监测并评估特定目标实施情况的独立气候委员会，该委员会每年定期将温室气体的最新进展报告提交给议会，此外，为了温室气体净零排放的目标能够如期实现，丹麦对国内的各个行业也设定了具体的目标（见表1）。

表1　丹麦各行业2030年低碳发展目标

部门	目标
能源部门	到2030年，可再生能源在能源消耗总量中所占比重将达到55%，其中40%以上是风电；能源消耗降低37%；在所有公共供暖和制冷系统中使用可再生能源
交通部门	到2030年，道路交通温室气体排放量减少70%；电动车销量提高到70%；公共交通收入增加20%
农业部门	到2030年，减少55%的农业温室气体排放；减少20%的化肥使用量；有机碳含量在农田土壤中增加5%

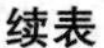
续表

部门	目标
工业部门	到2030年,减少37%的工业温室气体排放;工业能源消耗下降30%;工业能源消耗中可再生能源的比例提高到30%
建筑部门	到2030年,建筑能耗降低32%;所有新建建筑的制冷剂接近零制冷水平;所有公共建筑的能耗降至2020年水平的50%以下
废物部门	到2030年,垃圾填埋量下降50%,可恢复产能利用率提高到70%;生物质垃圾转化为能源的比例上升至50%

资料来源：丹麦能源署、丹麦环境保护署。

丹麦的低碳发展在政府、企业和公众的共同努力下取得了巨大成功，自1990年以来，温室气体的排放量已经下降了39%，丹麦的成功实践对其他国家具有重要的借鉴意义。丹麦致力于在全球范围内研究和开发低碳农业技术，积极参与国际合作，为应对气候变化作出重大贡献，以提高各部门的能效、发展可再生能源、投资公共交通、鼓励使用电动汽车、推广可持续农业实践。

三　丹麦低碳发展现状与趋势

近年来，丹麦政府积极采取措施，大力发展可再生能源，提高能源效率，减少碳排放，在低碳发展方面取得了显著进展。过去20多年来，化石燃料在丹麦能源供应中的比例一直在下降，从2011年的75%下降到2022年的53%，目前远低于国际能源署的平均水平79%。石油仍主导着TES，其份额稳定在36%。由于风力发电和沼气/生物质的快速增长，2022年，煤炭的份额从2011年的18%下降到6.9%，天然气的份额从21%下降到9.3%。在此期间，生物能源和废物的份额从20%增长到34%，而TES可变可再生能源（主要是风能和一些太阳能光伏）的份额从5%上升到9%。

如图1所示，2001~2020年，丹麦的温室气体排放量整体处于下降的趋势，2010年前，丹麦的温室气体排放量呈现波动下降的态势，速度较为缓

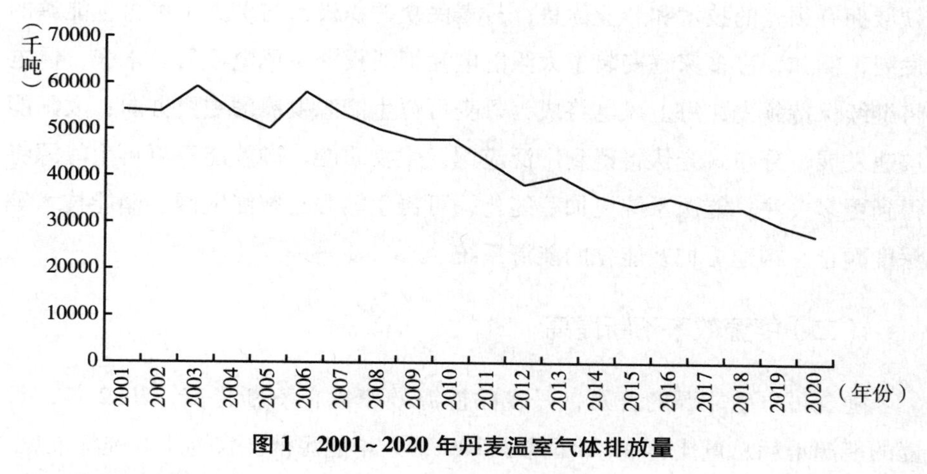

图1　2001~2020 年丹麦温室气体排放量

资料来源：世界银行。

慢；2010 年后，开始急速下降，并且到 2020 年，温室气体排放量已降至 3000 万吨以下。从全球范围来看，丹麦的低碳发展成功经验对其他国家的低碳转型具有宝贵的借鉴意义，丹麦在低碳发展方面取得的诸多成就离不开政府的高度重视，丹麦政府制定了一系列低碳发展目标和政策措施，为低碳产业发展指明了方向；通过提供资金支持，鼓励企业和科研机构进行低碳技术研发；通过制定税收优惠政策、碳排放交易体系等，创造有利于低碳产业发展的市场环境；积极参与国际气候谈判，与其他国家展开合作而共同应对气候变化挑战。

（一）可再生能源发展迅速

丹麦是可再生能源发展的领跑者，2023 年风电装机容量达到 7.4GW，占全国总发电量的 42%；太阳能发电也快速增长，2023 年装机容量达到 1.4GW。丹麦政府制定了明确的发展目标，计划到 2030 年将可再生能源发电量占总发电量的比例提高到 84%，到 2050 年完全使用可再生能源。为了如期实现上述目标，丹麦政府制定了一系列税收优惠、补贴政策，为可再生能源发展提供强有力的政策支持；并且，丹麦在风电、太阳能等可再生能源领域拥有领先的技术和产业优势；丹麦民众的积极参与助力了可再生能源的发展，例如，许多家庭安装了太阳能电池板或投资了风电项目。未来，风电将继续保持领先，海上风电将成为丹麦可再生能源发展的主要方向；太阳能快速发展，分布式光伏将得到广泛应用；生物质能、潮汐能等可再生能源将得到更多关注；能源系统更加智能化，可再生能源与智能电网、储能技术等深度融合，构建更加智能化的能源系统。

（二）能源效率不断提高

随着可再生能源的普及，丹麦的能源效率也在不断提高。2022 年，丹麦的能源消耗总量比 2008 年下降了 20%，人均能源消耗仅为 1.8 吨标准煤，是世界平均水平的 1/3。建筑行业的能源消耗比 2008 年下降了 35%，新建建筑的能耗比欧盟标准低 70%以上；工业能源消耗比 2008 年下降了 25%，工业部门的能源利用效率位居世界前列；交通运输能源消耗比 2008 年下降了 15%，电动汽车销量位居欧洲前列。能源效率的不断提高为丹麦创造了经济、环境和社会效益。经济上降低了能源成本，提高了企业竞争力，创造新的就业机会，促进经济发展；环境方面减少温室气体排放，有效应对气候变化，改善环境质量，提高国民生活幸福感；最终提高能源安全，保障社会稳定，提升社会责任感，促进整个社会可持续发展。

（三）绿色交通发展加速

丹麦政府制定了一系列政策措施，大力发展绿色交通，公共交通系统发达、覆盖范围广、准点率较高。丹麦政府在《2030 年气候行动计划》中明确提出到 2030 年将电动汽车销量占比提高到 50%，对电动汽车提供补贴和税收优惠，鼓励民众购买和使用电动汽车，对公共交通进行补贴，降低票价，提高吸引力。同时，丹麦积极发展电动汽车、智能交通等技术，设立了专门的基金支持绿色交通技术研发，众多企业也积极研发和推广绿色交通技术，例如，丹麦沃旭能源公司（Ørsted）是全球领先的海上风电开发商，为电动汽车提供清洁能源。在基础设施方面，丹麦政府大力发展充电桩、自行车道等绿色交通基础设施，投资建设了大量充电桩以方便电动汽车充电，城市规划注重自行车交通，建设了完善的自行车道网络。因此，丹麦民众在出行方面会选择绿色交通方式，许多人选择骑自行车或乘坐公共交通出行，用实际行动支持绿色发展。

（四）低碳政策体系逐渐完善

丹麦是世界上第一个建立碳排放交易体系的国家，该体系有效地促进了丹麦企业减排，该体系规定，所有排放温室气体的企业必须购买碳排放配额才能排放相应的温室气体，并且碳排放配额的总量逐年减少，从而促使企业减少碳排放。此外，丹麦政府制定了可再生能源发展目标、能源效率提升计划等，为低碳发展提供全方位支持，并把 2050 年实现碳中和的目标纳入法律。为了保证政策有效实施，丹麦政府设立了专门的机构负责低碳政策的实施，并定期对政策实施情况进行评估，确保政策目标的实现。丹麦的低碳政策体系取得了显著成效，丹麦已经成为全球低碳发展的标杆，从而帮助其他国家制定和完善低碳政策体系并实现低碳发展。

四 丹麦低碳发展中的能源转型

丹麦沃旭能源公司是丹麦能源转型的典型代表，在推动可再生能源发展方面发挥了重要作用。丹麦沃旭能源公司是一家全球领先的能源公司，总部位于丹麦，成立于 1972 年，原名为丹麦石油天然气公司，是一家综合型能源公司，2006 年，该公司开始进行战略转型，投资海上风电项目，将业务重点转向可再生能源，并逐步剥离化石燃料业务。2017 年，公司正式更名为丹麦沃旭能源公司，致力于成为全球领先的海上风电开发商。

（一）转型背景

全球气候变化加剧，各国积极寻求应对措施，发展可再生能源成为重要趋势。2015 年，近 200 个国家签署了《巴黎协定》，承诺共同应对气候变化，各国纷纷制定了可再生能源发展目标，推动可再生能源发展。2021年，美国、欧盟、中国等主要国家和地区都提出了碳中和目标。丹麦作为全球低碳发展的领跑者，大力支持可再生能源发展，为企业转型提供良好的政策环境。丹麦政府制定了一系列优惠政策，例如提供可再生能源补贴等，为可再生能源发展提供了条件，丹麦拥有丰富的风能资源，这为丹麦发展海上风电提供了得天独厚的资源。丹麦沃旭能源公司的前身是创立于1972年的丹麦石油天然气公司，历史悠久，在国际市场上的影响力较大，这些前期积淀为后期的成功转型奠定了坚实的基础。

（二）项目融资

丹麦沃旭能源公司（以下简称“沃旭”）以自身竞标建设的项目为基础，通过企业并购、企业购买电力协议（PPAs）等方式，顺利完成了多笔融资，实现了资本与产业的高度融合。该公司从股权转让开始进行融资，备受关注的是在2021年10月将其持有的德国Borkum Riffgrund 3海上风场（项目公司）100%股权中的一半，即50%股权出售给基金公司Glennmont，这也是当年全球范围内海上风电并购市场上最大的一笔交易。沃旭对于德国Borkum Riffgrund 3海上风场的开发权是通过竞标的方式获得的，但电价中几乎没有补贴，随后，沃旭分别与德国高科技材料企业Covestro（100MW）、Amazon（350MW）、REWE Group（100MW）、BASF（186MW）和谷歌（50MW）签订了总计786MW的企业购电协议，为Borkum Riffgrund 3项目提供了极大的收益确定性，以支持投资机构进行最终的投资决策，同时沃旭将现金最大化回笼，从而使新项目滚动发展。沃旭正在加速建设资金需求量巨大的可再生能源项目。到2030年，沃旭可再生能源装机规模将达到5000万千瓦，其中3000万千瓦为海上风电，陆上风电、光伏发电装机1750万千瓦，剩余250万千瓦将全部用于装机其他可再生能源项目。为此，沃旭2020~2027年将在清洁能源项目的建设上投资575亿美元，其中约80%的资金将集中于布局海上风电，而出售一半、持有一半的企业并购融资模式可以让沃旭在实现发展目标的同时资金量充足。丹麦沃旭风电项目融资主要脉络见表2。

表 2　丹麦沃旭风电项目融资主要脉络

时间	主要事件
2019 年	将德国 Gode Wind 1 海上风场的部分股权转让给基金公司 Glennmont，其中沃旭持有该项目 50%股权，Glennmont 持有该项目 25%股权
2019 年	与德国高科技材料企业 Covestro 签订了购电协议（PPA），Covestro 将以固定电价购买 Borkum Riffgrund 3 海上风场 100MW 容量的电力，该协议自 2025 年起实施，为期 10 年，这也是海上风电行业有史以来最大规模的企业购电协议（Corporate PPA）
2019~2021 年	沃旭分别在 Amazon（350 MW）、REWE Group（100 MW）、BASF（186 MW）和谷歌（50MW）签署了 Borkum Riffgrund 3 项目 CPPAs，项目总规模为 686 MW。这在很大程度上提供了 Borkum Riffgrund 3 项目收益的确定性，支持了最终的投资决策
2021 年 4 月	向加拿大魁北克储蓄投资集团（CDPQ）和台湾国泰私募基金出售 605MW 台湾大彰化一期海上风电项目的 50%股权，交易价值为 26.7 亿美元（约合 172.6 亿元）
2021 年 10 月	向基金公司 Glennmont 出售其持有的德国 Borkum Riffgrund 3 海上风场（项目公司）100%股权中的一半，即 50%股权。这项交易总值 90 亿丹麦克朗（相当于 14 亿美元，折合人民币近 90 亿元），其中包括 50%的股权价值，以及承担 EPC 公司一半的融资总包款。沃旭负责整个风场的建造、20 年运营和维护，并交易产生于风场的绿色电力
2022 年上半年	协议向由投资公司 AXA IM Alts 和保险企业 Crédit Agricole Assurance 组成的联合投资体出售英国霍恩锡二期海上风电项目 50%的股权，并签署了股权转让协议，转让价格为 30 亿英镑。转让完成后，AXA IM Alts 公司和 Crédit Agricole Assurance 公司将分别持有霍恩锡二期海上风场项目 25%的股权，沃旭将保留该项目 50%的股权，并负责该风场 20 年的运营和维护工作

资料来源：《中国能源报》，全国能源信息平台，北极星风电网，龙船风电网。

（三）转型成效

沃旭可再生能源发电量在 2022 年达到 157 太瓦时，相当于丹麦全国发电总量的 42%，公司在丹麦建设了多个海上风电场，例如 Horns Rev 3 海上风电场、Kriegers Flak 海上风电场等。沃旭是世界上最大的海上风电开发商，拥有超过 15GW 的海上风电装机容量，业务遍及全球 30 多个国家，拥有约 6000 名员工。2022 年，公司营业收入达到了 154 亿欧元，净利润达到了 31 亿欧元，公司计划到 2025 年将海上风电装机容量增加到 50GW。另外，沃旭积极利用政府政策，例如可再生能源补贴、碳排放交易体系等，降低了转型成本，取得了良好的经济效益，利润率不断提高。公司在2022年净利润率达到了20%，并有望在未来几年保持利润增长。

沃旭明确了发展可再生能源的战略方向，并制定了详细的转型计划，组建了一支高素质的专业人才队伍，积极研发可再生能源技术，在为转型提供人才支持的同时，降低可再生能源成本，大力支持丹麦政府的可再生能源发展，为公司转型提供了良好的政策环境。沃旭在能源转型方面取得的成就证明了发展可再生能源是可行的，是顺应历史发展大势的，公司的经验也为其他国家和企业发展可再生能源、实现能源转型提供了宝贵借鉴。

（四）转型影响

沃旭可再生能源发电量的大幅增长帮助丹麦提高了可再生能源发电比例，降低了对化石燃料的依赖，促进了丹麦能源结构转型。2022年，丹麦可再生能源发电量占总发电量的比例达到了84%，位居世界前列；沃旭帮助丹麦减少了温室气体排放，为丹麦实现碳中和目标做出了重要贡献，丹麦计划到2050年实现碳中和，沃旭的转型经验将为丹麦实现这一目标提供重要借鉴；另外，沃旭的转型创造了大量就业机会，为丹麦带来了可观的经济效益，2022年，沃旭拥有约6000名员工，营业收入达到了154亿欧元。

沃旭作为全球最大的海上风电开发商，其成功经验为全球海上风电发展提供了宝贵借鉴；沃旭积极研发可再生能源技术以降低可再生能源成本，推动其海上风电项目的平均成本在2022年平均下降约20%。沃旭的成功转型表明，发展可再生能源具有可行性，其成功实践为其他国家和企业实现能源转型提供了宝贵经验。

对于公司本身而言，沃旭的转型提升了企业的竞争力，使其成为全球领先的绿色能源公司，转型经验得到了广泛认可，并获得了多个奖项，彰显了企业的社会责任感，为应对气候变化做出了积极贡献，同时，公司积极参与可持续发展相关活动，并制定了可持续发展战略，提升了企业的品牌形象，使其成为绿色能源领域的标杆企业，公司的品牌价值不断提升，公司在全球范围内享有盛誉。

五　丹麦低碳发展中的低碳产业发展概况——以海上风电产业为例

海上风电产业的发展与丹麦低碳发展息息相关，两者相互促进，共同助力丹麦实现碳中和目标。丹麦地处北海沿岸地区，风能资源丰富，海洋风能可有效替代矿物燃料发电，降低温室气体排放，因此，丹麦政府将海上风电产业发展作为低碳发展的重要战略，海上风电产业在丹麦能源结构转型、温室气体减排、经济增长等方面发挥着重要作用。2022 年，丹麦温室气体排放量比 1990 年下降了 42%，其中海上风电减排贡献率超过 20%。此外，海上风电产业发展创造了大量就业机会，促进了丹麦经济增长，据统计，丹麦海上风电产业直接和间接创造了超过 3 万个就业岗位。

丹麦海上风电产业的发展始于 20 世纪 80 年代，经历了以下 3 个阶段。20 世纪 80~90 年代是该产业的起步阶段，丹麦政府开始支持海上风电技术研发，并建设了首批海上风电场，例如 1991 年建成的 Vindeby 海上风电场。21 世纪，海上风电产业进入快速发展阶段，随着海上风电技术快速进步和成本不断下降，2002 年，丹麦建成了全球首个大型海上风电场 Horns Rev I，装机容量达 160MW。2020 年至今，丹麦海上风电产业进入规模化发展阶段，并开始向深远海发展，2022 年，丹麦建成了全球最大的海上风电场 Kriegers Flak，装机容量达 600MW。

丹麦海上风电产业的快速发展离不开丹麦政府的大力支持，丹麦政府高度重视海上风电产业发展，制定了一系列支持政策，例如可再生能源补贴政策、海上风电场招标政策等。丹麦加大海上风电技术研发投入，推动海上风电技术进步，积极研发创新技术，在风力涡轮机设计、海上风电场建设、运营维护等领域取得了领先地位，拥有完整的海上风电产业链，包括风力涡轮机制造和海上风电场开发、施工、运营维护等环节，实现产业协同发展。同时，丹麦积极参与国际合作，与其他国家共同开发海上风电项目，共享海上风电发展经验。

丹麦拥有多家海上风电领域的领先企业，西门子歌美飒是全球领先的海上风电场运营商，在丹麦的海上风电市场份额超过50%，由西门子歌美飒海上风电公司和维斯塔斯海上风电公司合并而成，公司总部位于丹麦奥胡斯，在全球拥有超过25000名员工。西门子歌美飒海上风电公司的前身是西门子风能公司，于1980年在丹麦成立，公司开发了世界上最强大的海上风力涡轮机SG 14-222 DD，该涡轮机额定功率达到14兆瓦，在海上风电技术创新方面处于领先地位。维斯塔斯于1945年在丹麦成立，最初是一家生产农业机械的公司，1979年，维斯塔斯开始生产风力发电机，并迅速成为全球领先的风力发电机制造商，维斯塔斯的创始人汉斯·韦斯特（Hans Westergaard）被誉为“丹麦风电之父”。

总而言之，丹麦海上风电产业发展取得了显著成效，为其他国家和地区发展海上风电产业提供了宝贵借鉴，丹麦的经验表明，发展海上风电产业不仅可以实现低碳发展目标，还可以促进经济增长、创造就业机会和改善环境。未来，丹麦将继续加大海上风电产业的投资，扩大海上风电装机容量，并积极参与国际合作，推动海上风电产业的全球发展。

六　丹麦低碳发展中的低碳技术发展

（一）可再生能源技术

丹麦大力发展可再生能源技术，特别是风能技术，已成为全球风能利用的领跑者，拥有维斯塔斯、西门子歌美飒等世界领先的风力涡轮机制造商，积极研发风能存储技术，提高风电消纳能力。截至2023年，丹麦风电装机容量超过6GW，建成了多个大型海上风电场。丹麦大力发展太阳能光伏发电，并积极推广太阳能热利用技术，建成了多个大型太阳能光伏发电场，例如Samsø、Hjarnø等，政府出台了一系列政策，例如太阳能补贴政策、净计量政策等支持太阳能技术发展。丹麦还是生物质能利用的典范，广泛利用秸秆、木屑等农业和林业废弃物进行生物质能发电，积极研发生物质能气化、液化等技术，提高生物质能利用效率，生物质能发电占总发电量的比例约为20%。此外，丹麦正在积极探索潮汐能、波浪能、地热能等可再生能源技术应用，开展了多个可再生能源技术示范项目，例如 Skagen Rev 示范项目、Avedøre Holme 示范项目等。

（二）能源效率技术

丹麦高度重视能源效率提升，在建筑节能、工业节能、交通节能等领域采取了一系列措施，取得了显著成效，2022 年，丹麦能源消耗总量比 1980 年下降了 42%，能源利用效率位居世界前列。

丹麦建筑能耗标准严格，2020 年颁布的建筑法规要求新建建筑的能耗比 2015 年标准降低 20%，新建建筑必须达到低能耗标准。同时，丹麦大力进行建筑节能改造，提高老旧建筑的能源效率，在建筑节能改造过程中，政府提供补贴和政策支持。丹麦政府的“建筑节能计划”为居民提供高达25%的节能改造补贴，提高了居民参与改造的积极性。丹麦积极发展智能建筑技术，开发了“智慧能源”平台，实时监测建筑的能源消耗，并提供节能建议。在工业上，丹麦钢铁集团（DSG）在 2015 年就获得了 ISO 50001 能源管理体系认证；维斯塔斯公司开发的风力涡轮机叶片制造的新工艺减少了 30%的能源消耗；奥尔堡大学开发的一种余热回收系统可以将工业生产过程中的余热用于供暖。以上极大地提高了能源利用效率，减少了工业生产过程中的能源消耗。另外，丹麦大力发展电动汽车，并建设完善的充电设施，截至 2023 年，丹麦的电动汽车保有量已超过 40 万辆，公共充电桩数量超过 1 万个；哥本哈根是世界上最适合骑自行车的城市之一，自行车道总长度超过 400 公里，居民大多选择公共交通和自行车出行，这降低了私家车的使用率。丹麦开发了智能交通管理系统，积极发展智能交通技术，优化交通信号灯的控制，有效减少交通拥堵，提高交通能源效率。

（三）碳捕获与封存技术（CCS）

碳捕获与封存技术（CCS）是指从工业和能源生产过程中捕集二氧化

碳，将捕集到的二氧化碳压缩成液体，并通过管道或船舶运输到封存地点，将二氧化碳注入地下深处的储层中安全地进行封存，以减少温室气体排放。CCS 技术是减缓气候变化的重要技术手段，具有巨大的发展潜力，目前，CCS 技术已经在全球多个国家和地区得到应用，并取得了一定的成效。

2011 年，丹麦政府启动了 CCS 示范项目，旨在开发和示范 CCS 技术的应用，该项目包括两个子项目：一个是 Ørsted 电力公司在 Avedøre 电厂建设的燃煤电厂碳捕获示范项目；另一个是丹麦能源公司 DONG 能源公司在 Esbjerg 港口建设的天然气电厂碳捕获示范项目。2012 年，丹麦政府颁布了 CCS 法律，为 CCS 技术的开发、示范和应用提供了法律依据。2016 年，丹麦与挪威、瑞典、荷兰等国共同成立了北海 CCS 合作组织，旨在共同推动北海地区的 CCS 技术发展和应用。丹麦政府于 2018 年宣布在 CCS 技术研发方面投资 2 亿丹麦克朗。丹麦政府制定了一系列支持 CCS 技术发展的政策，例如 CCS 补贴政策、碳排放交易体系等，并高度重视 CCS 技术创新，加大研发投入，鼓励企业和科研机构开展技术研发合作，与其他国家和地区共同推动 CCS 技术发展和应用。

目前，碳捕获与封存技术（CCS）的发展仍然面临一些挑战，例如技术成本较高、公众认知度较低和政策法规不完善等。CCS 技术的成本仍然较高，实现大规模应用需要进一步降低成本；一些公众还在担忧 CCS 技术的安全性和环境影响，需要加强与公众的沟通；一些国家和地区的 CCS 政策和法规还不完善，需要进一步完善政策和法规体系。未来，丹麦也将继续加大 CCS 技术研发投入，推动 CCS 技术创新和应用普及，为全球应对气候变化做出贡献。

七　中国与丹麦之间低碳合作发展现状及趋势

（一）中丹绿色能源转型合作

中丹两国建立了每 4 年 1 次的厅局级高新科技联委会会议机制，两国之间高新科技创新合作逐步推进，在这一体制推动下，两国政府部门、科研单位与企业之间的交流日益密切。早在 2006 年，丹麦政府就把高新科技教育、自然环境能源列入中丹多边双边关系的重点行业领域，2008 年，两国宣布建立全面战略伙伴关系。同一年，第 16 届中丹高新科技联委会在斯特拉斯堡举办，会上明确提出对可再生资源合作开发项目进行为期 3 年的共同资助。2012 年，第 18 届中丹高新科技联委会在丹麦哥本哈根举办，重点就科技人员沟通交流方案、可再生资源新项目、生物技术新项目深入探讨并达成广泛共识。中丹建立全面战略伙伴关系至今，多种多边政府间合作合同达成，合作领域对焦可再生资源、电力能源及能耗等级协作、自然环境、水利工程、卫生等行业。总体来说，中丹政府间创新合作关系的密切水平仅次于荷兰—欧盟国家合作关系。自 2009 年以来，丹麦和中国一直在气候和能源领域合作，合作旨在鼓励中国减少二氧化碳排放，支持中国发展可再生能源。中国—丹麦能源项目（DEPP）现已进入第 3 期，预计到 2025 年，中国将拥有世界上最大的海上风电装机容量。

（二）中丹生态示范区

中丹生态示范区位于北京市朝阳区，是中丹两国政府合作建设的第 1 个生态示范区，也是两国在循环经济、可再生能源、绿色建筑等领域合作的重要平台。生态示范区总面积约为 6 平方公里，其中核心区面积约为 1 平方公里，包括绿色建筑、生态环境、循环经济、社会文化四大功能区，以“低碳、生态、宜居”为目标，着力打造集生态示范、技术创新、产业发展、文化交流等功能于一体的国际化生态示范区。示范区内采用了多项绿色建筑技术，如太阳能光伏发电、雨水收集利用、自然采光通风等，建筑能耗水平大幅降低；大力发展循环经济，推行资源再利用、减量化，构建了比较完善的循环经济体系；注重社会文化建设，打造了多功能文化中心、生态公园等公共设施，为居民提供良好的生活环境和文化氛围。每年举办 1 次的中丹生态示范区国际论坛，为两国及国际专家学者提供了交流合作平台，两国共同探讨生态城市建设、绿色发展等议题。

（三）丹麦驻华使馆新馆

丹麦驻华使馆新馆是丹麦在华最大的建筑项目，也是中丹两国绿色建筑合作的典范，采用了多项节能环保技术，获得了丹麦绿色建筑金奖。两国政府共同推动新馆建设，新馆设计和建设采用了多项中丹两国合作开发的绿色建筑技术，展现了两国在绿色建筑领域的共同技术实力；新馆设计融合了中丹两国文化元素，成为两国文化交流的重要平台。新馆的建筑能源消耗水平大幅度下降，融合了地源热泵、太阳能光伏发电、自然采光通风等多项节能技术；屋顶使用了能够为新馆提供一部分电能的太阳能光伏板，利用地源热泵系统为新馆供暖，提高了能源利用效率；建设过程中使用了可回收材料，并注重废弃物资源化利用，减少了资源消耗和环境污染。丹麦驻华使馆新馆是中丹合作和绿色低碳发展理念的成功实践，体现了两国在绿色发展领域的共同利益和目标，其建设为两国乃至世界绿色建筑发展提供了宝贵经验。

B.12

2023~2024年荷兰低碳发展报告

李毅　李媛　杨萌　陈超*

摘　要：　荷兰近年来在低碳发展方面取得了显著进展，通过不断调整政策、技术与产业结构，形成了较为完整的低碳发展体系。荷兰的低碳发展历史可以追溯至20世纪80年代，其后逐步制定了一系列环境政策和法律，明确了温室气体减排和能源转型的长期目标。为实现到2050年气候中和的战略目标，荷兰在2030年前提出了实现55%的温室气体减排目标，并通过《气候法案》和《国家气候协议》等为实现这一目标奠定了法律基础。同时，荷兰在低碳能源转型方面积极推进太阳能、风能和氢能等可再生能源的发展，尤其是通过氢气骨干网和"氢能谷"计划促进氢能应用。此外，碳捕获、封存和利用（CCUS）技术被视为一种过渡性技术，为工业减排提供支持。荷兰采取的一系列措施和政策将为实现全球气候目标提供可资借鉴的经验。

关键词：　能源转型　气候中和　低碳技术　低碳产业

一　荷兰低碳发展进程

20世纪后半叶，随着全球环境问题的日益凸显，荷兰开始意识到环境保护的紧迫性。荷兰政府和社会各界开始关注能源消费和环境保护问题，逐渐

* 李毅，山东财经大学区域与国别研究院执行院长，博士，教授，博士生导师，研究方向为区域与国别学；李媛，管理学硕士，山东管理学院讲师，研究方向为区域经济、低碳经济；杨萌，山东财经大学国际商务专业硕士研究生，研究方向为低碳经济；陈超，山东财经大学国际商务专业硕士研究生，研究方向为低碳经济。

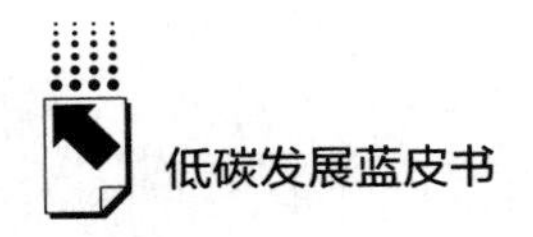

形成了低碳发展的初步意识。20世纪中期，随着石油供应的紧张和环保意识的逐渐增强，荷兰推出了“无车日”活动，引导市民理性进行能源消费，这一活动不仅提高了市民的环保意识，也为荷兰后续的低碳发展奠定了基础。从20世纪80年代开始，荷兰为了提高资源利用效率、加快能源转型、推进环境保护，从而实现低碳发展，制定了一系列的法律法规和政策计划。

自1989年开始，荷兰每4年制定1次国家环境政策计划，该计划是荷兰环境规划体系的核心环节。它概述了所有环境政策的现状，通过识别环境问题及产生问题的原因，来设定近期与远期的国家环境目标。1993年，荷兰政府将较为分散的各类环保法律法规进行整合，形成了涵盖荷兰环境保护各个方面的《环境管理法》。其中，能源和气候法律法规是重要的组成部分，它们为荷兰的环境治理工作制定了统一的规范体系。

2008年1月欧盟委员会提出“欧盟能源气候一揽子计划”，旨在落实其在2007年3月提出的“20-20-20”目标，“20-20-20”目标即到2020年，实现温室气体排放量较1990年减少至少20%，可再生能源消费在欧盟能源消费中至少占20%，能源使用效率提高20%。作为欧盟的重要成员，荷兰积极响应，根据这一目标制定了相应的国内政策，以确保实现这些减排和能效提升目标。荷兰在2008年公布了新能源气候政策，设定的目标是到2020年，温室气体排放在1990年基础上减少30%，可再生能源消费占能源消费的比重达到20%，每年能效提高2%。这一政策通过设定行业强制性节能减排指标实施更为严格的建筑、汽车及家电能耗标准，以推动能源转型和减少温室气体排放。2013年9月，《可持续增长能源协议》生效，该协议规定了荷兰在2013~2023年综合的能源转型规划及实施举措。这是荷兰能源和气候政策的重要里程碑，旨在推动能源结构可持续转型。2016年发布了《能源议程》，该议程规划了到2050年实现低碳能源供应的路线。为了进一步推动能源转型和应对气候变化，荷兰还制定了一系列针对具体能源领域的法律，如《电力法案》《天然气法案》《供暖法案》《海上风能法案》《采矿法案》等。这些法律为荷兰的能源转型提供了明确的法律框架和保障。

2019 年 5 月，荷兰政府通过了《气候法案》，规定了近零排放的策略。荷兰为《巴黎协定》做出了实质性贡献，并设定了具体的温室气体减排目标。荷兰《气候法案》设定的目标为到 2030 年将温室气体排放量在 1990 年的基础上减少 49%、到 2050 年减少 95%。根据《气候法案》，政府必须制定一项气候计划，并在计划中列出确保目标实现的措施，因此荷兰政府于 2019 年 6 月缔结了作为《气候计划》重要组成部分的《国家气候协议》，该协议包含了与各部门达成的协议，即各部门将采取哪些措施来帮助实现气候目标。参与协议的部门包括电力、工业、建筑环境、交通运输、农业和土地利用等部门。该协议所依据的原则是减少碳排放措施必须是可行的，并且是每个人都能负担得起的。因此，政府寻求一种具有成本效益的过渡方式，尽可能减少对家庭的经济影响，并采取措施在公民和企业之间公平分配经济负担。到 2030 年，荷兰与气候协议相关的年度额外费用占 GDP 的比例小于 0.5%。2021 年《欧洲气候法》将 2030 年温室气体减排目标提高到 55%，它还规定荷兰必须在 2050 年之前实现气候中和。因此，2023 年 2 月，荷兰《气候法案》根据欧洲立法进行了修订。

二　荷兰低碳发展主要目标

荷兰为实现其低碳发展目标，已经建立起一套完整的能源和气候计划，针对短期减排、中期清洁、长期节能的分期目标配合制订了一系列具体的能源和气候的崭新方案和关键措施。同时，在欧盟的“20-20-20”减排目标以及《巴黎协定》的带领下，荷兰自身提出了具体的减排要求，具体来说，到 2030 年，荷兰的温室气体排放量必须比 1990 年减少 55%，到 2050 年，荷兰实现气候中和。

《国家气候协议》包含各部门采取措施来帮助气候目标达成的协议。参与的部门包括电力、工业、建筑环境、交通运输、农业和土地利用等部门。由于荷兰的低碳发展多年来一直落后于气候目标，荷兰的环境评估机构认为 2030 年的目标可能难以实现，因此荷兰政府制定了一揽子的额外措施来缩小与2030年气候目标的差距。这一揽子额外措施需要所有部门都做出额外的贡献。这些措施将额外减少约2200万吨的排放量，预计到2030年荷兰可实现减少55%~60%的温室气体排放量的目标。荷兰低碳发展主要目标见表1。

表1　荷兰低碳发展主要目标

部门	目标
交通运输部门	到2030年,销售的新车将完全实现零排放,并将提供180万个充电站。 到2050年,荷兰将实现清洁驾驶——不排放有害废气;交通运输部门实现温室气体零排放
农业和土地利用部门	到2050年,农业和土地利用所产生的温室气体的排放和吸收之间将实现平衡。 到2050年实现农业和土地的可持续利用
工业部门	到2040年,能源密集型工业将实现气候中和。 到2050年,工业将实现循环,几乎不排放温室气体
建筑环境部门	到2030年,150万套现有房屋将更具可持续性。 到2050年,所有建筑物都将实现无排放和无天然气,都将变得更具可持续性
电力部门	到2030年,70%的电力将来自可再生能源,更多的陆上和海上风电场和太阳能发电场将提供可再生能源电力。化石燃料发电的二氧化碳排放将有一个最低价格。 到2035年,电力部门将实现二氧化碳零排放。 到2050年,氢将在能源系统中发挥至关重要的作用。在工业中,氢被用作原料并用于产生高温热量。

资料来源：荷兰政府信息网站。

三　荷兰低碳发展现状与趋势

能源消耗是二氧化碳的主要来源，减少能源消耗必然有助于减少排放。然而，有些能源消耗对人类福祉和生活水平的提高至关重要，因此，各国需要尽可能地提高能源利用效率，在保持经济增长的同时，逐步降低单位产出的碳排放量，以实现低碳经济发展。能源强度则是衡量能源利用效率的重要指标，2022年，荷兰的能源强度下降到1.09千瓦时/美元，与2021年相比下降了0.12千瓦时/美元，与2011年相比，下降了27%（见图1）。

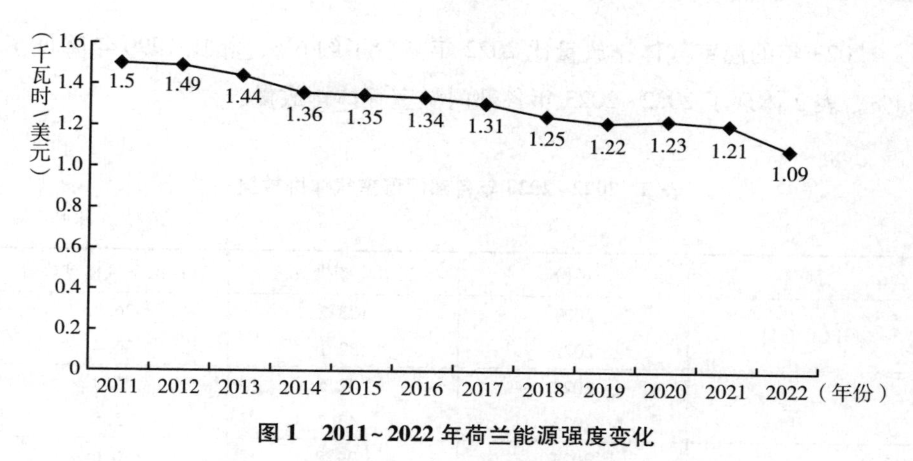

图 1　2011~2022 年荷兰能源强度变化

资料来源：美国能源信息署（2023）；《世界能源统计回顾》（2024 年）。

自 2011 年以来，荷兰的二氧化碳排放量处于整体下降的状态。2022 年荷兰的二氧化碳排放量下降到 125 万吨，与 2021 年相比，下降了 14 万吨，与 1979 年的最大排放量 187 万吨相比，二氧化碳排放量已下降 33%，与 2011 年相比，下降了 26%（见图 2）。从荷兰相关的能源报告中可以看出，荷兰二氧化碳排放量占全球二氧化碳排放量的比例整体处于不断下降的状态，已从 2000 年的 0. 67%下降至 2022 年的 0. 34%，下降了接近 50%，但与欧盟的其他国家相比，其在低碳化发展方面仍须努力。

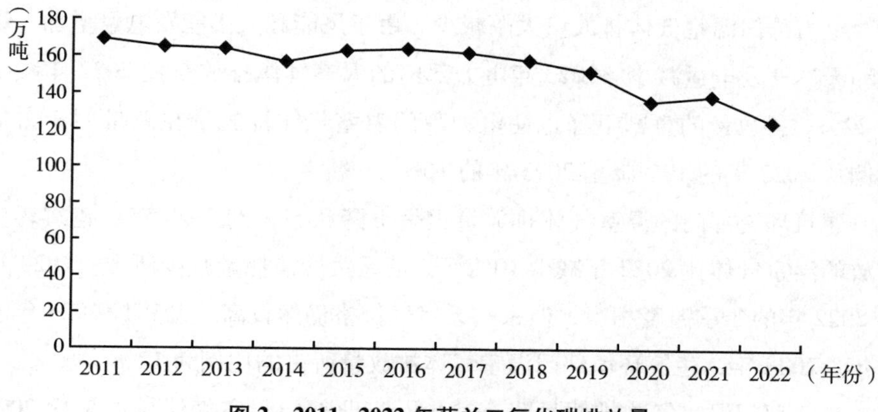

图 2　2011~2022 年荷兰二氧化碳排放量

资料来源：Global Carbon Budget（2023）。

2023 年的温室气体排放量比 2022 年减少了约 6%，相比 1990 年降低了 34%。表 2 体现了 2022~2023 年各部门温室气体排放量。

表 2　2022~2023 年各部门温室气体排放量

单位：兆吨

部门	年份	二氧化碳排放量	其他温室气体排放量
IPCC 合计	2023	123.2	26.3
	2022	132.1	26.4
工业	2023	42.5	5.3
	2022	43.7	5.5
交通运输	2023	29.5	0.6
	2022	28.9	0.6
农业	2023	6	19
	2022	5.5	18.9
电力	2023	23.6	0.2
	2022	30.3	0.2
建筑环境	2023	17.3	0.5
	2022	19.2	0.5
土地利用	2023	4.4	0.7
	2022	4.4	0.7

资料来源：荷兰统计局。

电力部门温室气体排放量大幅减少。由于风能和太阳能发电量增加、煤炭和天然气发电量减少，2023 年电力部门的温室气体排放量比 2022 年减少了 22%。排放量的急剧下降也使电力部门温室气体排放量在总量中所占的比例从 2022 年的 19%降至 2023 年的 16%。

建筑环境部门的温室气体排放量也呈下降状态，到 2023 年，建筑环境排放的温室气体比 2022 年减少 10%。这是天然气消耗量减少所致。2023 年和 2022 年的冬季温度相当，但家庭天然气价格仍然较高，尤其是 2023 年上半年。2023 年，建筑环境部门温室气体排放量所占的比例为 12%。

工业部门温室气体排放量略有减少。工业部门温室气体排放量比 2022 年减少 3%。工业部门使用的煤炭和天然气分别减少了 21%和 4%，但使用了更多的石油原料和产品。如图 3 所示，工业部门的温室气体排放量占总排放量的 32%，所占比重最高。

农业部门温室气体排放量略微升高。2023 年，农业部门温室气体排放量相较于 2022 年增加了 2%，这主要是因为种植者更多利用基于天然气的热电联产装置（CHP）。牲畜和土地所产生的甲烷和一氧化二氮的排放量在农业部门的排放量中占据绝大部分，且排放量几乎保持不变。

交通运输部门的温室气体排放量也增加了 2%。这主要是因为汽油消耗量有所增加。2023 年，交通部门的排放量占总排放量的 20. 1%，如图 3 所示。

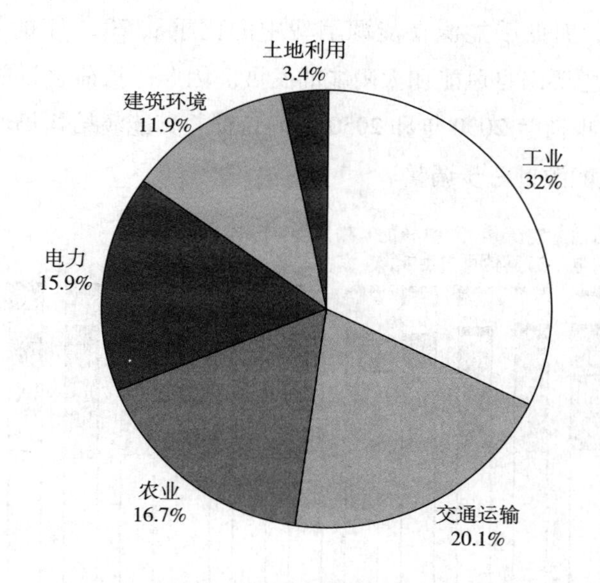

图 3　2023 年各部门温室气体排放量占比

资料来源：荷兰统计局。

土地利用产生的温室气体排放量份额很小，仅为 3. 4%，但自 2023 年开始，气候部门的土地利用排放已被纳入温室气体排放总量，因为它已被纳入荷兰到 2030 年将温室气体排放量至少减少 55%的目标中。

四　荷兰能源转型

（一）能源结构

荷兰的能源结构虽然在向低碳替代能源过渡，但仍严重依赖化石燃料，如图 4 所示。2023 年，化石燃料在能源消耗中的占比从 2011 年的 95.35%下降到 81.17%，虽然下降了 14 个百分点，但化石燃料仍然占据较高比重。从 2011 年到 2023 年，可再生能源在荷兰能源消费总量中的占比从 3.66%增加到 17.79%，而低碳能源在能源消费中的比重从 2011 年的 4.6%上升到 18.8%，这都主要来自风能和太阳能的发展。因此，从荷兰目前的能源结构来看，要想实现荷兰 2030 年和 2050 年的目标，其能源结构仍然需要向低碳能源和可再生能源进一步调整。

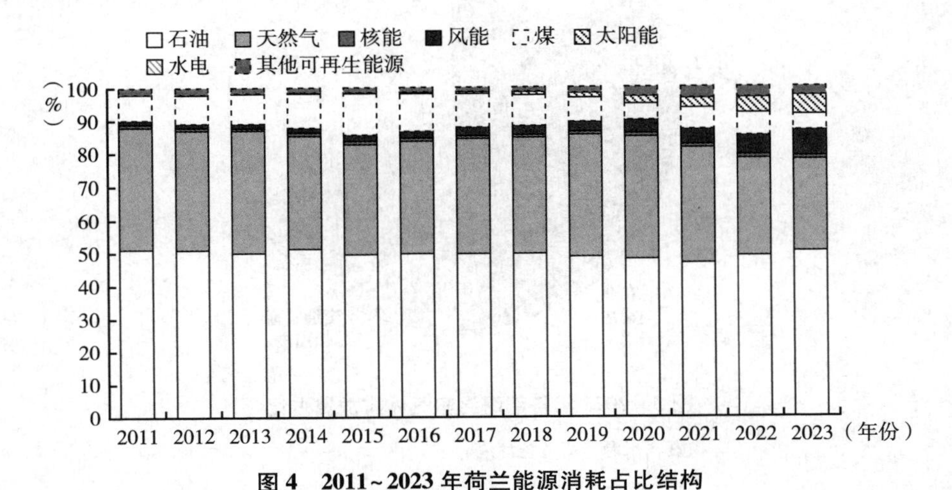

图 4　2011~2023 年荷兰能源消耗占比结构

资料来源：《世界能源统计回顾》（2024 年）。

（二）电力结构

自 2011 年以来，荷兰的电力来源结构是不断优化的，化石燃料占比不断下降，可再生能源和低碳能源占比不断上升。尤其是 2019 年以来，其电力来源结构的调整进入快速发展期。荷兰电力对化石燃料的依赖从 2019 年的 77.8%下降到 2023 年的 48.9%，总体下降 29 个百分点，整体呈现良好的下降态势，2023 年对化石燃料的依赖首次下降到 50%以下。而电力结构中来源于低碳能源和可再生能源的比重也在逐渐增大，2019 年以来这个比重上升尤其明显，对可再生能源的依赖从 2019 年的 18.99%上升到 2023 年的 47.83%，目前的占比约是 2019 年的 2.5 倍；对低碳能源的依赖从 2019 年的 22.25%上升到 2023 年的 51.11%，增长近 29 个百分点，2023 年占比首次超过 50%。荷兰的低碳能源主要是来自风能和太阳能，因此，为了进一步促进低碳发电，荷兰可以专注于提高现有的太阳能和风能的发电能力。

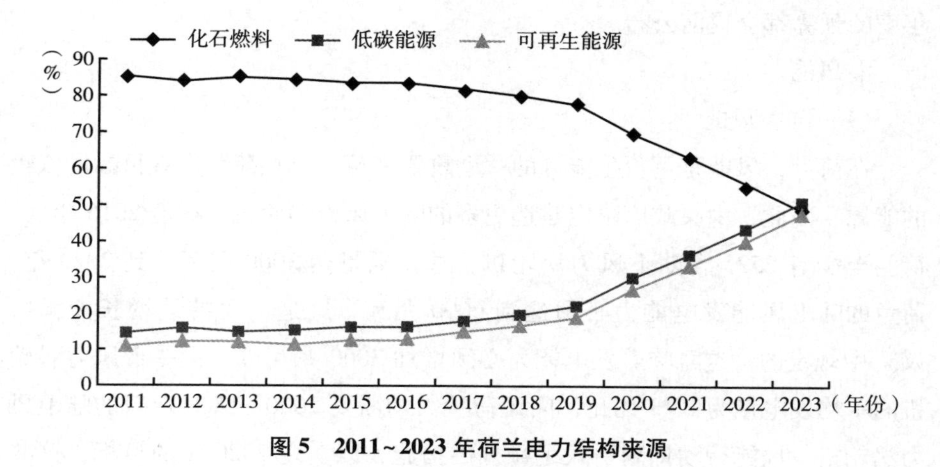

图 5　2011~2023 年荷兰电力结构来源

资料来源：《世界能源统计回顾》(2024 年)。

(三)可再生能源

到 2050 年，荷兰中央政府希望将荷兰的温室气体（如二氧化碳）排放量降至 0。政府计划到 2023 年，使荷兰 16%的能源使用具有可持续性。政府正致力于在 2050 年前实现安全、可靠、经济的低碳能源供应。

1. 太阳能

太阳能是可持续的，它永远不会枯竭，也不会产生温室气体。但使用太阳能的成本较高，抑制了其快速发展，因此，政府推出了激励措施，以促进太阳能的使用。其中包括能源税退税，即通过为合作生产太阳能的人减税来刺激太阳能的发展；可再生能源补助计划（SDE+）针对生产可再生能源的企业和非营利组织；到2020年，自己发电的家庭可以将不使用的剩余能源（例如来自太阳能电池板的能源）送回电网，然后，他们会获得相应电量的信用额度；企业和个人可以申请可持续能源投资补助金（ISDE），以抵消节能设备例如热泵、太阳能热水系统、生物质锅炉和颗粒炉的成本。可持续能源投资补助计划有效期为2016年1月1日至2020年12月31日。每个资助年度的预算都会提前公布。

2. 风能

（1）陆上风能

在荷兰，风能是可再生能源的一个重要来源，也是荷兰实现目标所依赖的能源。因此，中央政府决定建造更多的陆上风力涡轮机。截至2015年底，荷兰至少有2525台陆上风力涡轮机，总发电量达3000兆瓦。到2020年，荷兰的陆上风能发电能力必须达到6000兆瓦，这是《可持续增长能源协议》中规定的。这意味着发电能力必须增加3000兆瓦以上，一台风力涡轮机的平均发电量为2~3兆瓦，因此荷兰大约需要1000~1500台新的陆上风力涡轮机。风能行动计划引入了额外的措施，以实现2020年的目标，这些措施包括新建风电场的快速安装程序以及通过与当地居民进行沟通，以消除当地居民的抵触情绪。

（2）海上风能

到2050年，荷兰使用的所有能源都必须来自可持续能源。海上风能将实现向无碳能源供应的过渡。北海是荷兰近海风能发电的理想之地，北海水域相对较浅，风力气候适宜，靠近大港口和（工业）能源消费者。近几年，近海风能成本大幅下降，使其成为最便宜的大规模可持续能源。

根据荷兰《可持续增长能源协议》中的风能目标，到2023年，至少还需要投入运营 4.5GW 的海上风力涡轮机，海上风力涡轮机将为荷兰提供 3.3%的能源。2019 年的《气候协议》和 2021 年的《联合协议》都承诺维持海上风能政策，因此在 2030 年左右需要大约 21GW 的海上风电场投入运营，这足以供应荷兰全部能源的 16%和当前电力消耗量的 75%。海上风电场带来的潜在经济机遇相当可观。庞大的国内市场为荷兰近海和风能行业提供了继续提高其专业技术的机会，从而巩固其国际地位。荷兰公司在整个欧洲海上风能市场中约占 25%。

（3）生物质能

生物质能主要来源于林业和木材加工业的剪枝和木屑、污水处理厂的泥浆、有机家庭废物、食品加工业的植物油脂、禽畜粪便和能源作物如油菜籽和棕榈树。荷兰中央政府通过 ISDE 支持生物质能源新技术的开发，并将其用于多种用途。第一，发电厂和垃圾焚烧炉可以通过燃烧或共同燃烧生物质来产生热量和电力。第二，汽油和柴油供应商有义务在汽油和柴油中掺入生物燃料。到 2020 年，运输燃料中必须含有 10%的生物燃料，这是荷兰和其他欧盟成员国达成的共识。第三，生物质除了是一种有用的能源外，还可以用来制造塑料。

五　荷兰低碳产业发展概况——以氢能产业为例

荷兰在低碳产业方面，特别是氢能领域，展现了强大的领导力和创新力。2020 年荷兰政府通过了一项氢能战略，以鼓励企业生产和使用低碳氢气。这一战略旨在推动荷兰成为全球氢能技术发展的重要贡献者。此外，荷兰为氢能的发展提供了广泛的政策支持，包括提供财政补贴、税收优惠等，以加速氢能技术的研发和应用。

研究表明，将现有的天然气运输网络再利用为氢气运输网络是可行的、安全的和具有成本效益的。荷兰政府现在正在制订国家氢运输网络（国家氢能骨干网）的推出计划。国家氢能骨干网可以通过连接所有主要产业集群和中心储存地点来促进当地氢能生产的发展。荷兰拥有复杂和完善的能源

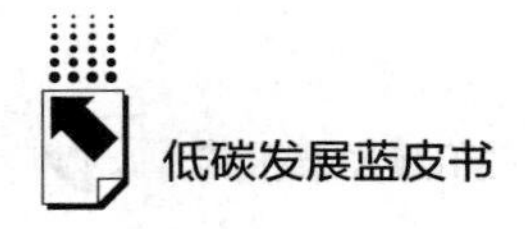

基础设施，包括13.6万公里的天然气管道，这些管道为发展国家氢能骨干网提供了独特的机会。荷兰已经建立了超过1000公里的专用氢能管道，并计划在未来进一步扩大规模。

荷兰在2019年获得了2000万欧元的资金，建立了欧洲的第一个“氢能谷”，“氢能谷”是一个地理区域或工业集群，其中几种氢应用组合在一起，形成一个涵盖生产、储存、分销和最终使用的综合氢生态系统，消耗大量氢气，从而提高项目的经济效益。“氢能谷”的建立促进了氢能产业的集聚和发展。荷兰北部一直致力于氢生态系统的发展，该地区拥有超过50个项目的氢能项目管道，该地区已获得欧洲认可，现在被公认为欧洲潜在的领先“氢能谷”。

荷兰已是欧洲第二大氢气生产国，每年生产超过900万立方米的（化石基）氢气。为了扩大碳中性氢气的生产规模，荷兰计划到2030年安装4000兆瓦的电解器。荷兰正在开展多个氢能项目和试点，如利用氢气代替天然气为居民供暖、在港口建设氢能发电厂等。这些项目不仅推动了氢能技术的应用，还促进了氢能产业的商业化。荷兰计划在未来继续扩大氢气的生产规模，并推动其在交通、工业、建筑等领域的应用。荷兰将继续加大在氢能技术方面的研发投入，提高电解效率和降低生产成本，推动氢能技术的持续创新。荷兰致力于实现到2050年温室气体净零排放的目标，氢能将在这一过程中发挥重要作用。荷兰将努力构建可持续发展的氢能产业体系，为全球能源转型和应对气候变化做出贡献。

六　荷兰低碳技术发展

（一）碳捕获与封存技术（CCS）

碳捕获与封存技术涉及从工业排放物和烟气中捕集二氧化碳，通过管道或其他方式运输二氧化碳，并将二氧化碳储存在地下以避免释放到大气中。CCS已被视为减少二氧化碳排放和实现全球气候目标的关键技术。荷兰认为

CCS 是一种过渡性技术，政府和环保非政府组织已同意在 2035 年之前为化石碳捕获与封存项目提供补贴，预计到 2030 年，利用 CCS 每年可减少 870 万吨的排放量。此外，根据已公布的数据估算，BECCS（生物能源与碳捕获和封存）和 DACCS（直接空气碳捕获和储存）被认为是实现净零目标所必需的技术。预计到 2035 年以后，替代减排技术将日趋成熟，CCS 将在无补贴的情况下进行。

由于荷兰工业集群的特点、现有的管道运输网络、充足的海上储存能力、CCS 的应用规模及其二氧化碳减排的成本效益，CCS 在荷兰工业脱碳方面具有相当大的技术经济潜力。CCS 政策是在这些优势之上创建的，迄今为止在荷兰取得了成功。然而，CCS 在荷兰历来是有争议的。荷兰已经采取了一系列措施将 CCS 限制为过渡技术。因此，公众认为 CCS 可能使化石燃料行业在未来几年被锁定。荷兰对 CCS 的限制主要体现在以下方面：对 CCS 的补贴金额设置了上限；只有在不存在具有成本效益的替代技术的情况下，CCS 才能获得补贴；2035 年后不会再做出新的化石燃料 CCS 补贴决定。因此，荷兰面临两难的选择：一方面要考虑利用 CCS 这种减排技术来实现 2030 年之前的气候目标；另一方面要考虑如何补贴 2035 年之后的替代技术。

（二）低碳氢能技术

氢气主要由天然气或石油产品加工产生。纯氢的主要用途是生产化肥和炼油时的氢化和脱硫。在荷兰近 3000PJ 的总能耗中，氢气占了很大一部分，因此氢气对工业的排放强度有相当大的影响。荷兰的目标是让低碳氢能在支持实现减排目标方面发挥重要作用。

B.13
2023~2024年芬兰低碳发展报告

谢申祥　张　鑫*

摘　要：　近年来，芬兰在低碳发展方面取得了显著成效，已经成为全球低碳发展的典范。芬兰积极提高能源效率，大力推广电动汽车，发展公共交通和绿色燃料，减少交通运输部门的温室气体排放，近10年来，芬兰的公共交通运输中二氧化碳的平均排放量逐年降低。芬兰积极推动工业节能减排，发展低碳工业技术，提高建筑节能水平，推广可再生能源供暖。在国际上，芬兰积极参与国际气候变化合作，共同应对全球气候变化挑战。芬兰在低碳发展方面虽然取得了显著成效，但是面临一些挑战和困境，首先实现碳中和需要大量的资金投入；其次，一些低碳技术尚未成熟，需要进一步研发；最后，需要进一步提高公众参与度，提高公众的环保意识，鼓励公众参与低碳行动。未来，芬兰将进一步完善政策体系，加大政策执行力度；高度重视低碳技术创新，加大研发投入；积极推动传统产业绿色转型升级，以产业升级助力低碳转型；积极推进智慧城市建设，打造低碳、宜居的城市环境，助力碳中和目标早日实现。

关键词：　碳中和目标　可再生能源　能源效率　循环经济

一　芬兰低碳发展进程

芬兰的低碳发展历史进程可以追溯到20世纪70年代，当时，芬兰正处

* 谢申祥，山东财经大学党委副书记，兼任经济学院院长，经济学博士，二级教授，博士生导师，博士后合作导师，研究方向为宏观经济；张鑫，山东财经大学国际商务专业硕士研究生，研究方向为低碳经济。

于严重的能源危机中，石油价格飙升。为了应对能源危机，芬兰政府开始制定能源政策，以提高能源效率和减少对化石燃料的依赖。

1974 年，芬兰政府成立的能源委员会负责制定和实施能源政策。能源委员会制定了一系列政策措施，包括提高能源价格、发展可再生能源、提高能源效率等。在能源价格方面，芬兰政府采取了逐步提高能源价格的政策，以鼓励消费者节约能源。1975 年，芬兰政府取消了对石油和天然气的价格补贴。为寻求能源安全和稳定，芬兰开始大力发展核能，1977 年，芬兰第一座核电站投入运营，此后核能逐渐成为芬兰最重要的电力来源。1980 年，芬兰政府又开始征收碳税。

在可再生能源方面，芬兰政府大力发展水电、风电、生物质能等可再生能源。1987 年，芬兰议会通过了《可再生能源法》，规定到 2000 年，可再生能源在芬兰能源结构中的比例要达到 20%。在能源效率方面，芬兰政府采取了一系列措施提高能源效率，包括制定建筑节能标准、推广节能技术等。1977 年，芬兰政府制定了建筑节能标准，要求新建建筑必须达到一定的节能水平。1990 年，芬兰政府成立的能源效率中心负责推广节能技术，风能、太阳能等可再生能源在芬兰也得到快速发展。通过这些政策措施的实施，芬兰取得了显著的低碳发展成效，2010 年，芬兰可再生能源发电量首次超过化石燃料发电量。

2019 年，芬兰议会通过了碳中和目标，承诺在 2035 年实现碳中和，这一目标的提出，标志着芬兰低碳发展进入新的阶段。为实现碳中和目标，芬兰在交通、工业、农业等领域采取了一系列减排措施，例如，大力推广电动汽车，并计划在 2030 年禁止销售燃油汽车。2020 年，芬兰的温室气体排放量比 1990 年下降了 40%，可再生能源在能源结构中的比例达到了 40%。芬兰政府高度重视低碳发展，制定了明确的目标和政策，并投入了大量资金支持相关技术研发和应用。除了政府的推动，芬兰企业和民众也积极参与低碳发展，芬兰形成了全社会共同努力的良好氛围，这些助力推动芬兰低碳发展。

二 芬兰低碳发展主要目标

芬兰是世界上第1个制定碳中和目标的国家，并致力于在2035年实现这一目标（见表1）。芬兰的低碳发展目标涵盖能源、交通、工业、建筑等多个领域，不仅明确了方向，而且制定了具体的量化指标，例如到2035年，温室气体排放量比1990年减少80%，最终能源消耗比2005年减少30%等，这些目标具有可操作性，便于跟踪和评估进展。各个领域的减排目标相互协同、共同推进碳中和目标的实现。芬兰的低碳发展目标不是一蹴而就的，芬兰根据自身情况，制定了阶段性目标和路线图，例如制定了《国家气候和能源战略2030》和《碳中和路线图2050》。通过循序渐进实施，低碳发展不断取得进展，最终芬兰实现碳中和目标。芬兰高度重视科技创新在低碳发展中的作用，积极研发和推广低碳技术，例如节能技术、碳捕获与封存等，科技创新为芬兰低碳发展提供了强有力的支撑。芬兰积极参与国际气候变化合作，与其他国家分享经验、技术和共同应对全球气候变化挑战。

表1 芬兰各行业2035年低碳发展目标

行业	目 标
能源行业	到2035年，可再生能源发电量占总发电量的70%以上，最终能源消耗比2005年减少30%
交通行业	到2035年，交通行业温室气体排放量比2005年减少40%
工业行业	到2035年，工业部门温室气体排放量比2005年减少30%
建筑行业	到2035年，建筑部门能源消耗比2005年减少40%

资料来源：芬兰环境中心、欧洲环境署、国际能源署。

为了实现上述目标，芬兰大力发展风能、太阳能等可再生能源，提高建筑节能水平，推广可再生能源供暖，发展智能电网，提高能源系统的灵活性。在交通领域，芬兰大力推广电动汽车、公共交通和绿色燃料，发展公共交通，提高公共交通的利用率，使用绿色燃料，推广生物燃料和合成燃料。

推动工业节能减排，提高工业能源利用效率，发展低碳工业技术，推广碳捕获与封存技术，促进循环经济，减少资源消耗和浪费。在建筑领域，芬兰推广被动式房屋和近零能耗建筑，推广可再生能源供暖，利用太阳能、地热能等可再生能源供暖。在实现碳中和目标的过程中，芬兰的经验也将为其他国家实现碳中和目标提供宝贵的借鉴。

三　芬兰低碳发展现状与趋势

芬兰在低碳发展方面取得了显著成效，已经成为全球低碳发展的典范。芬兰大力发展可再生能源，2022 年可再生能源发电量占比已达 46%[①]。风能、太阳能等可再生能源发展迅速，成为能源系统的重要组成部分。同时，芬兰积极提高能源效率，2022 年最终能源消耗比 2005 年下降了 28%。芬兰大力推广电动汽车，电动汽车保有量近 10 年快速增长，从 2013 年的不足 1000 辆增长到 2023 年的 10 万辆，纯电动汽车是增长最快的类型，2023 年占比已超过 70%，预计芬兰电动汽车保有量将继续快速增长，到 2030 年将达到 50 万辆。同时，芬兰发展公共交通和绿色燃料，减少交通运输部门的温室气体排放。近年来，芬兰的公共交通运输中二氧化碳的平均排放量逐年降低，且下降幅度比较大，未来预计将继续保持下降趋势。

与此同时，芬兰在积极推动工业节能减排，2022 年工业部门温室气体排放量比 2005 年下降了 20%。芬兰政府发展低碳工业技术，促进工业部门的低碳转型。在建筑领域，芬兰提高建筑节能水平，推广可再生能源供暖。2022 年，建筑部门能源消耗比 2005 年下降了 30%。除此之外，芬兰在农业、林业、废弃物管理等领域采取措施减少温室气体排放。在国际上，芬兰积极参与国际气候变化合作，与其他国家分享经验、技术和共同应对全球气候变化挑战。

---

① 芬兰统计局，https：//stat. fi/index_ en. html，StatisticsFinland，Helsinki，最后访问时间：2024 年 5 月 1 日。

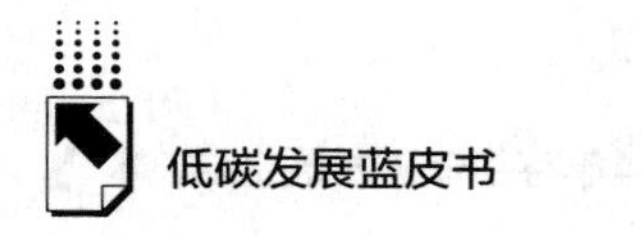

芬兰在低碳发展方面虽然取得了显著成效，但也面临一些挑战和困境，实现碳中和需要大量的资金投入，芬兰政府估计，到 2035 年实现碳中和需要投资约 2500 亿欧元，这对于一个只有 550 万人口的国家来说是一个巨大的挑战；一些低碳技术尚未成熟，需要进一步研发，例如，碳捕获与封存技术、可再生能源储存技术等都还处于发展初期，应用成本较高，应用范围有限；另外，公众参与度需要进一步提高，应提高公众的环保意识，鼓励公众参与低碳行动，改变居民的出行方式，减少私家车使用，鼓励乘坐公共交通和步行等；芬兰的传统产业以高耗能、高排放为主，需要进行转型升级，这离不开政府、企业和个人的共同努力。

芬兰政府已将低碳发展纳入国家战略，制定了系列政策目标和行动计划，为低碳转型提供强有力的政策支撑。未来，芬兰将进一步完善政策体系，加大政策执行力度，确保低碳发展目标的实现；高度重视低碳技术创新，加大研发投入，积极推动技术成果转化应用，重点发展可再生能源、储能、碳捕获与封存等关键技术，并着力打造低碳技术创新生态系统，以技术创新引领低碳转型；积极推动传统产业绿色转型，培育发展战略性新兴产业，打造低碳循环经济体系，重点支持清洁能源、节能环保、循环经济等产业发展，以产业升级助力低碳转型；积极推进智慧城市建设，打造低碳、宜居、韧性的城市环境，并以城市为重点，推广绿色建筑、智慧交通、清洁能源等低碳解决方案，构建低碳城市群，引领城市低碳转型。总而言之，芬兰未来低碳发展将呈现政策驱动、技术创新、产业升级、城市示范、国际合作、社会参与等新特点。

四　芬兰低碳发展中的能源转型

气候变化的严峻形势迫使各国寻求低碳发展路径，而能源转型作为关键一环，在实现碳中和目标中扮演重要角色，芬兰作为全球能源转型的典范，其经验和实践为其他国家提供了宝贵的借鉴。如图 1 所示，2023 年，芬兰可再生能源占能源消耗总量的比重已达 45%，远超欧盟平均水平。为实现

2035 年碳中和目标，芬兰积极推进能源转型，采取提高可再生能源占比、提升能源效率和发展智能电网等措施。

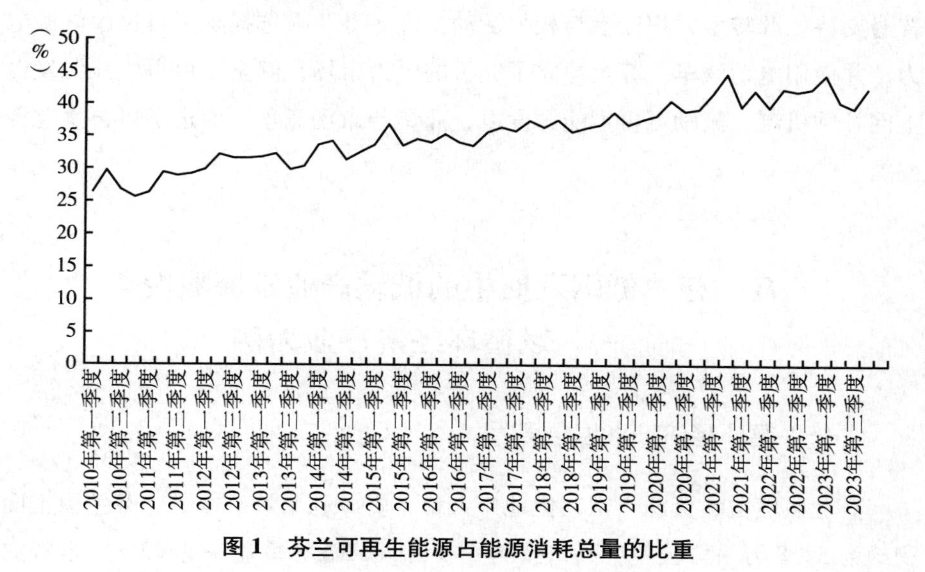

图 1　芬兰可再生能源占能源消耗总量的比重

资料来源：芬兰统计局。

芬兰大力发展风能，已成为欧洲最大的风电装机容量国之一。2022 年，风电发电量占总发电量比例达 14%。同时，芬兰积极开发海上风电，建成多个海上风电场，2022 年海上风电发电量占总发电量比例达 3%。建筑部门高度重视节能，新建建筑均采用高能效标准，2022 年建筑部门能耗比 2010 年下降 20%。工业部门积极推广节能技术和提高能源效率，2022 年工业部门能耗比 2010 年下降 15%。此外，芬兰大力发展智能电网，已建成多个智能电网示范项目，积极参与欧洲智能电网项目，与其他国家共同开发智能电网技术。芬兰也在大力推广电动汽车，2022 年电动汽车销量占新车销量比例达 20%，积极发展公共交通，在主要城市建有完善的公交系统，发展慢行交通，建设了完善的自行车道和步行道系统。

芬兰能源的成功转型主要得益于政府的高度重视，政府的政策支持力度强。芬兰政府将能源转型作为国家战略，制定了一系列支持政策，包括提供财政补贴、税收优惠，简化审批程序等；高度重视科技创新，鼓励企业和科研机构研发低碳技术，技术创新活跃，低碳技术不断涌现。此外，芬兰公众普遍支持能源转型，积极参与相关活动，许多芬兰人选择购买可再生能源电力，并使用电动汽车。芬兰建立了完善的电力市场，健全了可再生能源发电上网补贴机制，鼓励可再生能源发电企业参与市场竞争，促进了可再生能源发展。

五　芬兰低碳发展中的低碳产业发展概况——以循环经济产业为例

（一）循环经济产业发展背景

芬兰虽然自然资源丰富，但地广人稀、资源利用效率低下。芬兰国土面积约为33.8万平方公里，人口约为550万人，森林覆盖率达73%，丰富的森林资源为芬兰发展林业、造纸产业等提供了基础，芬兰人均资源占有量较高，资源利用效率存在提升空间。芬兰高度重视环境保护，积极寻求减少资源消耗和环境污染的途径。2019年，芬兰制定了《循环经济国家战略》，提出了到2035年将循环经济率提高到70%的目标。目前芬兰传统产业面临转型升级压力，需要寻找新的经济增长点，循环经济的发展可以创造新的就业机会，促进经济增长，提升芬兰的国际竞争力。此外，芬兰科技创新能力强，公众环保意识高，也为循环经济发展提供了良好的基础，芬兰政府大力支持科技创新，鼓励企业开发循环经济技术。

（二）循环经济产业规模

芬兰循环经济产业规模不断扩大，循环经济产业已成为芬兰经济的重要支柱，2022年，芬兰循环经济产业产值达500亿欧元，占GDP的10%，预计到2030年，芬兰循环经济产业产值将达800亿欧元，占GDP的15%。芬兰循环经济产业主要包括废物回收利用、资源循环利用等方面。芬兰的废物回收利用率很高，2022年生活垃圾回收利用率达52%，建筑垃圾回收利用率达90%；同时，芬兰在积极探索共享经济、租赁经济等资源循环利用模式，将部分废弃物转化为能源，例如焚烧垃圾发电、沼气发电等。

（三）国际合作

芬兰积极参与国际循环经济合作，与其他国家在技术研发、项目合作和市场推广等方面进行合作，共同推动循环经济的发展；与其他国家签署循环经济合作协议和开展技术交流，例如，芬兰与中国签署了《循环经济合作谅解备忘录》，双方将在循环经济政策、技术、产业等领域开展合作，2022年，芬兰与中国共同举办了“中芬循环经济合作论坛”，探讨循环经济发展经验和合作路径。另外，芬兰积极参与欧盟、联合国等国际组织的循环经济合作项目，参与欧盟《循环经济行动计划》，旨在到2030年助力欧盟循环经济转型。芬兰的企业与其他国家的企业也在积极开展技术研发、产品开发、市场推广等循环经济领域的合作，芬兰公司Neste与荷兰公司Royal Dutch Shell合作开发生物燃料技术。

六　芬兰低碳发展中的低碳技术发展

（一）绿色建筑

芬兰拥有世界领先的绿色建筑技术，其绿色建筑技术在节能、环保、舒适等方面具有显著优势。芬兰绿色建筑标准严格，对建筑的能源消耗、环境影响、室内环境等方面都有明确要求，例如，要求绿色建筑的能耗比传统建筑低50%以上；重点关注建筑的全生命周期，从设计、建造、使用到拆除，都考虑环境影响和资源节约；将建筑节能、环保、舒适等技术进行系统集成，实现整体优化。芬兰采用被动式太阳能设计和利用高性能建筑材料、智能控制系统等提高建筑的节能效果，例如，芬兰的被动式太阳能房屋可以利用太阳能来采暖，减少了能源消耗。芬兰采用多种技术减少建筑的环境影响，例如，使用可回收材料建造建筑，减少建筑垃圾；采用多种技术包括室内空气质量控制、自然采光和通风、智能家居系统使用等提高建筑的舒适度。

芬兰木屋是一种传统的绿色建筑，利用可再生木材建造，具有良好的保温隔热性能。木材是一种可再生的资源，可以被持续利用，并且芬兰的森林覆盖率超过70%，木屋建设具有充足的原材料。相比于钢筋混凝土建筑木屋的生产过程更加低碳，木材本身具有碳储存功能，能够吸收二氧化碳。此外，木屋的建造过程不需要大量使用能源和化工材料，减少了碳排放。木屋的墙壁通常由厚厚的木板组成，可以有效阻隔室内外热量交换，门窗通常采用节能窗和门，进一步提高了建筑的节能效果。芬兰木屋的寿命通常可以达到数百年，减少了建筑拆除和重建过程中的碳排放，除此之外，木屋拆除后，木材可以回收利用，可以用于制作家具、地板等其他产品，减少了资源浪费。

（二）智能电网

芬兰的智能电网技术在提高电网效率、可靠性和安全性方面都具有显著优势，在全球范围内处于领先地位。芬兰积极研发和应用智能电网技术，其技术经过多年实践检验具有很高的可靠性，在技术开发应用过程中，芬兰注重信息安全和网络安全，确保了电网安全稳定运行。芬兰大力发展智能配电网，提高配电网的灵活性和可靠性，采用智能电表、配电自动化系统等技术，实现配电网的实时监控和优化控制；积极推广需求侧响应，提高电网的资源利用效率，通过智能电表、价格信号等手段，引导用户调整用电时间和方式，减少峰值负荷；大力发展可再生能源，采用风力发电、光伏发电等可再生能源，提高电网的清洁化水平，并通过智能电网技术实现安全并网。

芬兰国家电网公司是芬兰最大的电力公司，也是全球智能电网技术领域的领先企业，该公司负责芬兰的输电网络运营和维护，并为芬兰和周边国家提供电力市场服务，该公司积极投资建设智能电网，并在多个领域取得了领先成果。另外，芬兰建成了多个智能电网示范区，对智能电网技术进行验证和推广。例如，芬兰在首都赫尔辛基建设了智能电网示范区，应用了智能配电网、需求侧响应、可再生能源并网等技术。

（三）碳捕获与封存（CCS）

芬兰在CCS技术研发、示范应用和政策支持方面取得了显著成效，在碳捕获与封存（CCS）技术领域全球领先。芬兰积极研发CCS技术，在碳捕获、运输和封存等方面取得了领先成果，其CCS技术经过多年实践检验，具有很高的可靠性，同时确保碳封存过程安全可靠。芬兰建成了多个CCS示范项目，验证了CCS技术的可行性和经济性，例如，芬兰在哈尔滨热电厂建设了CCS示范项目，每年捕集约10万吨二氧化碳。同时，芬兰建立了多个CCS研究中心，致力于CCS技术的研发和创新，芬兰国家技术研究中心进行CCS技术的研发工作，取得了多项重要成果。

芬兰采用多种技术捕集二氧化碳，包括燃烧后捕集、燃烧前捕集和直接空气捕集等，例如，芬兰采用胺类溶剂吸收法捕集燃煤电厂的二氧化碳。在碳运输方面，芬兰利用管道运输二氧化碳，建成了连接碳捕获源和封存地点的管道网络，例如，芬兰建成了连接哈尔滨热电厂和奥卢地下岩层封存点的二氧化碳管道。芬兰采用地下深层地质封存二氧化碳，确保二氧化碳长期安全封存，最具有代表性的是，芬兰将二氧化碳封存在奥卢地下3000米的砂岩层中。

七　中国与芬兰之间低碳合作发展现状及趋势

（一）中芬绿色低碳科技合作

芬兰是中国重要的科技创新合作伙伴，两国科技主管部门长期保持紧密合作，贡献了丰硕的科技成果。中芬科技合作被认为是中欧科技合作的典范。自“一带一路”倡议提出以来，中芬两国的贸易投资额不断增加，科技创新交流不断增强，特别在低碳科技和绿色发展领域，双方科技企业、科研人员、科技园区交往越来越密切。中芬两国在各高新产业领域的合作具有光明前景，特别是在可持续发展、环境保护和能源消耗转型方面可以交流互鉴，实现双赢。1986 年，中国和芬兰正式签署了第 1 个政府间科技合作协定，此后开展了一系列亮点纷呈、卓有成效的合作。2010 年，在北京召开的中芬清洁技术高层研讨会上，中国与芬兰签订了 12 项总值为 2 亿欧元的清洁技术合同。自 2010 年起，中国就成为芬兰重要的五大清洁技术出口国之一。2012 年，芬兰就业与经济部与中国科技部在双边科技联委会上将清洁科技列入未来双方合作的重点领域。在全球双碳目标提出后，中芬两国围绕科技创新促进绿色低碳发展议题打造了中芬科技创新高峰论坛，该论坛目前已成功举办 4 届。

（二）中芬碳中和合作

中芬两国作为负责任的大国，高度重视应对气候变化挑战，积极致力于实现碳中和目标。近年来，两国在碳中和领域的合作不断深化，取得了一系列丰硕成果，为全球应对气候变化贡献了重要力量。中芬两国在碳中和方面具有良好的合作基础。中国是全球最大的碳排放国，芬兰则是全球第 1 个制定碳中和目标的国家，两国在经济发展模式、能源结构、技术创新等方面存在差异，但也存在互补性，这为开展碳中和合作提供了广阔空间。

中芬双方共同推动清洁能源发展，在海上风电、太阳能、氢能等领域开展合作，共同打造清洁低碳能源体系；共同推动循环经济发展，在固体废物资源化、循环经济产业发展、政策法规交流等方面开展合作，促进资源高效利用和可持续发展；在绿色建筑技术、标准、政策等方面开展合作，促进建筑节能减排，共同推动绿色建筑发展；共同研发碳减排技术，在碳捕获、利用与封存（CCUS），碳排放监测，报告与核查（MRV）等领域开展合作，提升碳减排能力。

2021 年，中芬两国领导人共同宣布，力争于 2030 年前实现碳达峰、2060 年前实现碳中和。2022 年，两国生态环境部共同发布《中芬碳中和合作路线图》，明确了未来两国在碳中和领域的合作方向和重点任务。未来，中芬碳中和合作将继续深化，进一步扩大规模，中芬在更多领域开展合作，共同打造更为紧密的碳中和合作伙伴关系。相信通过双方共同努力，中芬碳中和合作必将取得更加丰硕成果，为两国经济社会发展注入新的活力，为全球应对气候变化做出更大贡献。

B.14 2023~2024年卢森堡低碳发展报告

李 毅　李 媛　张儒皓　陈 超*

摘　要：　近年来，卢森堡在低碳发展领域取得了显著成效，持续推进政策改革，优化低碳发展环境。通过实施《国家可持续发展计划》和2021~2030年《国家能源与气候计划》，卢森堡明确了未来的低碳发展路径，主要目标是到2030年温室气体排放量减少55%，并在最终能源消费中实现35%~37%的可再生能源占比。为实现这一目标，卢森堡采取了多项措施，如推广可再生能源、提高能源效率、加强电动交通和公共基础设施建设等。此外，卢森堡在绿色金融领域也获得了全球领先地位。卢森堡成立绿色交易所，推出多种绿色债券和气候融资项目吸引全球资本支持可持续发展项目。同时，卢森堡通过设立碳税、支持氢能和电动汽车等，不断优化能源结构，推动全社会向低碳经济转型。卢森堡在低碳发展上虽然已取得显著进展但仍面临较多挑战，如能源进口依赖性高、电动汽车推广速度较慢等。

关键词：　碳中和目标　可再生能源　低碳转型　电力　低碳合作

一　卢森堡低碳发展进程

卢森堡作为欧洲西北部内陆国家，是世界上最小的国家之一，西部和北

* 李毅，山东财经大学区域与国别研究院执行院长，博士，教授，博士生导师，研究方向为区域与国别学；李媛，管理学硕士，山东管理学院讲师，研究方向为区域经济、低碳经济；张儒皓，山东财经大学国际商务专业硕士研究生，研究方向为低碳经济；陈超，山东财经大学国际商务专业硕士研究生，研究方向为低碳经济。

部与比利时接壤，南部与法国接壤，东北部和东部与德国接壤，国土面积约为2586平方公里，人口稳定在60万人左右。自2004年6月起，卢森堡政府便开始关注可持续发展问题，起草并制定相关的低碳发展草案，积极参与全球气候治理，不断为绿色低碳发展开辟空间。

（一）国家可持续发展计划

卢森堡成立了可持续发展高级委员会（HCSD），以协调有关可持续发展和民间社会参与可持续发展目标行动的国家政策。HCSD的任务之一是作为可持续发展新伙伴关系的平台。卢森堡实现可持续发展的主要工具是《国家可持续发展计划》（PNDD）和《可持续发展执行情况报告》（RNDD）。

在卢森堡，《国家可持续发展计划》是实现联合国2030年议程及17项可持续发展目标的主要工具。它具体规定了为实现可持续发展而采取的行动和措施；该计划作为政治文件，政府对此负有最终责任，它能够指导政府走上可持续发展的道路。

在2019年通过第3个《国家可持续发展计划》（PNDD）时，政府选择了10个优先行动领域。

（1）确保社会包容和全民教育。

（2）确保人口健康。

（3）促进可持续消费和生产。

（4）多元化并确保经济的包容性和前瞻性。

（5）规划和协调土地利用。

（6）确保可持续交通。

（7）阻止环境退化，尊重自然。

（8）保护环境，适应气候变化，确保可持续发展。

（9）为消除贫困和促进可持续发展的政策一致性做出全球贡献。

（10）确保财政可持续运行。

在国家发展战略计划中，政府行动的这十大支柱中的每一项都由一个长期愿景、与之相关的可持续发展目标、针对的具体目标、每个部门计划或采取的措施以及衡量进展的指标提出。

（二）2021~2030年国家能源和气候综合计划

《国家能源和气候计划》（ENCP）是欧盟授权给每个成员国的 1 份为期 10 年的综合文件，旨在使欧盟实现其总体温室气体排放目标。《国家能源和气候计划》涉及欧盟能源联盟的 5 个方面：脱碳，能源效率，能源安全，内部能源市场，研究、创新和竞争力。同时确立了以下目标。

（1）脱碳：减少温室气体排放，通过与其他欧盟成员国合作，增加可再生能源在最终能源消费总额中的占比。

（2）能源效率：新的无化石燃料单一用途和住宅建筑，发展可再生供暖网络，通过扩大公共交通和电动汽车规模来防止交通拥堵。

（3）能源安全：通过扩大可再生能源规模，减少对电力进口的依赖，加强电力和天然气供应安全领域的区域合作。

（4）内部能源市场：国家天然气基础设施不再进一步发展，通过部门耦合的方式将电力、热力和运输部门结合起来。

（5）研究、创新和竞争力：实施全国性的能源“零碳”转型，促进有弹性的城市和空间发展，结合城市/空间规划，卢森堡成为气候解决方案提供商。

二　卢森堡低碳发展主要政策目标

《国家能源和气候计划》确定了未来几年的国家气候目标，这些目标与欧盟的目标相一致。2030 年的中期目标与 2005 年相比，将温室气体排放量减少 55%，不包括欧洲排放交易计划和土地利用、土地利用的变化和林业；实现可再生能源在最终能源消费中占比为 35%~37%，将能源效率提高 44%，雄心勃勃地部署风力发电、太阳能发电、热泵和电动汽车。长期目标是最迟到 2050 年在卢森堡实现气候中和或净零排放。卢森堡制定了具体目标。

（1）二氧化碳税，每年将继续增加 5 欧元/吨的二氧化碳税。特别是减少道路燃料排放。将所得款项用于资助气候措施、解决方案实施和能源转型，并为社会补偿措施（低收入家庭税收抵免、生活费用补贴）提供资金援助。

（2）继续发展气候、能源、环境2.0版本，鼓励和支持市政当局发挥其在气候行动和能源转型方面的模范作用，为气候变化适应工作做出贡献，促进有效的资源管理，从而刺激可持续的地方和区域投资。市政当局是在地方层面实施气候计划的重要合作伙伴。

（3）化石供暖的“逐步淘汰”将在财政援助和集体解决方案的支持下自愿完成，例如系统的区域改造和无碳供暖网络的发展。如果证明自愿方法太慢或不足，那么在下一步中，就只允许用至少70%可再生能源运行的供暖装置进行替换。

（4）特别是通过推广私人充电站网络、公共充电基础设施或为零排放车辆引入财政援助促进车队的电气化。此外，一个专门负责物流行业的工作组将制定该行业的脱碳战略。引入“社会租赁”，即电动汽车的社会租赁系统，通过签订长期租赁合同来帮助低收入家庭实现个人出行的电气化。

（5）在氢能方面，支持国家氢能战略。该战略于2021年提出，完全符合到2050年实现脱碳和气候中和的目标。

（6）在农业方面，根据国家战略计划继续推动农业可持续发展包括农业光伏的推广。

（7）在林业方面，特别是提高了温室气体净清除量目标，并引入了详细援助计划。

三　卢森堡低碳发展现状

（一）温室气体排放量显著下降

2022年卢森堡人均温室气体排放量为12.96吨（见图1），较1990年的33.3吨减少了61%。卢森堡尽管是一个相对较低的碳密集型经济体，但仍然是欧盟人均温室气体（GHG）排放量最高的国家之一。

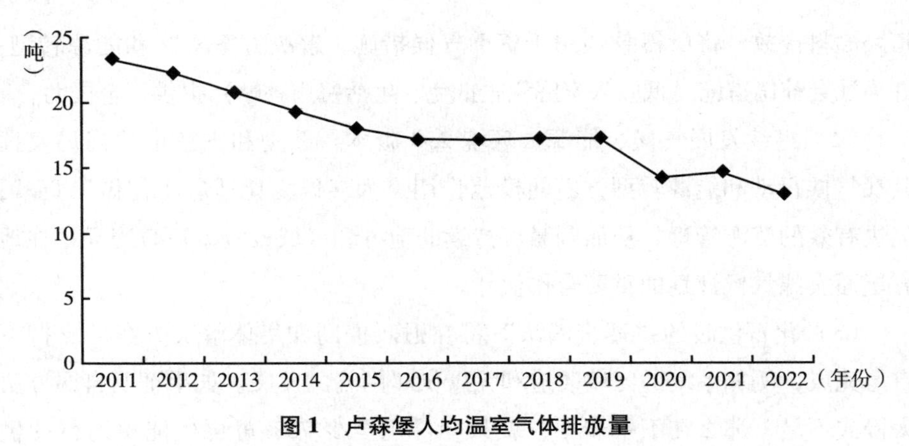

图1　卢森堡人均温室气体排放量

资料来源：Our World in Data。

能源强度衡量的是每单位国内生产总值消耗的能源量。它有效地衡量了一个国家利用能源获得一定数量经济产出的效率。较低的能源强度意味着每单位 GDP 需要消耗的能源更少。2022 年卢森堡每产生 1 美元约消耗 1 千瓦时的能源（见图 2），较 1990 年的 2. 64 千瓦时减少 62%。

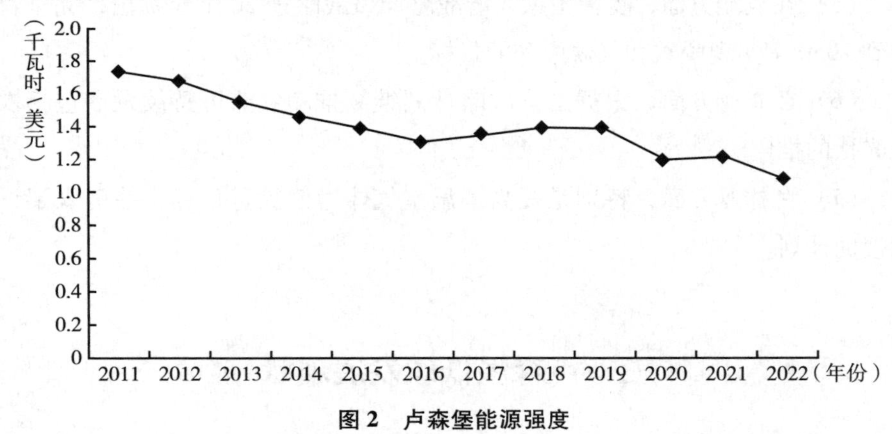

图2　卢森堡能源强度

资料来源：美国能源信息署（2023）；《世界能源统计回顾》（2024 年）。

卢森堡温室气体排放量的显著减少和能源强度的降低得益于该国政府积极推行的一系列环保政策和措施。2021～2030 年的能源与气候综合计划草案，旨在到 2030 年将温室气体排放量减少至 2005 年水平的一半以下。其目标不仅涵盖了未被纳入欧盟碳排放交易体系的行业，还考虑了到 2050 年实现温室气体“净零排放”的长远目标。卢森堡政府特别强调将重点放在提高能源利用效率和增加可再生能源比例上，计划通过开发风能、太阳能和地热能等清洁能源，使可再生能源的使用比例在 2030 年前达到 23%，以期尽早达成 100%使用可再生能源的目标。此外，卢森堡政府计划通过税收手段减少汽车燃油消耗，并将新增收入用于替代能源的研发和生产。

（二）绿色金融世界领先

1. 卢森堡绿色交易所

卢森堡证券交易所拥有 133 只绿色债券，累计价值 630 亿欧元，是市场上的全球领导者，拥有几乎一半的上市绿色债券。卢森堡绿色交易所成立于 2016 年，是第一个完全致力于绿色、社会和可持续金融工具的平台。

2. 气候融资工作组

气候融资工作组是一个由卢森堡的公共和私营关键参与者组成的智囊团。它的创建是为了支持全球行动计划，以期实施《巴黎协定》。它助力 2016 年国家气候融资战略的制定。仅仅 1 年后，气候融资加速器就加入了已经实施的国际社会融资加速器倡议。气候融资工作组为希望投资与应对气候变化有关的项目的投资基金经理提供支持。卢森堡致力于建立国际绿色金融中心。

3. 气候融资平台

为了给对应对气候变化具有重大影响的项目筹集投资，卢森堡政府和欧洲投资银行启动了一个合作项目——气候融资平台，该平台已为气候相关项目提供 3000 万欧元。

四　卢森堡低碳能源转型

（一）二氧化碳排放

2022 年卢森堡燃料燃烧产生的二氧化碳的排放量为 6.748 公吨，较

2000 年减少 16%。在经济较发达的国家，与能源相关的人均二氧化碳排放量往往较高，但根据经济结构和能源系统的不同，人均与能源相关的二氧化碳排放量也可能有很大差异。例如，在更依赖碳密集型交通方式（如驾驶和飞行）、能源密集型行业（如钢铁或化工）占比较高或严重依赖化石燃料发电的国家，人均排放量将更高。2022 年卢森堡人均二氧化碳排放量为 10.303 吨，较 2000 年下降 43%，其人均二氧化碳排放量在欧洲位居第 2。

与能源相关的二氧化碳排放的部门细分取决于经济结构和能源系统。发电厂通过燃烧燃料来发电和供热从而产生二氧化碳排放。在交通运输方面，大多数国家的绝大多数排放来自汽车，尽管电动汽车快速增长，但汽车仍然严重依赖石油基燃料。在大多数国家，化石燃料供暖是住宅排放的主要来源。在工业中，排放主要来自化石燃料燃烧。

卢森堡二氧化碳排放的主要燃料来源是石油，主要产生行业为交通运输业。2022 年石油燃烧产生的二氧化碳排放量占 76.1%，煤炭占 2.4%，天然气占 18.4%（见图 3）。

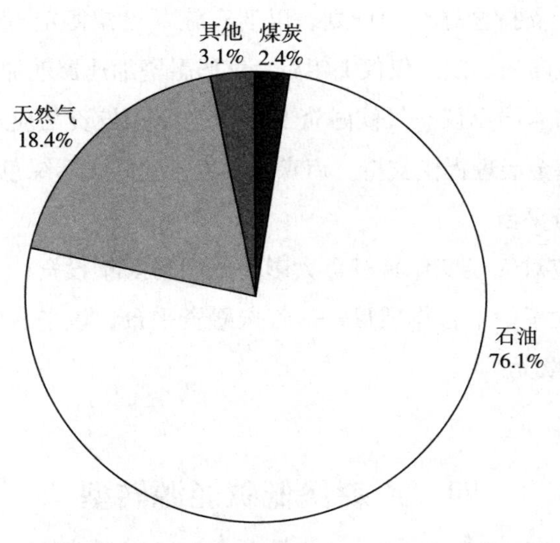

图 3　2022 年卢森堡燃料燃烧二氧化碳排放量

资料来源：IEA。

（二）能源依赖严重

2022年，卢森堡的电力消费结构呈现明显的特点，超过80%的电力依赖净进口，这意味着卢森堡对国内电力生产的依赖度较低。在国内生产的电力中，水电约占51%，风力发电约占15%，太阳能发电约占10%，生物燃料发电约占14%。相比之下化石燃料的占比几乎可以忽略不计。这表明卢森堡的电力生产已经在一定程度上转向了低碳能源，但仍有大部分需求须依靠进口来满足①。

卢森堡90%以上的能源消费依赖进口。2021年，石油占卢森堡能源结构的69%，天然气占18%，可再生能源占12%。石油的高占比反映了交通运输业在卢森堡经济中的核心作用。2021年，卢森堡消耗（见图4）的天然气几乎都是通过管道从比利时和德国进口的，卢森堡除沼气外没有任何化石产生天然气②。

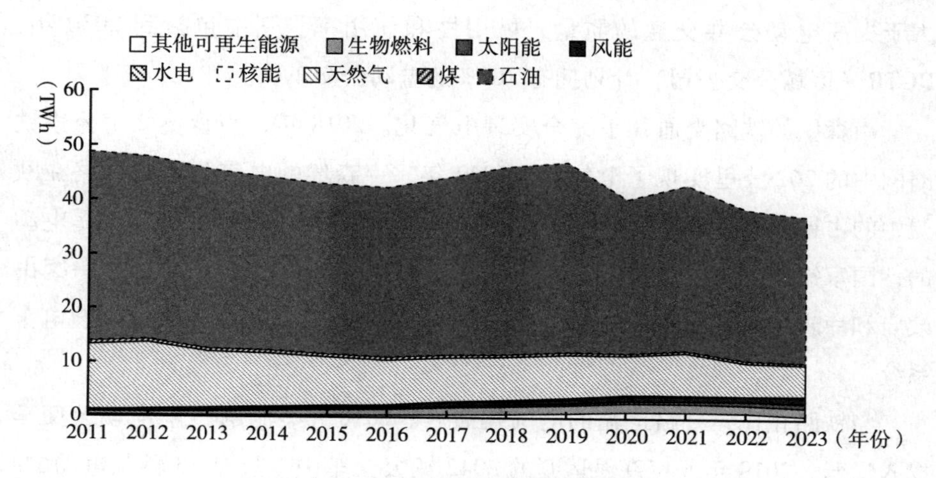

图4 按来源划分的能源消耗

资料来源：《世界能源统计回顾》（2024年）。

① 数据来源：Low-Carbon Power。

② 数据来源：EUROPEAN ECONOMY。

近年来，其可再生能源生产大幅增加。政府在气候法中设定了雄心勃勃的目标，即到2030年利用可再生能源（主要是太阳能光伏和风能）满足1/3以上的电力需求，到2030年将温室气体排放量减少50%~55%，到2050年实现气候中和。为此，卢森堡继续实施公共支持计划来推广可再生能源。

五　卢森堡低碳产业发展现状——以电动汽车为例

（一）电动汽车现状

卢森堡已经制定了一项旨在实现交通部门电气化的电动汽车计划，以减少温室气体排放和燃料进口。《能源和气候综合计划》草案设定了一个目标，即到2030年，在卢森堡注册的所有车辆中有49%是电动汽车（EV）。政府已将可购买的国有汽车限制为纯电动汽车或插电式混合动力汽车，并致力于提高电动公共交通的质量、可用性和使用率。其中包括到2030年，RGTR（区域公交公司）计划拥有100%的电动公交车队。

卢森堡的铁路交通几乎完全实现电气化。2018年，卢森堡271公里铁路网中的262公里实现了电气化，2022年，卢森堡的电气化铁路线路在欧盟中的占比最高，为96.7%[①]。国家铁路公司运营的绝大多数列车都是电动的，国家铁路公司持续投资铁路线和电动火车的电气化。Luxtram是一家由政府和卢森堡市共同拥有的公司，该公司在整个首都部署了电气化有轨电车系统。

与铁路相比，公路运输的电气化滞后。2018年，只有7辆电动公交车投入运营，2019年，卢森堡运营的2042辆公交车中，只有33辆是电动的。截至2023年12月，卢森堡纯电动乘用车占比仅为5.1%。但近年来电动汽车注册份额不断攀升，2021年电动汽车占新车注册量的10.5%，2022年份额达到15.2%，2023年达到22.48%。

---

① 数据来源：欧盟统计局。

（二）配套政策

卢森堡政府为租赁或购买电动汽车提供补贴的积极政策在推动电动汽车的广泛采用方面发挥了关键作用。

1. 针对使用电动汽车采取财政激励措施

卢森堡对推广电动汽车（EV）的承诺不仅体现在基础设施上，还体现在为公民提供的经济激励措施上。居民当选择使用电动汽车时，会从各种激励措施中受益，这些激励措施使使用电动汽车更具吸引力。

对于100%电动汽车，在以下情况下，可申请补贴8000欧元。

（1）适用于经认证的能耗小于或等于18kWh/100km的汽车。

（2）适用于经认证的能耗小于或等于20kWh/100公里且功率小于或等于150千瓦的汽车。

（3）适用于至少7个座位的汽车，无论车辆的能耗如何（接收者必须提供家庭至少有5人的证据）。

（4）适用于氢燃料汽车。

（5）适用于100%电动或氢燃料电池轻型商用车，无论能耗如何。

2. 财政援助计划延期

卢森堡环境、气候和可持续发展部，能源和空间规划部以及交通和公共工程部宣布推迟安装私人电动汽车（EV）充电站的财政援助计划。“Klimabonus Mobilitéit”计划是政府努力使私人出行脱碳的关键，它促进了纯电动和氢燃料电池机动车、踏板辅助自行车的使用以及私人电动汽车充电站的运行。

该计划自2020年推出以来，已为3500多个案例提供了针对私营电动汽车充电站的财政援助。随着该计划延期至2024年12月31日，政府进一步促进共有物业安装充电站，并覆盖更广泛的援助受助群体。

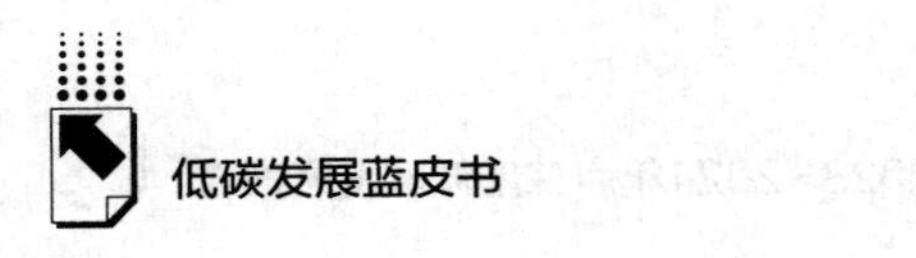

六　卢森堡低碳技术发展

在能源转型中，氢将在建立绿色和循环经济方面发挥关键作用。它将使不同的经济部门连接起来，促进全面减排，并彻底改变能源生产和消费的方式。因此，卢森堡正在该领域进行大量投资，以推进研究和创新，为氢能经济奠定基础。

卢森堡启动了卢森堡氢谷项目，该项目的目标是2026年在该国南部生产绿色氢。这一举措是卢森堡脱碳战略的核心，可以实现从进口灰氢过渡到本地生产绿氢。

1. 电热材料与制冷技术

应对与能源相关的挑战已被列为卢森堡的研究重点之一。卢森堡科学技术研究所（LIST）的研究人员正在研究电热和铁性材料，以有效利用能源、生产和储存绿色氢气，提高能源效率。

2. 其他制氢技术

合成、沉积、加工和表征方面的创新将支撑这种氢基经济技术和设备的大规模部署，旨在降低生产成本、减少对环境的影响，并形成具有市场吸引力的解决方案。

附录
大事记

1. 2023 年 1 月 12 日，由中国工程院与丹麦技术科学院共同主办的中丹“面向零碳目标的能源转型”研讨会以视频形式召开。会议中，多位专家就两国实现零碳目标能源转型的总体方案、合作历史、能源系统集成研究及能源市场发展等主题进行了深入讨论和报告。双方认识到实现碳中和的重要性，并且强调了构建清洁、低碳、安全、高效的现代能源体系的必要性，这一体系是实现碳中和的关键和基础。

2. 2023 年 1 月 18 日，德国总理奥拉夫·朔尔茨在世界经济论坛 2023 年年会上发表特别演讲，重申德国的目标是到 2045 年实现气候中和或温室气体净零排放。德国总理表示，2023 年，仅陆上风电场的招标量就增加了 1 倍多。到 2030 年，德国 80%的电力生产将来自可再生能源，是目前的 2 倍。

3. 2023 年 2 月 1 日，欧盟正式推出绿色协议工业计划（Green Deal Industrial Plan，简称 GDIP），目的是提高欧洲净零工业的竞争力，支持快速转型至气候中和。该计划通过支持创新研发、鼓励绿色投资、升级基础设施、确保公平转型、提高能源效率、推广循环经济、加强国际合作、制定严格环境标准、支持中小企业发展以及提高公众环保意识等，全面推动经济和社会的绿色转型。GDIP 不仅关注工业部门的变革，也致力于实现可持续发展和全球气候变化应对的双重目标，展现了欧盟在全球环境治理中的领导力和决心。

4. 2023 年 2 月 13 日，欧盟通过了两项授权法案，定义了可再生氢的构成，并提供了计算其生命周期排放的方法。这些法案的核心在于确保氢气来源于可再生能源，并通过标准化的排放计算方法为氢能产业提供清晰的法规框架。法案还包括了对环境影响的全面评估，鼓励技术创新以提高生产效率和降低成本，同时减少对环境的负面影响。此外，法案强调了与国际标准的一致性，以及建立监管机制确保合规性，为欧盟在全球氢能市场中的领导地位奠定了基础。

5. 2023 年 3 月 16 日，欧盟委员会提出了《净零工业法案》，该法案作为《绿色协议工业计划》的核心组成部分，旨在通过一系列战略措施，加强欧盟在净零技术和产品制造领域的领导地位。法案聚焦于技术创新与研发，推动产业升级与转型，确保能源安全与自给自足，同时创造绿色就业机会，促进经济增长。此外，法案包括风险管理与适应性策略，以及对劳动力的教育和培训，以提升其在新兴净零产业中的就业能力。

6. 2023 年 3 月 16 日，欧盟委员会提出了《关键原材料法案》，这是一项战略性立法，目的在于保障能源安全、提高供应链的韧性，并促进经济增长。法案的核心内容包括确保原材料供应的多元化，提升供应链的弹性以抵御市场波动，鼓励本土生产以提高自给自足能力。同时，法案强调技术创新和研发，以提高资源效率并降低环境影响。它还着重于确保生产和加工过程符合环境与社会标准，并通过国际合作共同应对全球市场挑战。此外，法案包括市场准入优化、风险管理机制建立，以及对从业人员的教育和培训。

7. 2023 年 3 月 26 日，柏林气候公投失败。柏林人在全民公决中投票通过了一项提案，该提案使德国首都比计划提前 15 年实现气候中和。公投结果显示，柏林没有足够的选民支持到 2030 年使德国首都实现碳中和的协议。

8. 中法两国联合发布《中华人民共和国和法兰西共和国联合声明》。应中华人民共和国主席习近平邀请，法兰西共和国总统埃马纽埃尔·马克龙于 2023 年 4 月 5~7 日对中华人民共和国进行国事访问。在两国即将迎来建交 60 周年之际，两国元首决定在 2018 年 1 月 9 日、2019 年 3 月 25 日和 2019 年 11 月 6 日的联合声明基础上，为中法合作开辟新前景，为中国—欧盟关系寻求新动能。中法联合发布的《中华人民共和国和法兰西共和国联合声明》进一步明确“气候、生物多样性和土地退化防治是中法两国共同优先事项”。

9. 2023 年 4 月 25 日，欧盟理事会通过 CBAM，CBAM 于 2023 年 10 月 1 日起实施，2023~2025 年过渡期内仅须申报产品碳排放量，2026 年起正式征收碳关税，价格与欧洲碳排放交易体系挂钩。过渡期涉及的产品类别包括钢铁、铝、水泥、化肥、电力、氢六大行业，范围包括有机化学品和聚合物等其他有碳泄漏风险的产品类别，后续可能扩展至其他领域。CBAM 考虑了避免双重征税的原则，允许扣除产品生产国已支付的碳成本。以上对全球贸易规则和国际碳定价具有深远影响。

10. 2024 年 6 月 12 日，欧盟委员会披露了对从中国进口的电池电动汽车（BEV）征收的临时关税水平。欧盟委员会对 3 家抽样中国汽车生产商征收的关税分别为：比亚迪 17.4%，吉利 20%，上汽集团 38.1%。中国其他参与调查但尚未抽样的电池电动汽车生产商将被征收 21%的加权平均税。欧盟委员会称，如果与中方的讨论不能得出有效的解决方案，这些临时关税将从 7 月 4 日起引入。

11. 中德两国政府签署《关于建立气候变化和绿色转型对话合作机制的谅解备忘录》。2023 年 6 月 20 日，在中德两国总理见证下，国家发展和改革委员会主任郑栅洁与德国联邦副总理兼经济和气候保护部部长哈贝克在柏林代表两国政府签署了《中华人民共和国政府和德意志联邦共和国政府关于建立气候变化和绿色转型对话合作机制的谅解备忘录》。双方将在绿色低碳发展领域开展对话、加强合作以取得务实成果。2023 年 6 月，瑞典用“100%无化石燃料”电力取代了到 2040 年“100%可再生”电力的能源目标，使政府能够推进新核电站的计划。

12. 2023 年 7 月 4 日，中共中央政治局常委、国务院副总理丁薛祥在北京同欧盟委员会执行副主席蒂默曼斯举行第四次中欧环境与气候高层对话，就中欧气候政策、绿色合作、全球气候合作等议题展开交流。

13. 2023 年 7 月 31 日，欧盟委员会发布了首批《欧洲可持续发展报告准则》（ESRS）的终稿。这些准则作为《企业可持续发展报告指令》（CSRD）的配套规则，为企业的可持续性信息披露提供了具体规范，并将从 2024 年 1 月 1 日起采用分阶段实施的方式适用。这些准则和指令的发布意味着企业需要加强内部的 ESG 管理和数据收集工作，以满足更高的披露标准，并通过第三方鉴证来保证报告的可靠性。中国企业，尤其是那些在欧盟有业务或在欧盟市场上市的企业，需要提前准备来适应这些新的披露要求。

14. 2023 年 8 月 17 日，《欧盟电池与废旧电池法规》正式生效，并于 2024 年 2 月 18 日起实施，是全球首个将碳足迹纳入产品强制标准的法规。该法案适用于几乎所有类型的电池，对全生命周期碳足迹披露、可持续性、安全、尽职调查、电池护照以及废旧电池管理等方面有所要求，明确了电池及其制造商、进口商、分销商的责任和义务。

15. 2023 年 8 月 18 日，中国和丹麦政府签署了《中丹绿色联合工作方案（2023—2026）》，双方承诺将《巴黎协定》目标转化为行动，采取具体步骤应对气候变化，合作推动可持续、公正、成本更优的绿色低碳转型。该方案旨在加强两国在气候变化和脱碳技术、环境保护、资源的可持续管理和利用、可持续的粮农技术、可持续的全球卫生以及知识产权等领域的合作。

16. 2023 年 10 月 4 日，德国联邦政府通过了一项全面的气候行动计划。该计划为所有大型经济部门制定了措施。根据该计划，6 个最大的行业中的每 1 个都将有明确的转型路线图。

17. 2023 年 10 月 11 日，第一届巴黎深度脱碳论坛在贝尔西举行，经济、财政、工业和数字主权部部长布鲁诺-勒梅尔和能源转型部部长阿涅斯-潘尼耶-鲁纳赫尔出席了论坛。

18. 2023 年 10 月 24 日，欧盟发布了《欧洲风电行动计划》，提出将欧盟风电装机容量从 2022 年的 2.04 亿千瓦提高至 2030 年的 5 亿千瓦以上，年度新增装机规模从 2022 年的 1600 千瓦提升至 3700 万千瓦。该行动计划的目标包括加快风电产业的建设、简化许可规则以及投资港口和电网。

19. 2023 年 11 月 24 日，为落实 2023 年 4 月中法两国元首见证签署的《中华人民共和国科学技术部与法兰西共和国高等教育和科研部及欧洲和外交部关于建立中法碳中和中心的意向声明》，推动中法碳中和领域科技交流合作，在中法高级别人文交流机制第六次会议期间，中国科技部与法国欧洲和外交部、法国高等教育和科研部及法国驻华大使馆在北京共同举办中法碳中和中心启动仪式。中法碳中和中心是中国与外国政府建立的首个碳中和中心，将聚焦农业、生物多样性和环境等方向。

20. 2023 年 11 月，瑞典政府提出了新核能路线图，宣布计划到 2035 年建造 2 座大型反应堆，到 2045 年建造 10 座新反应堆，包括小型模块化反应堆。议会废除了将反应堆总数限制在 10 个以内的规定，并将反应堆的建设地点进行限制。

21. 2023 年 11 月 22 日，法国能源转型部部长阿涅斯-潘尼耶-鲁纳赫尔发起了 1 项公众咨询，法国能源规划的大纲将向公众征求意见，为期 1 个月。该规划作为法国能源气候战略工作的一部分，包括下一个多年期能源计划（PPE），该计划将确定法国未来十年（2024~2035 年）的能源政策。

22. 2023 年 12 月 5 日，中欧合作伙伴对话“共塑绿色发展新动能”活动在京举行。活动以“共塑绿色发展新动能”为主题，邀请相关行业的中欧企业负责人开展交流对话，共同探讨深化中欧绿色低碳发展领域务实合作。国家发展和改革委员会副主任李春临出席活动开幕式并致辞。活动现场发布了“中欧绿色低碳发展合作典型案例”（共 10 个），涉及能源绿色转型、节能降碳增效、绿色低碳科技创新、循环经济发展等多个领域。

23. 2023 年 12 月 6 日，德国发布了首份跨政府的《气候外交政策战略》。该战略旨在使德国与国际应对气候危机的方法保持一致，这为追求类似愿景的国家提供了宝贵的经验教训。

Abstract

The report of the 20th National Congress of the Communist Party of China in 2022 proposed the strategic goal of promoting green development and harmonious coexistence between human and nature. We should accelerate the green transition of development model, actively and steadily promote carbon peaking and carbon neutrality, and actively participate in global governance on climate change. The Central Committee of the Communist Party of China and the State Council issued the "Opinions on Accelerating the Comprehensive Green Transition of Economic and Social Development," setting phased targets for 2030 to achieve positive progress in the green transition of key areas; by 2035, a green, low-carbon, and circular economic system will be basically established. Achieving the "dual carbon" goals and promoting an energy revolution is a major strategic deployment made by China to promote the construction of ecological civilization and harmonious coexistence between human and nature. It is also China's major responsibility as a great power that is committed to global ecological and environmental protection, actively participates in global climate governance, and promotes the construction of a community with a shared future for mankind.

The 2015 Paris Climate Change Conference was a milestone meeting in the global response to climate change. The European Commission proposed ambitious goals for green and low-carbon development, declaring that it would become a carbon-neutral continent by 2050. To achieve the zero-carbon goal, the European Union (EU) has taken circular economy, digitalization, and the transition to green as the three main pillars of its green development strategy. After the United States withdrew from the Paris Agreement, the EU strengthened and enhanced its climate and energy cooperation with China. China and the EU have jointly built a consultation platform to further promote international climate cooperation and resisted global warming, playing a leading role in the field of global climate governance. The general report of this book systematically analyzes the latest progress of the EU's low-carbon economy in 2023 from the aspects of policy objectives and measures, investment costs, technological innovation, and international cooperation. It discusses the problems and challenges faced by the development of the EU's low-carbon economy and looks forward to the development prospects of it in 2024.

This book's sub-reports are divided into four sections. It comprises, in particular, the EU Low-Carbon Policy Development Report, the EU Energy Transition Development Report, the EU Low-Carbon Industry Development Report, and the EU Low-Carbon Technology Development Report. These reports provide a multifaceted view of the EU low-carbon economy's current state of development and serve as a helpful resource for the international community in its efforts to combat global warming, reduce greenhouse gas emissions, and realize a green development path towards a low-carbon energy transition.

This special report examines the successes China and the EU had in 2023 in tackling the threat of global warming together, enhancing coordination and coordinated climate action, encouraging collaboration and exchanges in the field of sustainable energy, and advancing the growth of low-carbon and green industries. Simultaneously, the report outlines the issues and disagreements that the two parties have encountered and indicates the path for future collaboration.

The book's fourth section is a country report that focuses on the low-carbon economy development of eight major EU member states in Western Europe-Germany, France, Sweden, Belgium, Denmark, the Netherlands, Finland, and Luxembourg-in 2023. It analyzes in detail how the stages of low-carbon development have evolved, how low-carbon economic policies have developed, how low-carbon industry has emerged, how each country has experienced the energy transition, and it summarizes the similarities and features of the countries in the pertinent low-carbon economy. Additionally, it highlights the similarities and traits of these nations in areas related to the low-carbon economy, looks at the unresolved issues they are currently facing in their green and low-carbon

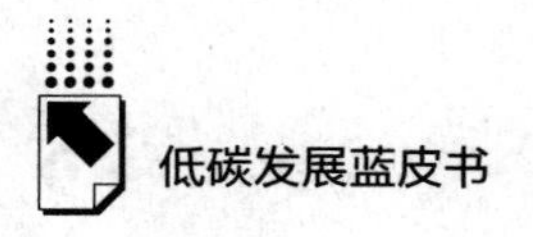

development stages, and offers appropriate solutions and recommendations for the issues that are currently present. The book's fifth section, a timeline of events, summarizes and gathers the key papers, conferences, events, and other significant occurrences related to low-carbon development in the EU in 2023.

This book offers helpful resources and references for China to actively and consistently advance carbon peaking and carbon neutrality, with the intention of positively influencing the achievement of the "dual-carbon" goal.

Keywords: European Union; Low-carbon Economy; China-EU Cooperation; Energy Transformation

Table of Contents

I General Report

Abstract: The adverse effects of global climate change are becoming increasingly evident, with issues such as melting glaciers and rising sea levels seriously affecting the development of human society and the natural environment. As an active participant in global climate change, the EU has vigorously developed a low-carbon economy. Recalling 2023, the EU has introduced a series of important policy documents in the development of low-carbon economy, with clearer policy objectives and better measures; further clear requirements to increase investment in the research and development and application of low-carbon technologies, and increased investment; breakthrough progress in low-carbon technology innovation, accelerating the EU energy transition process; at the same time, the EU makes full use of global resources, strengthens international cooperation, and accelerates the low-carbon economic development. Looking forward to 2024, the reform of the EU carbon emissions trading system is still one of the key initiatives for the development of the EU's low-carbon economy, and it is necessary to further improve the effectiveness of the carbon emissions trading system and promote the EU to realize deeper emission reduction; the "Fit for 55" package will accelerate the pace of the EU's energy transition, reduce fossil fuel dependence and reduce carbon emissions; technological innovation and investment is the key to accelerating the EU's energy transformation, reducing fossil fuel dependence and reducing Technological innovation and investment is an important driving force to promote the development of low-carbon economy, scientific and technological innovation for the direction of investment, investment for scientific and technological innovation to provide support; make full use of "carbon tariffs" to force enterprises to take measures to reduce carbon emissions, and promote the global low-carbon transition. In conclusion, the European Union has already achieved some milestones in its efforts in the field of low-carbon economy, but it still needs to continue to explore and move forward, so as to make a greater contribution to the realization of sustainable economic development.

Keywords: Low-carbon Technology; International Cooperation; Carbon Emissions Trading System; Carbon Tariff

Ⅱ Sub Reports

Abstract: This report provides an in-depth analysis of the importance of low-carbon development under the global climate change agenda, highlighting the global influence of the European Union as a leader in low-carbon development policies. The report system evaluates the historical evolution and latest progress of the EU's low-carbon policy, as well as its profound impact on the economy, environment, and society. It reveals how the EU promotes green and low-carbon transformation of the economy and society through a series of innovative policy measures, and plays a leading role in global climate governance. The development process of the EU's low-carbon policy reflects a gradual deepening process from initial emission reduction commitments to the formation of quantitative targets, and then to the establishment of carbon neutrality strategic goals. Especially with the proposal of the European Green Agreement, it marks a new stage of comprehensive and in-depth promotion of the EU's low-carbon policy. In 2023, the EU further strengthened its low-carbon policy by passing key legislation such as the Green Agreement Industrial Plan, Net Zero Industry Act, and Key Raw Materials Act, aimed at enhancing the manufacturing capacity of net zero technology and products, ensuring energy security, creating green employment, and promoting economic growth. This report not only outlines the main content and characteristics of the EU's low-carbon policy, but also analyzes its effectiveness and challenges. At the same time, it points out the positive demonstration effect of the EU's low-carbon development policy on global climate action, providing useful reference for other countries and regions to formulate and implement low-carbon policies.

Keywords: Low-Carbon Development Policies; European Green Agreement; Carbon Border Adjustment Mechanism

Abstract: In recent years, the EU has emerged as a global leader in energy transition, actively responding to the challenge of climate change and committed to driving the green transformation of the energy system. By implementing a series of top-level strategies, such as the European Green Deal, the EU has made significant efforts to develop renewable energy, improve energy efficiency, and strengthen international cooperation, setting an example for the world in addressing climate change and achieving sustainable development goals. In 2023, the EU achieved significant progress in energy transition, with the continuous growth of renewable energy generation and significant improvement in energy efficiency. Technological innovation also continued to emerge. The share of renewable energy in power generation continued to increase, with wind and solar power becoming the main driving forces of the energy transition. However, the EU also faces many challenges in the process of energy transition, such as energy supply security issues, a significant increase in investment needs, and the difficulty of coordinating international cooperation. These issues have constrained the continuous advancement of the EU's energy transition to some extent. To overcome these challenges, this report conducts a thorough analysis of the current situation and problems of EU energy transition and puts forward a number of policy recommendations. The recommendations include increasing investment in green energy, optimizing fund allocation, strengthening research and innovation, and improving policy and regulatory systems, to facilitate the EU's energy transition process. This report provides comprehensive, in-depth, and timely data and analysis for policymakers, industry practitioners, and researchers by thoroughly examining the information on the development of renewable energy, improvement of energy efficiency, and technological innovation in multiple dimensions of EU energy transition. It has important reference value for the development of global energy transition.

Keywords: Renewable Energy; Carbon Neutrality; Energy Efficiency; European Union

Abstract: Against the backdrop of global climate change, low-carbon development has become a key pathway for promoting sustainable development. As a major driving force in global environmental governance, the European Union has accelerated its low-carbon transition through a series of forward-looking policies, aiming to achieve carbon neutrality. In 2023, the EU made significant progress in low-carbon industry development, which has had a profound impact on the global low-carbon economy. This report provides an in-depth analysis of the policy background, current status, core highlights, typical cases, and future outlook of the EU's low-carbon industry. It explores the roles of technological innovation, policy support, international cooperation, and social participation in the development of low-carbon industries. Through practical examples, the report showcases the applications of low-carbon technologies in renewable energy, urban management, and business model innovation, providing valuable insights for the future development of the low-carbon economy.

Keywords: Low-Carbon Transition; European Union; Industrial Development

Abstract: In recent years, in order to achieve the goals of the Paris Agreement, the EU is accelerating the transition to a low-carbon economy, with annual spending on energy production and supply equipment increasing year by year, especially in the field of renewable energy power generation, which has become a key force in promoting low-carbon transformation. However, compared with the actual needs of international development, there is still a big gap between the EU in terms of energy security and supply stability, low-carbon investment, technological innovation and R&D capabilities. In order to better stimulate the R&D and application of low-carbon technologies, empower the EU to accelerate the transition to a low-carbon economy, and provide reference and inspiration for the development of related fields at home and abroad, this report puts forward the following countermeasures and suggestions: further improve and refine relevant regulations, and provide more policy support and incentives for the R&D, application and promotion of low-carbon technologies to ensure the compliance of technologies and the orderliness of the market; By promoting the comprehensive transformation of the energy system, including electricity, transportation, buildings and other fields, to promote renewable energy technologies such as solar and wind energy will occupy an increasingly important position in the EU energy system; Provide more economic incentives for the development of low-carbon technologies through the tightening of climate policies and the continuous improvement of the carbon market, and the optimization of the allocation and trading mechanism of carbon allowances; By continuing to increase R&D investment in the field of low-

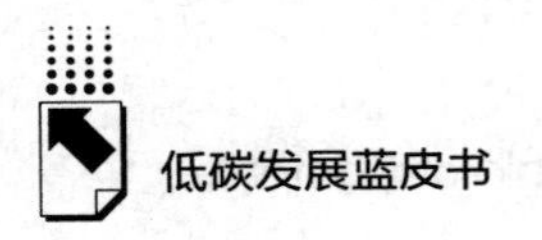

carbon technologies, we will promote breakthroughs and applications in key technologies, strengthen cooperation and exchanges with other countries and regions in the field of low-carbon technologies, and jointly promote the development of global low-carbon technologies.

Keywords: Low-Carbon Technologies; Transition to a Low-Carbon Economy; Technological Innovation; Energy Production

Ⅲ Special Report

Abstract: In the context of industrialization transformation and global warming, China and the EU have been engaged in climate change dialogue since the 1990s, and have established a relatively stable low-carbon cooperation dialogue mechanism. However, under the influence of the "anti-globalization" wave and the European energy crisis, China-Eu low-carbon cooperation has shown a certain new trend in recent years, and the competition between the two sides in low-carbon development has been significantly enhanced. By reviewing the history of the evolution of China-Eu low-carbon cooperation and combining with the international pattern of global climate governance, this report explores the possible opportunities of China-Eu low-carbon cooperation from the aspects of actual needs, cooperation basis, complementary advantages and external competition, and summarizes the challenges faced by the two sides in the internal structure of the EU, the China-Eu competition model, the joint restrictions of the United States and the EU, and China's technological bottlenecks. Based on relevant analysis, this report puts forward suggestions on strengthening China's institutional rule system, improving China's independent research and development capacity of low-carbon technologies, giving play to the role of a multi-level climate dialogue mechanism, and exploring the "China-Eu +X" low-carbon cooperation model, in order to provide possible directions and feasible paths for deepening China-Eu low-carbon cooperation.

Keywords: Climate Change; China-EU Low-Carbon Cooperation; Global Climate Governance; Green Development

Ⅳ Country Reports

B.7 2023-2024 Germany Low-Carbon Development Report

Xie Shenxiang, *Zhang Ruhao* / 138

Abstract: In recent years, Germany has demonstrated a high degree of strategic autonomy and policy continuity in combating climate change and promoting a low-carbon economic transition. Through the three core policy frameworks of the European Union Climate Change Action Plan, the National Action Plan on Energy Efficiency and the Energy and Climate Package, Germany has provided a solid policy foundation for a green and low-carbon transition. Germany has set up a climate cabinet to strengthen top-level design, constructed a low-carbon development system covering energy, buildings, transport, industry, agriculture and other fields, and pushed forward the achievement of the carbon neutrality target by 2045, five years earlier than originally planned. In terms of concrete measures, Germany has provided systematic support for the achievement of medium- and long-term greenhouse gas emission reduction targets through carbon pricing, low-carbon investment and legally binding emission reduction standards. Although significant results have been achieved, especially in the energy sector, where carbon emissions have fallen significantly, the problem of emissions from areas such as buildings and transport remains acute, constraining the pace of the low-carbon transition. Germany needs to further strengthen policy innovation and financial support to realize more efficient low-carbon development pathways, including the expansion of renewable energy sources, the construction of smart grids and the popularization of electric vehicles. Germany's practice of low-carbon transition provides an important reference value for other countries around the world.

Keywords: Energy Transformation; Climate Neutrality; Green Economy; Low-Carbon Policy

B.8 2023-2024 France Low-Carbon Development Report

Wu Caixia, Yang Meng and Guo Junchen / 157

Abstract: In recent years, France has taken several initiatives in the field of low-carbon development to combat climate change and achieve carbon neutrality. Through the formulation of policies such as the National Climate Change Adaptation Strategy, the Energy Transition for Green Growth Act, and the National Low-Carbon Strategy, France has set ambitious goals to achieve carbon neutrality by 2050 and promote the transition to a low-carbon energy structure. In 2023, France's greenhouse gas emissions fell significantly, thanks to the implementation of its energy transition policy. The decarbonization of the country's electricity system has been particularly prominent, with about 92% of electricity production coming from low-carbon energy sources such as nuclear, hydro and wind. The continued growth of renewable energy generation not only promotes low-carbon development in France, but also contributes to the reduction of emissions in other European countries. Nevertheless, France faces challenges in reducing its dependence on fossil fuels and accelerating the development of renewable energy. To this end, the France government will continue to strengthen policy implementation, promote the decarbonization process in industry, transportation, construction and other fields, and further enhance the level of technological innovation and international cooperation through Sino-French low-carbon cooperation to ensure that the carbon neutrality goal is achieved as scheduled.

Keywords: Carbon Neutrality; Energy Transition; Low-Carbon Industry; Low-Carbon Cooperation

B.9 2023-2024 Sweden Low-Carbon Development Report

Abstract: Sweden has been an active promoter of environmental legislation in low-carbon development since the 1960s and has led international climate action, becoming a pioneer in the global green transition. Sweden's low-carbon development strategy is centered on the Climate Change Act, the Climate Targets and the Climate Policy Council, which ensures that government action is aligned with the long-term climate goals, with the aim of achieving climate neutrality by 2045, which includes milestones for achieving fossil-fuel-free transport by 2030 and a 63 per cent reduction in greenhouse gas emissions compared to 1990. Since 1990, Sweden's GHG emissions have been reduced by 37% to 45.22 million tones in 2022, mainly attributable to lower emissions from transport, electrification of transport, and increased use of biofuels. Sweden has a significant advantage in the energy transition, with the highest share of renewable energy in the EU and a nearly decarbonized power system. By 2022, over 60 per cent of electricity will come from hydropower, wind and biomass. Sweden also has a forward-looking layout in the field of carbon capture and storage (CCS), and supports a number of low-carbon technology projects through the EU Innovation Fund to promote green technology innovation. In addition, Sweden's low-carbon co-operation with China has been very effective. For example, the Sino-Swedish Hammar by Eco-City project in Yantai has demonstrated the depth of integration between environmental protection technology and sustainable urban development, reflecting Sweden's leading position in the application of low-carbon technology.

Keywords: Climate Neutrality; Renewable Energy; Low-Carbon Development; Greenhouse Gas Emissions

B.10 2023–2024 Belgium Low-Carbon Development Report

Jiang Xiaoqian, Yang Meng and Wang Yiying / 190

Abstract: In recent years, Belgium has made remarkable progress in low-carbon development through the implementation of a number of policies and strategies, which have strongly promoted the transformation of the energy structure and the reduction of greenhouse gas emissions. Belgium's National Energy and Climate Plan 2021–2030 and Long-Term Energy and Climate Strategy (LTS2050) set the goal of achieving carbon neutrality by 2050, covering multiple sectors such as power, industry, transport, construction and agriculture. In order to achieve these goals, Belgium has increased the development of renewable energy sources, especially wind, solar photovoltaic and biomass energy. Belgium's CO2 emissions have been declining since 2004, falling to 8.961 billion tons in 2022, 36% less than their peak in 1979. Despite this, fossil fuels still dominate Belgium's energy mix. To achieve carbon neutrality by 2050, Belgium needs to further reduce its dependence on fossil fuels and accelerate the energy transition, especially in the electrification and energy efficiency of the industrial and building sectors. A series of measures taken by Belgium have laid a solid foundation for the development of its low-carbon economy and provided important lessons for the world to achieve carbon neutrality.

Keywords: Carbon Neutral; National Adaptation Strategy; National Energy and Climate Plan

B.11 2023–2024 Denmark Low-Carbon Development Report

Wu Caixia, Zhang Xin and Wang Xuanyi / 202

Abstract: Denmark is one of the world's leading low-carbon development countries. As early as the 1970s, Denmark actively explored and made remarkable achievements in reducing carbon emissions and developing renewable energy, with the ultimate goal of achieving zero greenhouse gas emissions by 2050. In order to realize this goal, the Danish government has implemented a series of policy measures to improve energy efficiency, develop renewable energy and reduce greenhouse gas emissions, vigorously develop renewable energy, improve energy efficiency, and since 1990, greenhouse gas emissions have dropped by 39%. The Danish company Ørsted is a typical representative of Danish energy transition, helping Denmark to increase the proportion of renewable energy generation, reducing the dependence on fossil fuels, and promoting the transformation of Denmark's energy structure. Denmark is located in the North Sea coastal area, rich in wind energy resources, marine wind power as a clean renewable energy, can effectively replace fossil fuel power generation, offshore wind power industry in Denmark's energy structure transformation, greenhouse gas emission reduction plays an important role. In addition, Denmark attaches great importance to the research and development of low-carbon technologies, including renewable energy technologies, energy efficiency technologies and carbon capture and storage (CCS) technologies, etc. Low-carbon cooperation between China and Denmark has provided valuable experience for the two countries and even the world's green and low-carbon cooperation and development.

Keywords: Energy Strategy 2050; Wind Power Generation; Electricity Market Liberalization; Carbon Intensity

Abstract: Netherlands has made remarkable progress in low-carbon development in recent years, and has formed a relatively complete low-carbon development system through continuous adjustment of policies, technologies and industrial structure. The history of low-carbon development in the Netherlands dates back to the 80s of the 20th century, and since then a series of environmental policies and laws have been developed to clarify the long-term goals of greenhouse gas reduction and energy transition. To achieve its strategic goal of climate neutrality by

2050, the Netherlands has set a 55% greenhouse gas reduction by 2030 and has laid the legal basis for achieving this goal through acts such as the Climate Act and the National Climate Pact. At the same time, the Netherlands is actively promoting the development of renewable energy sources such as solar, wind and hydrogen in the low-carbon energy transition, especially through the hydrogen backbone network and the "Hydrogen Valley" scheme. In addition, carbon capture and storage (CCS) is seen as a transitional technology to support industrial emission reductions. The series of measures and policies adopted by the Netherlands will provide a pathway to achieve global climate goals.

Keywords: Energy Transition; Climate Neutrality; Low-Carbon Technology; Low-Carbon Industry

Abstract: In recent years, Finland has achieved remarkable results in low-carbon development and has become a global model for low-carbon development. Finland has actively improved energy efficiency, vigorously promoted electric vehicles, developed public transportation and green fuels, and reduced greenhouse gas emissions from the transportation sector; in the past 10 years, the average carbon dioxide emissions from public transportation in Finland have been reduced year by year. Finland actively promotes energy saving and emission reduction in industry, develops low-carbon industrial technologies, improves energy efficiency in buildings and promotes renewable energy for heating. Internationally, Finland actively participates in international climate change cooperation and jointly addresses the global climate change challenge. Although Finland has achieved remarkable results in low-carbon development, it also faces some challenges and dilemmas. Firstly, realizing carbon neutrality requires a large amount of financial investment; secondly, some low-carbon technologies have not yet matured and need further research and development; in addition, the degree of public participation needs to be further improved to raise the public's awareness of environmental protection and to encourage the public to take part in low-carbon actions. In the future, Finland will further improve the policy system and strengthen the implementation of policies; attach great importance to low-carbon technological innovation and increase investment in research and development; actively promote the green transformation and upgrading of traditional industries, and use industrial upgrading to help low-carbon transformation; and actively promote the construction of smart cities to create a low-carbon and livable urban environment, which will help realize the goal of carbon neutrality as soon as possible.

Keywords: Carbon Neutrality Goal; Renewable Energy; Energy Efficiency; Circular Economy

Abstract: In recent years, Luxembourg has achieved remarkable results in the area of low-carbon development, continuously promoting policy reforms and optimizing the environment for low-carbon development. Through the implementation of the National Sustainable Development Plan and the National Energy and Climate Plan 2021-2030, Luxembourg has clearly defined a low-carbon development path for the future, with the main objectives of reducing greenhouse gas emissions by 55 per cent by 2030 and achieving a 35−37 per cent share of renewable energy in final energy consumption. In order to achieve this goal, Luxembourg has taken a number of measures, such as promoting renewable energies, improving energy efficiency and strengthening electric transport and public infrastructure. In addition, Luxembourg has achieved global leadership in the field of green finance. Through the establishment of the Luxembourg Green Exchange, it has launched a variety of green bonds and climate finance programmed to attract global capital to support sustainable development projects. At the same time, the country has continued to optimize its energy mix and promote a society-wide transition to a low-carbon economy through the establishment of a carbon tax and support for innovative technologies such as hydrogen and electric vehicles. Although Luxembourg had made significant progress in low-carbon development, it still faced many challenges, such as high dependence on energy imports and slow diffusion of electric vehicles.

Keywords: Carbon Neutrality Target; Renewable Energy; Low-Carbon Transformation; Electricity; Low-Carbon Cooperation

S 基本子库
SUB DATABASE

中国社会发展数据库（下设 12 个专题子库）

紧扣人口、政治、外交、法律、教育、医疗卫生、资源环境等 12 个社会发展领域的前沿和热点，全面整合专业著作、智库报告、学术资讯、调研数据等类型资源，帮助用户追踪中国社会发展动态、研究社会发展战略与政策、了解社会热点问题、分析社会发展趋势。

中国经济发展数据库（下设 12 专题子库）

内容涵盖宏观经济、产业经济、工业经济、农业经济、财政金融、房地产经济、城市经济、商业贸易等12个重点经济领域，为把握经济运行态势、洞察经济发展规律、研判经济发展趋势、进行经济调控决策提供参考和依据。

中国行业发展数据库（下设 17 个专题子库）

以中国国民经济行业分类为依据，覆盖金融业、旅游业、交通运输业、能源矿产业、制造业等 100 多个行业，跟踪分析国民经济相关行业市场运行状况和政策导向，汇集行业发展前沿资讯，为投资、从业及各种经济决策提供理论支撑和实践指导。

中国区域发展数据库（下设 4 个专题子库）

对中国特定区域内的经济、社会、文化等领域现状与发展情况进行深度分析和预测，涉及省级行政区、城市群、城市、农村等不同维度，研究层级至县及县以下行政区，为学者研究地方经济社会宏观态势、经验模式、发展案例提供支撑，为地方政府决策提供参考。

中国文化传媒数据库（下设 18 个专题子库）

内容覆盖文化产业、新闻传播、电影娱乐、文学艺术、群众文化、图书情报等 18 个重点研究领域，聚焦文化传媒领域发展前沿、热点话题、行业实践，服务用户的教学科研、文化投资、企业规划等需要。

世界经济与国际关系数据库（下设 6 个专题子库）

整合世界经济、国际政治、世界文化与科技、全球性问题、国际组织与国际法、区域研究 6 大领域研究成果，对世界经济形势、国际形势进行连续性深度分析，对年度热点问题进行专题解读，为研判全球发展趋势提供事实和数据支持。

法律声明